校企合作土建类专业精品教材

主审 张安兵

主编 李金娜 韩 磊

上海交通大學出版社
SHANGHAI JIAO TONG UNIVERSITY PRESS

内容提要

本书共有8个模块，包括建筑材料的基本性质、气硬性胶凝材料、水硬性胶凝材料、混凝土、砂浆、建筑钢材、墙体材料和防水材料。

本书突出知识的实用性，注重培养学生的实践能力，可作为各类院校土木建筑类专业及其他相关专业的教材。

图书在版编目（CIP）数据

建筑材料 / 李金娜，韩磊主编. -- 上海 : 上海交通大学出版社，2023.3（2024.8 重印）

ISBN 978-7-313-27513-4

Ⅰ. ①建… Ⅱ. ①李… ②韩… Ⅲ. ①建筑材料 Ⅳ. ①TU5

中国版本图书馆 CIP 数据核字(2022)第 179647 号

建筑材料

JIANZHU CAILIAO

主　　编：李金娜　韩　磊

出版发行：上海交通大学出版社　　地　　址：上海市番禺路 951 号

邮政编码：200030　　电　　话：021-64071208

印　　制：三河市祥达印刷包装有限公司　　经　　销：全国新华书店

开　　本：787 mm×1092 mm　1/16　　印　　张：18.25

字　　数：422 千字

版　　次：2023 年 3 月第 1 版　　印　　次：2024 年 8 月第 3 次印刷

书　　号：ISBN　978-7-313-27513-4

定　　价：59.80 元

前言

PREFACE

随着经济的发展和科技的进步，建筑材料的种类越来越多，性能越来越丰富，应用场合也越来越广泛。建筑材料的应用已成为每一位土木建筑工程技术人员都必须具备的技能。“建筑材料”是土木建筑类专业重要的基础课，对学生掌握建筑材料的组成成分、技术性能、质量检验和合理选用等方面的基础知识和基本技能具有重要意义。为适应我国教育发展新形势，满足教材改革新要求，我们走访了多个院校和相关企业，积极听取了多名具有丰富教学经验的一线教师和具有多年工程实践经验的企业专家的宝贵意见，在此基础上精心编写了本书。

本书在教学设计和内容组织上，具有以下特点。

1 素质教育，立德树人

为了贯彻党的二十大精神，本书融入了素质元素。本书在每个模块的开头明确了“素质目标”，在讲解相关知识时穿插了“知行合一”“技术前沿”“行业资讯”等模块，不断激发学生的爱国热情和民族自豪感，培养学生的工程思维和创新意识，让学生具备精益求精、刻苦钻研、守正创新、甘于奉献的时代精神，真正彰显育人本色。

2 校企合作，工学结合

在编写本书过程中，编者获得了多位教师和一线工作人员的大力支持，充分考虑了土木建筑工程相关岗位的实际技能需求，将理论知识和实际岗位有机结合，有助于学生毕业后更快地适应工作岗位。

3 知识整合，理实一体

本书根据实际内容将有关知识进行整合并划分为多个模块，每个模块以“学习导读”→“知识内容”→“试验工单”→“模块测试”的结构安排内容。

学习导读：通过与该模块相关的工程案例、有趣故事、热点新闻等，激发学生的学习兴趣，让学生对相关知识有一个初步的认识。

知识内容：参考相关课程标准，以“必需、够用”为原则，侧重介绍建筑材料的性能、特点、检测及应用等基础知识。

试验工单：配套设计于每个模块中，体现“做中学，学中做”的教学理念。试验工单可以辅助学生在试验实施过程中记录实际工作内容和遇到的问题，有助于培养学生自主学习的意识和能力。此外，每个试验工单都设计了评价和小结，可辅助教师进行过程考核，辅助学生总结经验、提升技能。

模块测试：为每个模块设置了与实际工程相关的习题。这部分习题既可供教师上课时提问使用，也可供学生在每学完一模块后进行课后巩固使用。通过这种“考核”方式，还可使学生能够利用所学知识解决实际问题。

4 栏目丰富，助力学习

本书在文中穿插有“指点迷津”“经验传承”和“知识链接”模块，对其中的重点、难点进行了详细解说，便于学生更好地掌握相关知识；同时，还设有“课堂讨论”等模块，以强化课堂互动，活跃课堂气氛。

5 图文并茂，生动直观

本书每个模块都配有学习导图，以便于学生明确学习目标。对于一些较抽象、较难理解的知识点，除了必要的文字说明外，本书还配有丰富、精美的原理图和实物照片，不仅为学生营造了一个生动、直观的认知环境，还增强了本书的可读性。

6 资源丰富，随堂微课

本书配有丰富的数字资源。读者可借助手机或其他移动设备扫描二维码获取相关微课视频，也可登录文旌综合教育平台“文旌课堂”（www.wenjingketang.com）查看和下载本书配套资源，如习题答案、优质课件和教案等。

此外，本书还提供了在线题库，支持“教学作业，一键发布”，指导教师只需通过微信或“文旌课堂”App 扫描扉页二维码，即可迅速选题、一键发布、智能批改，并查看学生的作业分析报告，提高教学效率、提升教学体验。学生可在线完成作业，巩固所学知识，提高学习效率。

本书由张安兵担任主审，李金娜、韩磊担任主编，罗少云、赵会艳、何红桃担任副主编。在编写本书的过程中，我们查阅了大量的资料，在此，对这些资料的作者表示衷心的感谢。由于编写人员水平有限，书中存在的疏漏与不当，恳请广大读者批评指正。

目录 CONTENTS

模块1 建筑材料的基本性质 /1

1.1 认识建筑材料 /2
- 1.1.1 建筑材料的分类 /2
- 1.1.2 建筑材料的技术标准 /3
- 1.1.3 建筑材料的选用 /3
- 1.1.4 建筑材料的发展趋势 /4

1.2 建筑材料的基本性质 /5
- 1.2.1 建筑材料的物理性质 /5
- 1.2.2 建筑材料的力学性质 /16
- 1.2.3 建筑材料的耐久性 /19

1.3 建筑材料的基本性质试验 /20
- 1.3.1 密度试验 /20
- 1.3.2 表观密度试验 /22
- 1.3.3 吸水率试验 /22
- 1.3.4 抗压强度试验及软化系数计算 /23

试验工单——建筑材料的基本性质试验 /25

模块测试 /27

模块2 气硬性胶凝材料 /28

2.1 石灰的性能与应用 /29
- 2.1.1 石灰的生产 /29
- 2.1.2 石灰的熟化与硬化 /30
- 2.1.3 石灰的技术标准 /31
- 2.1.4 石灰的特点 /33
- 2.1.5 石灰的应用 /33

2.2 建筑石膏的性能与应用 /34
- 2.2.1 建筑石膏的生产 /34
- 2.2.2 建筑石膏的凝结硬化 /34
- 2.2.3 建筑石膏的技术标准 /35
- 2.2.4 建筑石膏的特点 /35
- 2.2.5 建筑石膏的应用 /36

2.3 水玻璃的性能与应用 /36
- 2.3.1 水玻璃的生产 /37
- 2.3.2 水玻璃的硬化 /37
- 2.3.3 水玻璃的特点与应用 /38

2.4 建筑石膏性能试验 /39
- 2.4.1 建筑石膏结晶水含量试验 /39
- 2.4.2 建筑石膏力学性能试验 /40
- 2.4.3 建筑石膏净浆物理性能试验 /43
- 2.4.4 建筑石膏粉料物理性能试验 /44

试验工单——建筑石膏性能试验 /47

模块测试 /49

模块3 水硬性胶凝材料 /50

3.1 认识通用硅酸盐水泥 /51
3.2 硅酸盐水泥 /51
3.2.1 硅酸盐水泥的生产 /52
3.2.2 硅酸盐水泥熟料的矿物组成及特性 /52
3.2.3 硅酸盐水泥的水化与凝结硬化 /53
3.2.4 硅酸盐水泥的技术要求 /56
3.2.5 硅酸盐水泥的腐蚀和防腐 /59
3.2.6 硅酸盐水泥的特性与应用 /61
3.3 掺混合材料的硅酸盐水泥 /62
3.3.1 混合材料的分类 /62
3.3.2 掺混合材料的硅酸盐水泥的技术要求 /63
3.3.3 掺混合材料的硅酸盐水泥的特性与应用 /65
3.4 其他品种水泥及其应用 /68
3.4.1 专用水泥的技术要求和工程应用 /68
3.4.2 特性水泥的技术要求和工程应用 /69
3.5 水泥的验收与储运 /73
3.5.1 水泥的验收 /73
3.5.2 水泥的储运 /74
3.6 水泥性能试验 /74
3.6.1 水泥的取样方法、试验要求和标准 /75
3.6.2 水泥细度试验 /76
3.6.3 水泥标准稠度用水量试验 /78
3.6.4 水泥凝结时间试验 /80
3.6.5 水泥安定性试验 /82
3.6.6 水泥胶砂强度试验（ISO 法） /84
试验工单——水泥性能试验 /89
模块测试 /91

模块4 混凝土 /92

4.1 混凝土概述 /93
4.1.1 混凝土的分类 /93
4.1.2 混凝土的特点 /94
4.1.3 混凝土的基本要求 /94
4.2 混凝土的技术性能 /95
4.2.1 混凝土拌和物的和易性 /95
4.2.2 混凝土的强度 /99
4.2.3 混凝土的耐久性 /107
4.3 普通混凝土的组成材料 /112
4.3.1 水泥的技术要求 /113
4.3.2 骨料的技术要求 /114
4.3.3 拌制及养护用水的技术要求 /124
4.3.4 矿物掺合料的选用 /125
4.3.5 外加剂的选用 /127
4.4 普通混凝土配合比设计 /134
4.4.1 配合比设计的基本要求 /134
4.4.2 混凝土配合比设计前的基本工作 /135
4.4.3 配合比的设计方法 /135
4.4.4 普通混凝土配合比设计实例 /144
4.5 其他混凝土 /149
4.5.1 高性能混凝土 /149
4.5.2 防水混凝土 /150
4.5.3 轻骨料混凝土 /151
4.5.4 聚合物混凝土 /153

4.5.5 泵送混凝土 /154
4.5.6 预拌混凝土 /155
4.6 混凝土用砂、石性能试验 /156
4.6.1 砂、石取样原则与试验条件 /156
4.6.2 砂的颗粒级配试验 /157
4.6.3 砂的表观密度试验 /158
4.6.4 砂的堆积密度与空隙率试验 /160
4.6.5 石的颗粒级配试验 /161
4.6.6 石的针、片状颗粒含量试验 /163
4.7 混凝土性能试验 /164
4.7.1 坍落度试验 /165
4.7.2 维勃稠度试验 /166
4.7.3 表观密度试验 /167
4.7.4 立方体抗压强度试验 /168
试验工单——混凝土相关试验 /173
模块测试 /175

模块5 砂浆 /177

5.1 砌筑砂浆 /178
5.1.1 砌筑砂浆的组成材料 /178
5.1.2 砌筑砂浆的技术性能 /180
5.1.3 砌筑砂浆配合比的设计 /183
5.2 抹面砂浆 /188
5.2.1 普通抹面砂浆 /188
5.2.2 防水砂浆 /189
5.2.3 装饰砂浆 /189
5.3 预拌砂浆 /190
5.3.1 预拌砂浆的分类 /190
5.3.2 预拌砂浆的原材料 /191
5.3.3 预拌砂浆的技术要求 /192
5.3.4 预拌砂浆的检验 /193
5.4 其他品种砂浆 /193
5.4.1 防辐射砂浆 /194
5.4.2 保温砂浆 /194
5.4.3 吸声砂浆 /194
5.4.4 耐腐蚀砂浆 /194
5.4.5 抗裂砂浆 /195
5.5 砂浆性能试验 /195
5.5.1 取样原则及试验条件 /195
5.5.2 稠度试验 /196
5.5.3 分层度试验 /197
5.5.4 保水性试验 /198
5.5.5 抗压强度试验 /199
试验工单——砂浆性能试验 /203
模块测试 /205

模块6 建筑钢材 /206

6.1 钢的分类 /207
6.2 建筑钢材的主要技术性能 /209
6.2.1 力学性能 /209
6.2.2 工艺性能 /214
6.3 化学成分对钢材性能的影响 /215
6.4 建筑钢材的标准与选用方法 /217
6.4.1 钢结构用钢 /217
6.4.2 钢筋混凝土结构用钢 /218
6.5 建筑钢材的锈蚀及防止措施 /221
6.5.1 钢材锈蚀的原因 /221
6.5.2 防止钢材锈蚀的方法 /221
6.6 钢筋的力学性能试验 /223
6.6.1 拉伸试验 /223
6.6.2 冷弯试验 /225

试验工单——钢筋的力学性能试验 /227
模块测试 /229

模块7 墙体材料 /230

7.1 砖 /231
7.1.1 烧结砖 /231
7.1.2 非烧结砖 /236
7.2 砌块 /238
7.2.1 混凝土小型砌块 /238
7.2.2 蒸压粉煤灰空心砌块 /240
7.2.3 蒸压加气混凝土砌块 /240
7.3 墙板 /241
7.3.1 水泥类墙板 /241
7.3.2 石膏类墙板 /243
7.3.3 复合墙板 /243
7.4 砖、砌块的性能试验 /245
7.4.1 砖的性能试验 /245
7.4.2 砌块的性能试验 /249
试验工单——砖、砌块性能试验 /253
模块测试 /255

模块8 防水材料 /256

8.1 防水卷材 /257
8.1.1 沥青防水卷材 /257
8.1.2 高聚物改性沥青防水卷材 /260
8.1.3 合成高分子防水卷材 /263
8.2 防水涂料 /264
8.2.1 沥青类防水涂料 /265
8.2.2 高聚物改性沥青类防水涂料 /266
8.2.3 合成高分子类防水涂料 /267
8.2.4 聚合物水泥基类防水涂料 /267
8.3 密封材料 /268
8.3.1 密封材料的分类 /268
8.3.2 常用密封材料 /269
8.3.3 其他密封材料 /271
8.4 防水卷材性能试验 /272
8.4.1 拉伸性能试验 /272
8.4.2 不透水性检测 /273
8.4.3 耐热性试验 /275
8.4.4 低温柔性检测 /276
试验工单——防水卷材性能试验 /279
模块测试 /281

参考文献 /282

建筑材料的基本性质

学习导读

国家大剧院位于北京市中心天安门广场西侧，是亚洲最大的剧院综合体、我国国家表演艺术的最高殿堂、中外文化交流的最大平台、我国文化创意产业的重要基地。国家大剧院最大跨度达 212 m，主体建筑由外部围护结构和内部歌剧院、音乐厅、戏剧场、公共大厅及配套用房等组成。它的外部围护结构为钢结构壳体，呈半椭球形。

它所用的主要的建筑材料：① 顶部总共铺设了近 10 000 m^2 的 PVB（聚乙烯醇缩丁醛）夹层玻璃；② 中心建筑主体为钢筋混凝土结构；③ 室外屋面装饰板为隔声板、保温板、防水板；④ 穹顶玻璃采用纳米建筑材料，如纳米自清洁玻璃、纳米自清洁钛板。

想一想：这些建筑材料都有什么功能？选这些建筑材料的时候需要考虑它们的哪些基本性质？

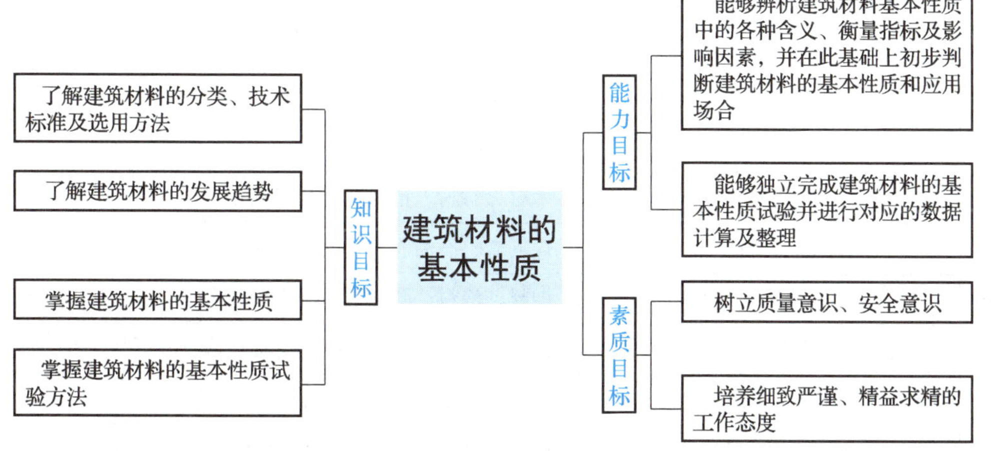

1.1 认识建筑材料

1.1.1 建筑材料的分类

为使建筑满足适用、坚固、耐久、美观等基本要求，建筑材料在建筑的各个部位应充分发挥各自的功能。例如，高层或大跨度建筑中的材料应选用轻质高强的结构材料；冷藏库建筑中的材料应选用高效的绝热材料；影剧院和音乐厅中的材料应选用优质的吸声材料；大型公共建筑及纪念建筑中的材料应选用有较好装饰性和耐久性的立面材料。

建筑材料的品种繁多，用途不一，一般可将其按主要组成成分或在建筑工程中的主要作用的不同进行分类。

1. 按主要组成成分分类

建筑材料按主要组成成分的不同，可分为无机材料、有机材料和复合材料三大类，各类又可细分为多种，具体如表 1-1 所示。

表 1-1 建筑材料按主要组成成分

分类			实例
无机材料	金属材料	黑色金属	铁、钢及其合金等
		有色金属	铜、铝及其合金等
	非金属材料	天然石材	花岗岩、石灰岩、大理石及石材制品
		烧土制品	黏土砖、瓦、陶瓷制品等
		胶凝材料及制品	石灰、石膏、水泥及其制品、硅酸盐制品等
		玻璃	普通平板玻璃、特种玻璃等
		无机纤维材料	玻璃纤维、矿物棉等
有机材料	植物材料		木材、竹材、植物纤维及其制品等
	沥青材料		煤沥青、石油沥青、沥青制品
	合成高分子材料		塑料、涂料、胶黏剂、合成橡胶等
复合材料	有机与无机非金属材料复合		聚合物混凝土、玻璃钢（又称玻璃纤维增强塑料）等
	金属与无机非金属材料复合		钢筋混凝土、钢纤维混凝土等
	金属与有机材料复合		PVC 钢板、有机涂层铝合金板等

（1）无机材料：由无机物构成的材料，具有耐久性好等特性。

（2）有机材料：包括天然有机材料和人工合成有机材料，它们均是由有机物构成的材料，具有耐水性好等特性。

（3）复合材料：能够克服单一材料的弱点，发挥复合材料的综合优点，并满足当代建筑工程对材料性能的要求。因此，复合材料已成为目前应用最多的建筑材料。

2. 按在建筑工程中的主要作用分类

建筑材料按在建筑工程中主要作用的不同，可分为结构材料和其他功能材料两种。

（1）结构材料：主要承受载荷作用的材料，如建筑的基础、柱、梁所用材料。合格的结构材料是决定工程结构安全性和使用可靠性的关键。

（2）其他功能材料：具有其他功能的材料，如防水材料、地面材料、饰面材料、绝热材料、吸声材料、卫生工程材料及其他特殊材料等。科学合理地选用功能材料，才能保证建筑工程的可靠性、适用性和美观性。

1.1.2　建筑材料的技术标准

产品标准化是现代工业发展的产物，是组织现代化大生产的重要手段，也是科学管理的重要组成部分。目前，我国绝大部分建筑材料均制定有技术标准，生产单位按技术标准生产合格的产品，使用部门根据使用要求并参照技术标准选用建筑材料即可。

常见的技术标准，按等级高低依次为国家标准、行业标准、地方标准、企业标准。其中，行业标准是指对没有国家标准而又需要在全国某个行业范围内统一技术要求所制定的标准。行业不同，行业标准代号也不同，如“YB”表示黑色冶金行业标准，“JC”表示建筑材料（建材）行业标准等。

指点迷津

技术标准一般由标准名称、标准代号、标准编号和标准颁布年号四部分组成。例如，《铝酸盐水泥》（GB/T 201—2015）中，“铝酸盐水泥”为标准名称；“GB/T”为推荐性国家标准代号；“201”为标准编号；“2015”为标准颁布年号。

国家标准可分为强制性国家标准（GB）和推荐性国家标准（GB/T）两种。

1.1.3　建筑材料的选用

在建筑造价中材料费所占比例很大，一般为50%～60%。因此，在选用建筑材料时要根据建筑的功能要求、材料在建筑中的作用及外界环境因素等，来综合考虑建筑材料应具备的性能，以做到“材尽其能、物尽其用”。这就要求设计人员不仅要有丰富的建筑材料知识，还必须掌握常用建筑材料的性能和特点。如果设计人员因对建筑材料知识缺乏了解而选材不当，则往往会给建筑工程带来很大麻烦，甚至造成无可挽回的损失。

为了使建筑材料满足设计所要求的技术性能、使用环境及使用条件，在使用建筑材料前必须根据设计要求对其进行试验，以检验其部分或全部技术指标。只有这些技术指标达到相关技术标准的要求，才允许在建筑工程中使用该材料。

值得注意的是，当代不少建筑材料的生产会对外界环境产生不良的影响，而有些建筑材料在使用过程中还会释放有害气体或产生放射性污染，从而影响人们的身体健康，因此在选用建筑材料时应尽量考虑选用绿色节能建筑材料。

1.1.4 建筑材料的发展趋势

建筑工程中选用的建筑材料往往具有时代特点。随着人类文明和科学技术的不断进步，建筑材料也在不断发展变化，人们对建筑材料技术性能的要求也越来越高。目前来看，建筑材料的发展具有以下趋势。

1. 高性能建筑材料

为了提高建筑的安全性、适用性、艺术性、经济性及使用寿命，大力发展轻质高强、高抗震性、高耐久性、高耐火性、高吸声性、高抗渗性和优异装饰性等诸多新功能要求的高性能建筑材料，已成为当代建筑材料的一个重要发展趋势。例如，我国目前已成功研制出了高性能混凝土，并已将其成功应用于建筑工程。

2. 多功能复合材料

利用复合技术生产多功能复合材料，这对于改善建筑材料的使用性能、经济性能及加快施工速度等有着十分重要的作用。多功能复合材料在综合性能方面往往优于单一材料，而且还可以满足当代建筑对材料提出的多方面功能要求。例如，近年来广泛采用的中空玻璃就是由玻璃、金属、橡胶等多种材料进行复合的，它充分发挥了各种材料的性能优势，综合性能显著提高。

3. 绿色节能建筑材料

大力发展绿色节能建筑材料，以符合可持续发展的战略方针，这既可满足人们安居乐业、健康长寿的需要，又不损害子孙后代对资源的需求，而且还会为建筑材料行业带来新的发展契机。所谓绿色节能建筑材料，通常是指采用清洁生产技术，少用天然资源和能源，充分利用工业废渣或城市固态废弃物生产的无毒、无污染的建筑材料。

4. 循环使用建筑材料

建筑行业不仅消耗大量的自然资源和能源，而且在拆除、装修、改造、新建过程中还会产生大量的建筑垃圾。为了改善人类的生存环境，提高环境质量，循环使用建筑材料将

被逐步普及，土建装修一体化、不必要的装饰性构件精简化等建筑理念也将逐渐被人们接受。

1.2 建筑材料的基本性质

一般来说，建筑材料的基本性质大致包括以下三个方面。

（1）物理性质：表示材料物理特征和与各种物理变化过程有关的性质。与材料物理特征有关的参数有密度、表观密度、堆积密度、密实度、孔隙率、填充率、空隙率等。材料在物理变化过程中，与水有关的性质有亲水性、憎水性、吸水性、吸湿性、耐水性、抗渗性、抗冻性等；与热有关的性质有导热性、热容量、耐燃性、耐火性等。

（2）力学性质：材料在外力作用下，有关抵抗破坏和变形能力的性质，包括强度、比强度、弹性、塑性、脆性、韧性、硬度、耐磨性等。

（3）耐久性：材料在使用过程中能长久保持其原有性质的能力。

1.2.1 建筑材料的物理性质

1. 与质量有关的物理性质

1）密度、表观密度和堆积密度

材料在自然界中所处的环境、状态等不同，它们的内部结构及孔隙和空隙的分布情况也不同，这就导致材料单位体积的质量在不同环境和状态下存在一定的差别。这些差别分别体现在密度、表观密度和堆积密度上，它们对材料的相关性质及材料在建筑工程中的应用有着十分重要的影响。

密度

（1）密度。

密度是指材料在绝对密实状态下单位体积的质量，即

$$\rho = \frac{m}{V} \tag{1-1}$$

式中：

ρ ——材料的密度（g/cm^3 或 kg/m^3）；

m ——材料在干燥状态下的质量（g 或 kg）；

V ——干燥材料在绝对密实状态下的体积（cm^3 或 m^3），简称绝对密实体积或实体体积。

材料密度的大小取决于组成该物质的相对分子质量和分子结构，相对分子质量越大，分子结构越密实，材料的密度就越大。

建筑材料中，除钢材、玻璃等少数材料外，绝大多数材料内部都有一些孔隙。在自然状态下含孔隙材料的体积 V_0（见图 1-1）是由绝对密实体积 V 和孔隙体积 $V_{孔}$（含闭口孔隙 $V_{闭孔}$ 和开口孔隙 $V_{开孔}$）两部分组成的。

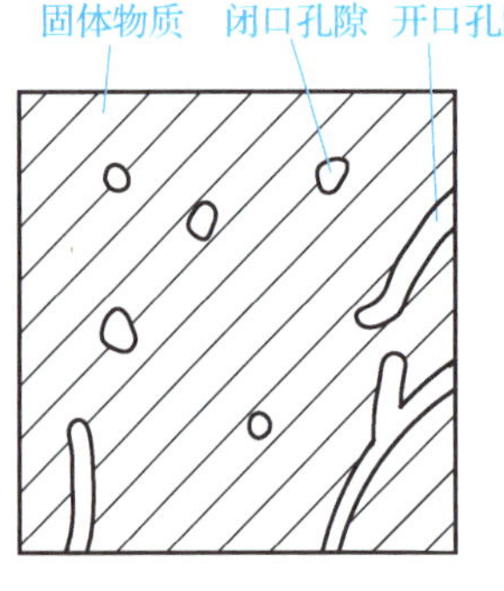

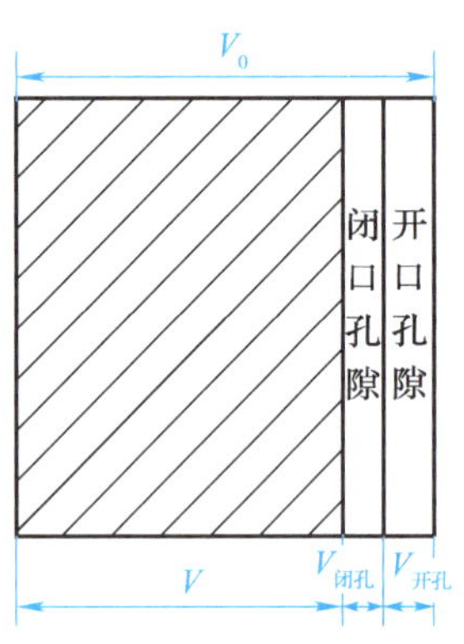

图 1-1　在自然状态下含孔隙材料的体积示意图

指点迷津

材料内部的孔隙有闭口孔隙（简称闭孔）和开口孔隙（简称开孔）两种。其中，闭口孔隙是指彼此不连通，且与外界隔绝的孔隙；而开口孔隙是指彼此相通，且与外界相接触的孔隙，如毛细孔。

那么，在测定这些含孔隙材料的密度时，需要将其磨成细粉（粒径小于 0.2 mm）以排除其内部孔隙，经干燥后用李氏瓶测定其绝对密实体积。材料磨得越细，被测材料孔隙就排除得越充分，所得到的密度值就越精确。

对于某些较为致密但形状不规则的散粒材料，在测定其密度时，可以不磨成细粉，而直接用排水法测其绝对密实体积的近似值（因颗粒内部的闭口孔隙体积没有排除），这时所求得的密度为视密度。混凝土所用砂、石等散状材料，常按此方法测定它的视密度，即

$$\rho'=\frac{m}{V'} \tag{1-2}$$

式中：

ρ'——材料的视密度（g/cm^3 或 kg/m^3）；

m——材料的质量（g 或 kg）；

V'——材料的视体积（cm^3 或 m^3），$V'=V+V_{闭孔}$。

利用材料的密度可以初步了解材料的品质，并可用它计算材料的孔隙率和混凝土的配合比。

（2）表观密度。

表观密度是指材料在自然状态下单位体积的质量，即

$$\rho_0 = \frac{m}{V_0} \tag{1-3}$$

式中：

ρ_0——材料的表观密度（g/cm^3 或 kg/m^3）；

m——材料的质量（g 或 kg）；

V_0——材料在自然状态下的体积（cm^3 或 m^3），简称自然体积或表观体积，包括绝对密实体积和孔隙体积，即 $V_0 = V + V_{孔}$。

表观密度的大小与材料的含水程度有关。当孔隙中含有水分时，其质量和体积均有所变化。因此，在测定表观密度时，需要同时测定其含水率，并加以注明；若未注明其含水率，则是指材料在绝对干燥状态下的表观密度。

对于形状规则的材料，可直接测量其外观尺寸，并通过相关计算得到该材料的表观体积 V_0；对于形状不规则的材料，则需要先在材料表面涂蜡（即封闭开口孔隙），再用排水法测定其表观体积 V_0。

建筑工程上可以利用表观密度推算材料用量，计算构件自重，确定材料的堆放空间。

（3）堆积密度。

堆积密度是指散状材料在自然堆积状态下单位体积的质量，即

$$\rho_0' = \frac{m}{V_0'} \tag{1-4}$$

式中：

ρ_0'——材料的堆积密度（g/cm^3 或 kg/m^3）；

m——材料的质量（g 或 kg）；

V_0'——材料在自然堆积状态下的体积（cm^3 或 m^3），简称堆积体积，包括绝对密实体积、孔隙体积和空隙体积（见图 1-2），即 $V_0' = \sum V_0 + V_{空}$。

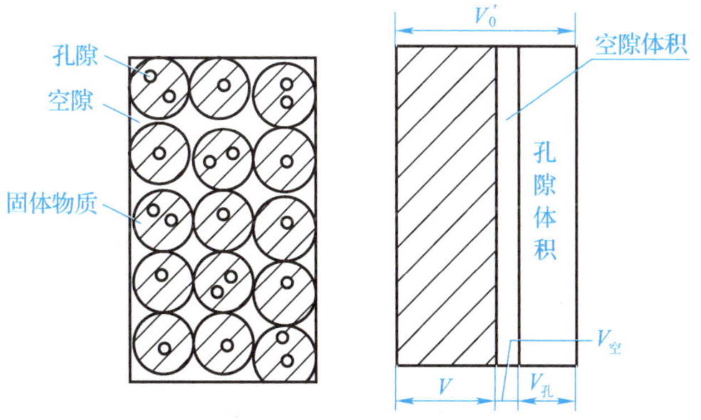

图 1-2 材料在自然堆积状态下的体积 V_0' 示意图

测定散状材料的堆积密度时，材料的质量是指填充在一定容积的容器内的材料质量，

其堆积体积是指所用容器的容积。

材料的堆积密度取决于材料的表观密度，以及测定时材料的装运方式和疏密程度。采用松散堆积方式所测得的堆积密度值要明显小于紧密堆积时的测定值。建筑工程中通常采用松散堆积密度来确定散状材料的堆放空间。后文所述堆积密度，如无特殊说明，均指松散堆积密度。

2）密实度与孔隙率

（1）密实度。

密实度是指材料体积内被固体物质所充实的程度，也就是材料的固体物质体积占材料在自然状态下体积的百分率，即

$$D = \frac{V}{V_0} \times 100\% = \frac{\rho_0}{\rho} \times 100\% \tag{1-5}$$

式中：

D——材料的密实度（%）。

（2）孔隙率。

孔隙率是指材料内部孔隙体积占材料在自然状态下体积的百分率，即

$$P = \frac{V_0 - V}{V_0} \times 100\% = \left(1 - \frac{V}{V_0}\right) \times 100\% = \left(1 - \frac{\rho_0}{\rho}\right) \times 100\% \tag{1-6}$$

式中：

P——材料的孔隙率（%）。

密实度 D 和孔隙率 P 是从不同角度反映材料的致密程度，它们的大小取决于材料的组成、结构及制造工艺。密实度 D 和孔隙率 P 的关系为 $P + D = 1$。建筑工程上一般常用孔隙率表示材料的致密程度。

材料的许多基本性质，如强度、吸水性、抗渗性、抗冻性、导热性（隔热性）、吸声性等都与材料的孔隙有关。这些性质不仅取决于孔隙率的大小，还与孔隙的形状、分布、是否连通等构造特征密切相关。材料内部开口孔隙增多会使材料的吸水性、透水性、吸声性提高，但是抗渗性和抗冻性会变差。材料内部闭口孔隙增多会提高材料的隔热性和耐久性。

建筑工程中，常用建筑材料的一些基本物理参数如表 1-2 所示。

表 1-2　常用建筑材料的一些基本物理参数

建筑材料	密度/（$g \cdot cm^{-3}$）	表观密度/（$kg \cdot m^{-3}$）	堆积密度/（$kg \cdot m^{-3}$）	孔隙率/%
石灰岩	2.60	1 800～2 600	—	—
花岗岩	2.60～2.90	2 500～2 800	—	0.5～3.0

（续表）

建筑材料	密度/（$g \cdot cm^{-3}$）	表观密度/（$kg \cdot m^{-3}$）	堆积密度/（$kg \cdot m^{-3}$）	孔隙率/%
碎石（石灰岩）	2.60	—	1 400～1 700	—
砂	2.60	—	1 450～1 650	—
黏土	2.60	—	1 600～1 800	—
烧结黏土普通砖	2.50～2.80	1 600～1 800	—	20～40
烧结黏土空心砖	2.50	1 000～1 400	—	—
水泥	2.80～3.20	—	1 200～1 300	—
普通混凝土	—	2 000～2 800	—	5～20
轻骨料混凝土	—	800～1 900	—	—
木材	0.40～0.80	400～800	—	55～75
普通碳素钢	7.85	7 850	—	0
泡沫塑料	—	20～50	—	—
玻璃	2.55	2 550	—	0

3）填充率与空隙率

（1）填充率。

填充率是指散状材料或粉状材料在堆积状态下，表观体积占堆积体积的百分率，即

$$D' = \frac{V_0}{V_0'} \times 100\% = \frac{\rho_0'}{\rho_0} \times 100\% \tag{1-7}$$

式中：

D'——材料的填充率（%）。

（2）空隙率。

空隙率是指散状材料或粉状材料在堆积状态下，颗粒之间的空隙体积占堆积体积的百分率，即

$$P' = \frac{V_0' - V_0}{V_0'} \times 100\% = \left(1 - \frac{V_0}{V_0'}\right) \times 100\% = \left(1 - \frac{\rho_0'}{\rho_0}\right) \times 100\% \tag{1-8}$$

式中：

P'——材料的空隙率（%）。

填充率 D' 和空隙率 P' 是从不同角度反映散状或粉状材料堆积的紧密程度，其关系为 $P' + D' = 1$，一般建筑工程上常用空隙率。空隙率在配制混凝土时可作为控制混凝土粗、细骨料的配料比例及计算混凝土含砂率的依据。

2. 与水有关的物理性质

1）亲水性与憎水性

如果材料在使用过程中经常会与水接触，那么就需要考虑材料能否被水所润湿。所谓润湿，是指水被材料表面吸附的情况，它与材料本身的性质有关。根据材料被水润湿程度的不同，可将材料分为亲水性与憎水性两大类。

材料的亲水性与憎水性可用润湿角 θ 来表示，如图 1-3 所示。润湿角是指在材料、水、空气三者的交点处，沿水滴表面的切线与水和材料接触面之间的夹角。θ 角越小，水就越容易被材料表面吸附，说明材料被水润湿的程度越高，即材料的亲水性越好。

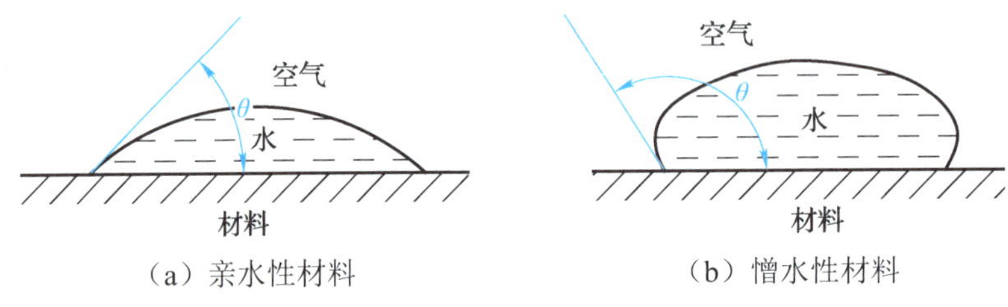

图 1-3 润湿角 θ 示意图

通常认为，润湿角 $\theta \leqslant 90°$ 的材料为亲水性材料，如砖、石料、混凝土、木材等；润湿角 $\theta > 90°$ 的材料为憎水性材料，如沥青、石蜡、塑料等。憎水性材料不仅可以用作防水材料，还可用于处理亲水性材料的表面，以降低其吸水性，提高材料的防水性和防潮性。

2）吸水性

材料在浸水状态下吸收水分的能力称为吸水性，其大小可用吸水率来表示。吸水率可分为质量吸水率和体积吸水率两种。

（1）质量吸水率。

质量吸水率是指材料吸水饱和时，其吸收水分的质量占材料在干燥状态下质量的百分率，即

$$W_{\mathrm{m}} = \frac{m_{饱和} - m_{干}}{m_{干}} \times 100\% \tag{1-9}$$

式中：

W_{m} ——材料的质量吸水率（%）；

$m_{饱和}$——材料吸水饱和时的质量（g 或 kg）；

$m_{干}$ ——材料在干燥状态下的质量（g 或 kg）。

（2）体积吸水率。

体积吸水率是指材料吸水饱和时，其材料吸收水分的体积占材料在自然状态下体积的百分率，即

$$W_V=\frac{V_{水}}{V_0}\times100\%=\frac{m_{饱和}-m_{干}}{m_{干}}\times\frac{\rho_{0干}}{\rho_{水}}\times100\% \tag{1-10}$$

式中：

W_V ——材料的体积吸水率（%）；

$V_{水}$ ——材料吸水饱和时吸收水分的体积（cm^3 或 m^3）；

V_0 ——材料在自然状态下的体积（cm^3 或 m^3）；

$\rho_{0干}$ ——材料在干燥状态下的表观密度（g/cm^3 或 kg/m^3）；

$\rho_{水}$ ——水的密度（g/cm^3 或 kg/m^3），常温下取 1.0 g/cm^3。

质量吸水率与体积吸水率的关系为

$$W_V=W_m\times\frac{\rho_{0干}}{\rho_{水}} \tag{1-11}$$

材料吸水率的大小不仅取决于材料本身的亲水性，还与材料孔隙率的大小及孔隙特征密切相关。如果材料是亲水材料，且具有细小的开口孔隙，则孔隙率越大，材料的吸水性越强。

材料的吸水率反映了材料在标准试验方法下吸收水分能力的大小，是一个固定值。对于高度多孔材料，由于吸收水分的质量往往超过材料在干燥状态下的质量，因此质量吸水率有可能大于 100%，此时用体积吸水率更能反映其吸水能力的强弱，因为体积吸水率不可能超过 100%。

指点迷津

水分的吸入往往会给材料带来一系列不良影响，也会使材料的许多性质发生改变，如体积膨胀、保温性下降、强度降低、抗冻性变差等。

3）吸湿性

吸湿性是指材料在潮湿环境中吸收水分的能力，其大小可用含水率来表示，即

$$W_{含}=\frac{m_{湿}-m_{干}}{m_{干}}\times100\% \tag{1-12}$$

式中：

$W_{含}$ ——材料的含水率（%）；

$m_{湿}$ ——材料在潮湿环境中吸收水分的质量（g 或 kg）；

$m_{干}$ ——材料在干燥状态下的质量（g 或 kg）。

材料含水率的大小不仅与材料自身的特性（如亲水性、孔隙率和孔隙特征等）有关，

还受周围环境的影响，即随温度和湿度的变化而改变。当材料的含水率与环境湿度保持相对平衡时的含水率称为平衡含水率。

4）耐水性

耐水性是指材料长期在吸水饱和状态下不破坏，同时强度也无显著降低的性质，其大小可用软化系数来表示，即

$$K_{软}=\frac{f_{饱和}}{f_{干}} \tag{1-13}$$

式中：

$K_{软}$ ——材料的软化系数；

$f_{饱和}$ ——材料在饱和状态下的抗压强度（MPa）；

$f_{干}$ ——材料在干燥状态下的抗压强度（MPa）。

材料的软化系数一般在 0～1 之间，其值越小，说明材料吸水饱和后强度越低，材料的耐水性越差。软化系数大于 0.8 的材料，通常可认为是耐水材料。钢、玻璃、沥青等材料的软化系数基本为 1。对于经常处于水中或潮湿环境中的重要建筑，其所用材料的软化系数不得低于 0.85；对于受潮较轻或次要结构所用材料，软化系数允许稍有降低，但不宜小于 0.75。

5）抗渗性

抗渗性（又称不透水性）是指材料在压力作用下抵抗流体渗透的性能。抗渗性的高低与材料的亲水性、孔隙率及孔隙特征有关。绝对密实或具有闭口孔隙的材料，实际上是不透水的，且具有很高的抗渗性。材料的抗渗性有以下两种表示方法。

（1）渗透系数。

材料在压力作用下渗水量的多少遵守达西定律，即在一定时间内，渗水量与材料的渗水面积及静水压力水头差成正比，与材料的厚度成反比（见图 1-4），即

$$W=K\frac{\Delta h\cdot A\cdot t}{d} \tag{1-14}$$

式中：

W ——渗水量（cm^3）；

K ——渗透系数（cm/h）；

t ——渗水时间（h）；

A ——渗水面积（cm^2）；

Δh ——静水压力水头差（cm）；

d ——厚度（cm）。

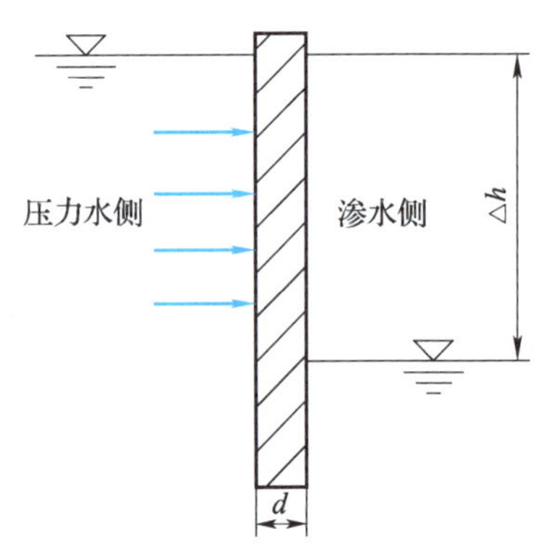

图 1-4　材料渗水示意图

（2）抗渗等级。

材料的抗渗性也可用抗渗等级来表示。抗渗等级用材料在标准试验条件下能承受的最大水压力值来表示，如 P4、P6、P8、P10 等，分别表示材料能承受 0.4 MPa、0.6 MPa、0.8 MPa、1.0 MPa 的水压力而不渗水。抗渗等级越高，材料的抗渗性越好。混凝土和砂浆抗渗性的好坏常用抗渗等级表示。

6）抗冻性

抗冻性是指材料在吸水饱和状态下，能够经受多次冻结、融化循环（冻融循环）而不破坏，同时强度也无显著降低的性质。抗冻性的大小用抗冻等级表示。抗冻等级用材料能经受最大冻融循环的次数来表示，如 F15、F25、F50、F100 等，分别表示材料能经受最大冻融循环的次数为 15 次、25 次、50 次、100 次等。

冻融循环对材料的破坏作用有两方面：一方面，是由材料内部孔隙中的水在受冻结冰时体积膨胀而引起的；另一方面，在冻融循环过程中，材料内外温差引起的应力会导致内部微裂纹的产生或加速微裂纹的扩展。

抗冻性好的材料，抵抗温度变化、干湿交替等大气物理作用的能力较强。因此，抗冻性常作为矿物材料抵抗大气物理作用的一种耐久性指标。对抗冻等级的选择应根据建筑工程种类、结构部位、使用条件、气候条件等因素来决定。

3. 与热有关的物理性质

1）导热性

导热性是指材料传导热量的能力，即当其两侧存在温度差时将热量从一侧传递至另一侧的能力，其大小可用导热系数（又称热导率）λ 来表示。如图 1-5 所示，材料将热量从 T_1 侧传递至 T_2 侧，传导热量的大小与材料两侧的温度差、热传导面积和热传导时间成正比，与材料的厚度成反比，即

$$Q=\lambda\frac{\Delta T\cdot A\cdot t}{d} \tag{1-15}$$

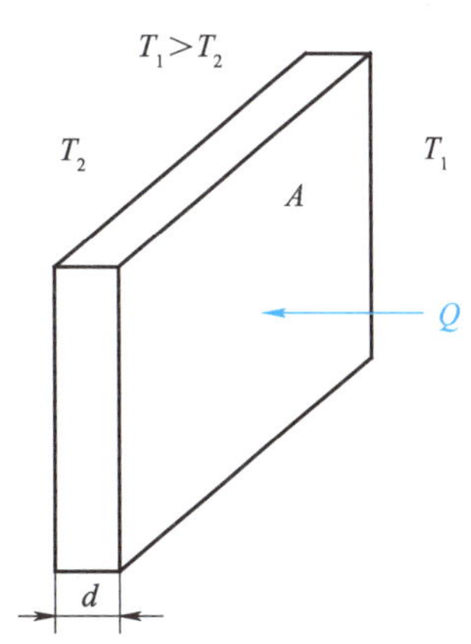

图 1-5　传导热量示意图

式中：

Q ——传导的热量（J）；

λ ——导热系数[$\mathrm{W\cdot(m\cdot K)^{-1}}$]；

A ——热传导面积（$\mathrm{m^2}$）；

d ——厚度（m）；

t ——热传导时间（s）；

ΔT ——材料两侧的温度差（K）。

由式（1-15）可知，导热系数越小，材料的导热性越差。导热系数在物理意义上表示单位厚度的材料，当其两侧的温度差为 1 K 时，在单位时间内通过单位面积的热量。各种建筑材料的导热系数差别很大，大致在 $0.035\ \mathrm{W}\cdot(\mathrm{m}\cdot\mathrm{K})^{-1}$（泡沫塑料）至 $3.500\ \mathrm{W}\cdot(\mathrm{m}\cdot\mathrm{K})^{-1}$（大理石）之间。通常将 $\lambda < 0.150\ \mathrm{W}\cdot(\mathrm{m}\cdot\mathrm{K})^{-1}$ 的材料称为绝热材料。

材料的导热系数除了与材料的化学组成有关外，还与材料内部的孔隙构造有密切关系。由于密闭空气的导热系数很小[$\lambda = 0.025\ \mathrm{W}\cdot(\mathrm{m}\cdot\mathrm{K})^{-1}$]，因此一般来说，材料的孔隙率越大，其导热系数越小。但若孔隙粗大或贯通，则会增加热对流作用，材料的导热系数反而会增大。

材料在受潮或受冻后，导热性能会大大提高，这是由于水和冰的导热系数比空气的导热系数高很多[$\lambda_{水} = 0.600\ \mathrm{W}\cdot(\mathrm{m}\cdot\mathrm{K})^{-1}$，$\lambda_{冰} = 0.200\ \mathrm{W}\cdot(\mathrm{m}\cdot\mathrm{K})^{-1}$]。因此，在设计和施工时应采取有效措施，使绝热材料经常处于干燥状态，以保证其具有良好的绝热性能。

指点迷津

导热系数是评定建筑材料保温隔热性的重要指标。在建筑热工（工程热力学与传热学的简称）中，将 $1/\lambda$ 称为材料的热阻，用 R 来表示。材料的导热系数越低，热阻就越高，保温隔热性就越好。

2）热容量

热容量是指材料受热时吸收热量或冷却时放出热量的性质，其大小可用比热来表示。比热（又称比热容）是指单位质量（1 g）的材料在温度升高或降低（1 K）时所吸收或放出的热量，即

$$C = \frac{Q}{m(T_2 - T_1)} \tag{1-16}$$

式中：

C ——材料的比热[$\mathrm{J}\cdot(\mathrm{g}\cdot\mathrm{K})^{-1}$]；

Q ——材料吸收或放出的热量（J）；

m ——材料的质量（g）；

$T_2 - T_1$ ——材料受热或冷却前后的温度差（K）。

材料的导热系数和比热是设计建筑围护结构、进行热工计算的重要参数，选用导热系数小、比热大的材料可以节约能耗并长时间地保持室内温度的稳定。常用建筑材料的导热系数和比热如表 1-3 所示。

表 1-3　常用建筑材料的导热系数和比热

建筑材料	导热系数/ [W·(m·K)$^{-1}$]	比热/ [J·(g·K)$^{-1}$]	建筑材料	导热系数/ [W·(m·K)$^{-1}$]	比热/ [J·(g·K)$^{-1}$]
建筑钢材	58.000	0.48	烧结黏土空心砖	0.640	0.92
花岗岩	3.490	0.92	松木	0.170～0.350	2.51
普通混凝土	1.280	0.88	泡沫塑料	0.030	1.30
水泥砂浆	0.930	0.84	冰	2.200	2.05
白灰砂浆	0.810	0.84	水	0.600	4.19
烧结黏土普通砖	0.810	0.84	密闭空气	0.025	1.00

3）耐燃性与耐火性

（1）耐燃性。

耐燃性是指材料在规定的试验条件下可否燃烧的性质。它是评定建筑防火和耐火等级的重要因素。建筑材料及制品的燃烧性能等级有四级：A 级——不燃材料（制品），B_1 级——难燃材料（制品），B_2 级——可燃材料（制品），B_3 级——易燃材料（制品）。

《建筑内部装修设计防火规范》（GB 50222—2017）对常用建筑内部装修材料燃烧性能等级划分进行了举例，如表 1-4 所示。

表 1-4　常用建筑内部装修材料燃烧性能等级划分举例

材料类别	级　别	材 料 举 例
各部位材料	A	花岗石、大理石、水磨石、水泥制品、混凝土制品、石膏板、石灰制品、黏土制品、玻璃、瓷砖、马赛克、钢铁、铝、铜合金、天然石材、金属复合板、纤维石膏板、玻镁板、硅酸钙板等
顶棚材料	B_1	纸面石膏板、纤维石膏板、水泥刨花板、矿棉板、玻璃棉装饰吸声板、珍珠岩装饰吸声板、难燃胶合板、难燃中密度纤维板、岩棉装饰板、难燃木材、铝箔复合材料、难燃酚醛胶合板、铝箔玻璃钢复合材料、复合铝箔玻璃棉板等
墙面材料	B_1	纸面石膏板、纤维石膏板、水泥刨花板、矿棉板、玻璃棉板、珍珠岩板、难燃胶合板、难燃中密度纤维板、防火塑料装饰板、难燃双面刨花板、多彩涂料、难燃墙纸、难燃墙布、难燃仿花岗岩装饰板、氯氧镁水泥装配式墙板、难燃玻璃钢平板、难燃 PVC 塑料护墙板、阻燃模压木质复合板材、彩色难燃人造板、难燃玻璃钢、复合铝箔玻璃棉板等
	B_2	各类天然木材、木制人造板、竹材、纸制装饰板、装饰微薄木贴面板、印刷木纹人造板、塑料贴面装饰板、聚酯装饰板、复塑装饰板、塑纤板、胶合板、塑料壁纸、无纺贴墙布、墙布、复合壁纸、天然材料壁纸、人造革、实木饰面装饰板、胶合竹夹板等
地面材料	B_1	硬 PVC 塑料地板、水泥刨花板、水泥木丝板、氯丁橡胶地板、难燃羊毛地毯等
	B_2	半硬质 PVC 塑料地板、PVC 卷材地板等

（续表）

材料类别	级　别	材 料 举 例
装饰织物	B_1	经阻燃处理的各类难燃织物等
	B_2	纯毛装饰布、经阻燃处理的其他织物等
其他装修装饰材料	B_1	难燃聚氯乙烯塑料、难燃酚醛塑料、聚四氟乙烯塑料、难燃脲醛塑料、硅树脂塑料装饰型材、经难燃处理的各类织物等
	B_2	经阻燃处理的聚乙烯、聚丙烯、聚氨酯、聚苯乙烯、玻璃钢、化纤织物、木制品等

（2）耐火性。

耐火性是指材料在火焰高温作用下仍能保持稳定性、完整性和（或）隔热性的能力，它常用耐火极限来表示。耐火极限是指在标准耐火试验条件下，建筑构件、配件或结构从受到火的作用时起，到失去稳定性、完整性和（或）隔热性时止的时间，单位为小时（h）。

指点迷津

耐燃性和耐火性的区别是耐燃性材料不一定耐火，耐火性材料一般都耐燃。例如，金属材料、玻璃等虽属于耐燃性材料，但在高温作用下短时间内就会变形，甚至熔融，因而不属于耐火材料。

1.2.2　建筑材料的力学性质

1. 强度

强度是指材料在力（或载荷）的作用下抵抗破坏的能力，其值为在一定的受力状态或工作条件下材料所能承受的最大应力，即

$$f=\frac{F}{A} \tag{1-17}$$

式中：

f——材料的强度（MPa 或 N/mm^2），1 MPa = 1 N/mm^2；

F——材料能承受的最大载荷（N）；

A——材料的受力面积（mm^2）。

1）影响强度的因素

材料强度的大小不仅与材料内部质点间结合力的强弱有关，还与材料中存在的结构缺陷有直接关系。成分相同的材料，其强度取决于孔隙率的大小。如图 1-6 所示为混凝土抗压强度与孔隙率的关系曲线，该曲线表明：当孔隙率由 12.4%增至 15.1%时，抗压强度则由 37.5 MPa 降至 26 MPa。其他材料（石灰岩、烧土制品等）的强度也存在类似关系。

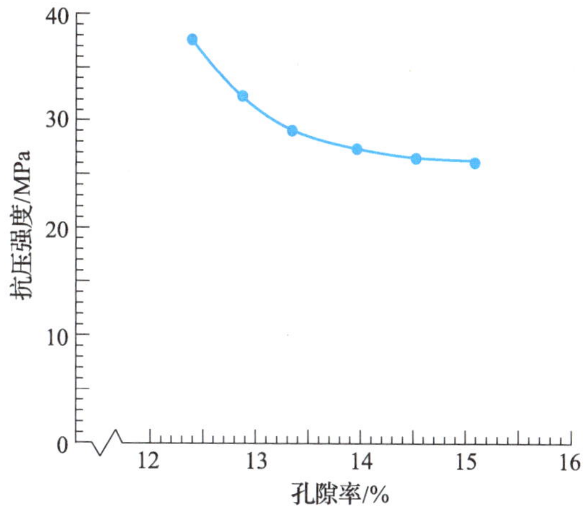

图 1-6　混凝土抗压强度与孔隙率的关系曲线

此外，材料的强度还与测试强度时的测试条件和测试方法等外部因素有关。为使测试结果准确、可靠，并具有可比性，对于以强度为主要性质的材料，必须严格按照标准试验方法进行静力强度测试，即将材料放在材料试验机上，施加载荷直至材料破坏，然后根据破坏时的载荷，计算出材料的强度。

2）强度的分类及等级

材料的强度根据外力作用方式的不同，可分为抗压强度、抗拉强度、抗剪强度和抗弯强度四种，它们分别表示材料抵抗压力、拉力、剪力和弯曲破坏的能力，如表 1-5 所示。

表 1-5　强度的分类

强度类型/MPa	举　例	计算式	附　注
抗压强度 f_c	F F	$f_c=\frac{F}{A}$	F—— 材料能承受的最大载荷（N） A—— 材料的受力面积（mm²） l —— 两支点间的距离（mm） b—— 试件截面宽度（mm） h—— 试件截面高度（mm）
抗拉强度 f_t	F　F	$f_t=\frac{F}{A}$	
抗剪强度 f_v	F F	$f_v=\frac{F}{A}$	
抗弯强度 f_{tm}	F　b　h l	$f_{tm}=\frac{3Fl}{2bh^2}$	

结合抵抗外力的种类和大小，大部分建筑材料可根据不同的强度类型划分为若干不同的强度等级。例如，水泥、石材、砖、混凝土、砂浆等脆性材料，它们在建筑中主要承受

压力作用，故可按抗压强度划分强度等级；建筑钢材在建筑中主要承受拉力作用，故建筑钢材主要按抗拉强度划分强度等级。将建筑材料划分为若干强度等级，对掌握材料性能、合理选用材料、正确进行工程设计和工程质量控制是十分必要的。

3）比强度

一般用比强度来对不同材料的抗压强度进行对比，其值等于材料的强度与表观密度之比，即 f_c/ρ_0，比强度的单位是 $(N\cdot m^{-2})/(kg\cdot m^{-3})$ 或 $N\cdot m/kg$。因此，比强度是衡量材料轻质高强的一个重要指标。

2. 弹性与塑性

弹性是指材料在外力作用下产生变形，外力取消后又能恢复原状的性质。这种当外力取消后能恢复原状的变形称为弹性变形。明显具有弹性变形特征的材料称为弹性材料。

材料的弹性变形曲线如图 1-7 所示。材料的弹性变形与外力（载荷）成正比，其比例常数称为弹性模量，它是衡量材料抵抗变形能力的指标之一。弹性模量越大，材料越不易变形。

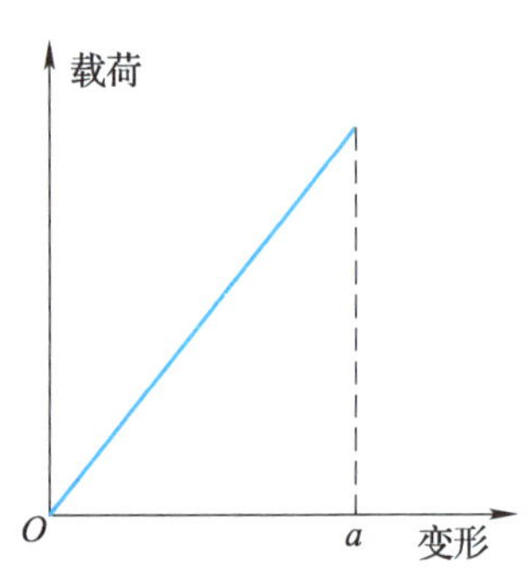

图 1-7　材料的弹性变形曲线

材料在外力作用下产生变形，当外力取消后，仍保持变形后的形状尺寸，且不产生裂纹的性质称为塑性。这种不随外力的撤销而消失的变形称为塑性变形或永久变形，明显具有塑性变形特征的材料称为塑性材料。

实际上，纯弹性与纯塑性的材料都是不存在的。许多材料受力不大时，仅产生弹性变形，当受力超过弹性极限时，则产生塑性变形，如低碳钢。有的材料在受力开始时，弹性变形和塑性变形同时产生，如果取消外力，则弹性变形消失而塑性变形不消失，这种变形称为弹塑性变形，如混凝土。材料的弹塑性变形曲线如图 1-8 所示。

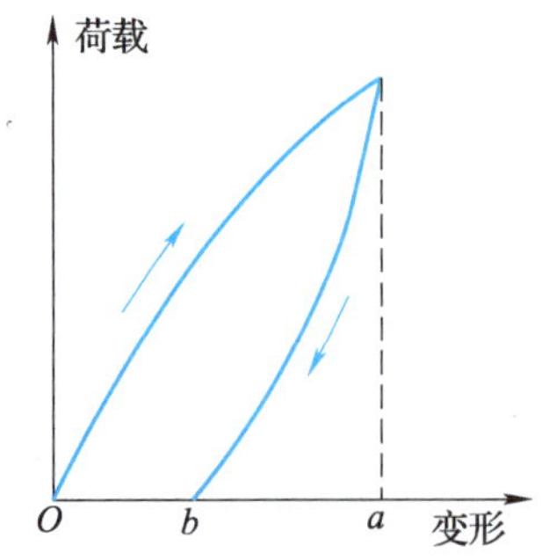

ab—可恢复的弹性变形；*bO*—不可恢复的塑性变形。

图 1-8　材料的弹塑性变形曲线

3. 脆性与韧性

脆性是指当材料受力到一定程度后突然破坏，但破坏前并无明显塑性变形的性质。具有这种性质的材料称为脆性材料。脆性材料的特点是抗压强度远大于其抗拉强度，受力作用时塑性变形小，而且破坏时无任何征兆，具有突发性，主要用于承受压力静载荷。建筑材料中的大部分无机非金属材料均为脆性材料，如天然岩石、陶瓷、玻璃、烧结砖、普通混凝土等。

韧性又称冲击韧性，是指材料在冲击或振动载荷作用下能吸收较大能量，同时产生一定变形而不致破坏的性质。具有这种性质的材料称为韧性材料。韧性材料的特点是塑性变形大，抗拉强度接近或高于抗压强度，破坏前有明显征兆，主要用于承受拉力或动载荷。例如，木材、建筑钢材、沥青混凝土等均为韧性材料。对于路面、桥梁、吊车梁等需要承受冲击载荷和有抗震要求的部件，其选用的材料应具有较高的韧性。

4. 硬度与耐磨性

硬度是指材料抵抗较硬物体压入或刻画的能力。对于不同的材料，其硬度的测定方法也不同。例如，对于木材、钢材等韧性材料，可用钢球或钢锥压入的方法来测定其硬度；对于天然矿物等脆性材料，可用刻画法来测定其硬度；对于混凝土，则用回弹法来测定其硬度，并间接评价其强度。

按刻画法，天然矿物的硬度分为 10 级，其等级由低到高依次为滑石、石膏、方解石、萤石、磷灰石、正长石、石英、黄玉、刚玉、金刚石。一般来说，硬度大的材料，其强度和耐磨性高，但不易加工。

耐磨性是指材料表面抵抗磨损的能力，其大小可用磨损率来表示。磨损率用磨损前后单位表面的质量损失来表示，即

$$N=\frac{m_1-m_2}{A} \tag{1-18}$$

式中：

N ——材料的磨损率（g/cm^2）；

m_1、m_2——材料磨损前、后的质量（g）；

A ——材料磨损面的面积（cm^2）。

显然，质量损失越大，材料的耐磨性越差。对于地面、路面、楼梯踏板等较易磨损的部位，应选用具有较高耐磨性的材料。

1.2.3　建筑材料的耐久性

耐久性是指材料在长期使用中能保持质量稳定的性能。材料在建筑使用过程中，除受到各种外力作用外，还长期受到使用因素和各种自然因素的破坏作用，这些破坏作用主要

有物理作用、化学作用和生物作用。

在实际建筑工程中，材料往往受到多种破坏因素的同时作用。材料品质不同，影响其耐久性的因素也不同。对于一般矿物材料，如石材、砖瓦、陶瓷、混凝土、砂浆等，当其暴露在大气中时，主要受大气物理作用；当材料处于水中时，则会受到环境的化学侵蚀作用。例如，金属材料在大气中易锈蚀；木材及植物纤维材料常因虫蛀、腐朽而遭到破坏；沥青及高分子材料在阳光、空气及热的作用下，会逐渐老化、变质，甚至破坏。

由此可见，耐久性是材料的一种综合性质，诸如抗冻性、抗风化性、抗老化性、耐化学侵蚀性等均属于耐久性的范畴。此外，材料的强度、抗渗性、耐磨性等性能也极大地影响了材料的耐久性。

对材料耐久性最准确的判断方法，是对其在使用条件下进行长期的观察和测定，但这需要很长时间。因此，一般采用快速检验法来测定材料的耐久性，即模拟实际使用环境，将材料在试验室进行有关的快速试验，并根据试验结果对材料的耐久性进行判定。

在试验室进行快速试验的项目主要有干湿循环、冻融循环、加湿与紫外线干燥循环、碳化、盐溶液浸渍与干燥循环、化学介质浸渍等。

1.3 建筑材料的基本性质试验

在建筑工程中，评价材料质量、确定设计施工依据、改善材料性能、研制和使用新材料及选择代用材料等项目，都需要对材料的密度、吸水率、抗压强度等基本性质进行测定。因此，作为土木工程技术人员，只有具备一定的建筑材料试验知识和技能，才能正确评价材料的质量，合理而经济地选择和使用材料。

本节主要介绍材料的密度试验、表观密度试验、吸水率试验、抗压强度试验等。

1.3.1 密度试验

现以烧结普通砖为例介绍其密度试验。

1. 主要仪器

（1）李氏瓶（分度值为 0.1 mL）、温度计、恒温水槽等，其布置如图 1-9 所示。

（2）天平（最大称量为 1 000 g，分度值为 0.01 g）。

（3）鼓风干燥箱、筛子（孔径为 0.20 mm）。

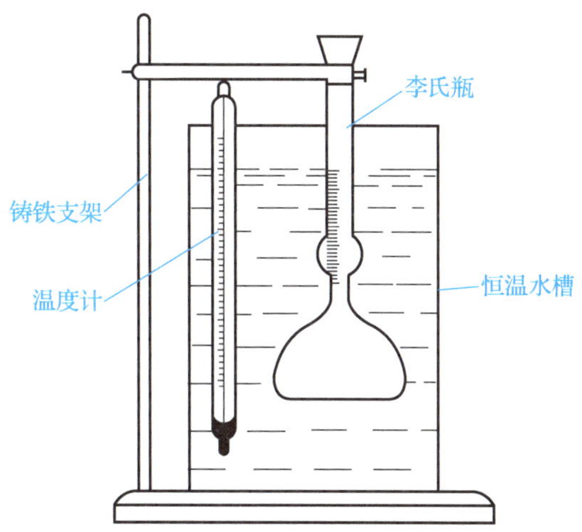

图 1-9　李氏瓶、温度计、恒温水槽的布置

2. 试验步骤

（1）将烧结普通砖破碎并磨成细粉，使其全部通过孔径为 0.20 mm 的筛子，再将细粉放入 105～110℃的鼓风干燥箱内烘干至恒重，取出后置于干燥器内冷却至室温（20±2）℃备用。

（2）将不与细粉反应的某种轻液体（如汽油、无水煤油、苯）注入李氏瓶中，使液面达到凸颈下 0～1 mL 刻度线范围内，然后用滤纸将瓶颈内液面上部内壁吸附的轻液体擦除干净。

（3）将注有轻液体的李氏瓶放入恒温水槽时，应使刻度线以下部分完全浸入水中，水温控制在（20±0.5）℃，恒温 30 min 后读出液面的初始体积 V_1（以弯液面下部切线为准，精确至 0.05 mL）。

（4）从恒温水槽中取出李氏瓶，擦干外表面后放于天平上，称量初始质量 m_1（单位为 g）。

（5）用小匙将细粉徐徐装入李氏瓶中，使瓶内液面上升至接近 20 mL 刻度线为止。值得注意的是，装入细粉的速度不得超过瓶内液体浸没物料的速度，以免堵塞瓶颈。

（6）用左手捏住瓶颈上部，右手托住瓶底，将李氏瓶倾斜并缓缓转动，以便瓶内的轻液体将黏附在瓶颈内壁上的物料洗入轻液体中；然后左右摆动或转动李氏瓶，使细粉中的气泡上浮，每 3～5 s 观察一次，直至无气泡上升。

（7）将李氏瓶置于天平上，称量加入物料后的最终质量 m_2（单位为 g），再将李氏瓶放入恒温水槽中，经 30 min 后，待李氏瓶内液体温度与水温一致后，读出弯液面下部切线的刻度值 V_2。读取 V_1 和 V_2 时，恒温水槽的温度差应不大于 0.2℃。

3. 结果计算

（1）烧结普通砖的密度 ρ（精确至 0.01 g/cm^3）按下式计算。

$$\rho = \frac{m_2 - m_1}{V_2 - V_1} \tag{1-19}$$

（2）以两次试验结果的平均值作为密度的测定结果。两次试验结果的差值不得大于 0.02 g/cm^3，否则应重新取样并进行试验。

1.3.2 表观密度试验

表观密度是计算材料的孔隙率、体积、质量等必不可少的数据。现以烧结普通砖为例，来介绍其表观密度试验。

1. 主要仪器

（1）台秤（称量大于 6 kg，分度值为 0.05 kg）。

（2）直尺（精度为 1 mm）。当试件体积较小时，应选用精度为 0.1 mm 的游标卡尺和分度值为 0.01 g 的天平进行试验。

（3）鼓风干燥箱。

2. 试验步骤

（1）将每组 5 个形状规则的试件放入（105±5）℃的鼓风干燥箱内烘干至恒重，取出并冷却至室温后，称量各试件的质量 m（单位为 kg）。

（2）用直尺量出各试件的尺寸，并计算出其表观体积 V_0（单位为 m^3）。对于六面体试件，测量尺寸时长、宽、高各方向上需要测量至少 3 处，并分别取其平均值 a、b、c，则

$$V_0 = a \cdot b \cdot c \tag{1-20}$$

3. 结果计算

（1）试件的表观密度 ρ_0（kg/m^3）按下式计算。

$$\rho_0 = \frac{m}{V_0} \tag{1-21}$$

（2）表观密度以 5 个试件的试验结果的平均值表示，计算精确至 10 kg/m^3。

1.3.3 吸水率试验

石料的吸水率反映了石料的孔隙率、孔隙特征、风化程度，以及在冻融及干湿变化过程中发生破坏的危险性。因此，有时把吸水率看作评价石料耐久性的一个技术指标。现以

石料为例，来介绍其吸水率试验。

1. 主要仪器

天平（分度值为 0.01 g）、游标卡尺、鼓风干燥箱、水槽（或金属槽）等。

2. 试验步骤

（1）取 3 个代表性石料试件，将试件置于 105～110℃的鼓风干燥箱内烘干至恒重，然后用天平称量各试件的质量 m_0。

（2）将试件置于水槽中，各试件间应留 10～20 mm 间隙，水槽用垫条（如玻璃管、玻璃杆等）垫起，避免试件底面与槽底紧贴。

（3）加水至试件高度的 1/3 处，过 24 h 后再加水至试件高度的 2/3 处，再过 24 h 加满水以没过试件，然后再放置 24 h。这样逐次加水有利于使试件孔隙中的空气逐渐逸出。

经验传承

> 为检查试件吸水是否饱和，可在水没过试件并放置 24 h 后称重，然后将试件的 3/4 再次浸入水中，放置 24 h 后重新称重，两次质量之差不超过 1%，即表示试件吸水饱和。

（4）进行完上述所有步骤后，用排水法测出饱和试件的体积 V_0。

（5）取出试件，抹去表面水分，称出其质量 m_1。

（6）用同样的方法测出另外两个试件的质量和体积。

3. 结果计算

（1）每个试件的吸水率 W 按下式计算。

$$\text{质量吸水率：} W_{\mathrm{m}}=\frac{m_1-m_0}{m_0}\times 100\% \tag{1-22}$$

$$\text{体积吸水率：} W_{\mathrm{V}}=\frac{m_1-m_0}{\rho_{\mathrm{w}}\cdot V_0}\times 100\% \tag{1-23}$$

（2）吸水率以 3 个试件的平均值表示，计算精确至 0.01%。

1.3.4　抗压强度试验及软化系数计算

1. 主要仪器

（1）压力试验机：预计破坏载荷应在压力试验机全量程的 20%～80%之内，示值相对误差不大于 1%。

（2）游标卡尺、角尺等。

2. 试验步骤

（1）选取有代表性的试件（如石材），其干燥状态和吸水饱和状态各一组，每组 3 个试件。值得注意的是，试件的各面需要加工平整，且试件受力的两面必须磨平（平面度公差应小于 0.05）。

（2）用游标卡尺测量试件的尺寸（精确至 0.1 mm），计算其受压面积 A。

（3）了解压力试验机的工作原理与操作方法，并根据最大载荷选择量程。调节零点，然后将试件置于压力试验机承压板的中央，并对正上下承压板。启动压力试验机，以规定的速度进行均匀加压，直至试件破坏，记录最大载荷 P。

3. 结果计算

（1）材料的抗压强度 f_c 按下式计算。

$$f_c = \frac{P}{A} \tag{1-24}$$

（2）取 3 个试件抗压强度的平均值作为材料的平均抗压强度，计算精确至 0.1 MPa。

（3）材料的软化系数 K（精确至 0.01）按下式计算。

$$K = \frac{f_{饱和}}{f_{干}} \tag{1-25}$$

式中：

$f_{干}$ ——材料在干燥状态下的平均抗压强度（MPa）；

$f_{饱和}$——材料在吸水饱和状态下的平均抗压强度（MPa）。

姓名____________ 班级____________ 学号____________

试验工单——建筑材料的基本性质试验

<table>
<tr><td>试验名称</td><td colspan="5"></td></tr>
<tr><td rowspan="2">工单评价</td><td>获取信息准确
（15 分）</td><td>操作步骤规范
（50 分）</td><td>计算结果正确
（25 分）</td><td>工单填写规范
（10 分）</td><td>总计
（100 分）</td></tr>
<tr><td></td><td></td><td></td><td></td><td></td></tr>
<tr><td>试验准备</td><td colspan="5">（1）密度是指材料在绝对密实状态下____________。在测定这些含孔隙材料的密度时，需要将其____________以排除其内部孔隙，经干燥后用________测定其绝对密实体积。
（2）什么是表观密度和堆积密度？
（3）请写出质量吸水率、体积吸水率及其关系的表达式。
（4）材料的强度根据外力作用方式的不同，可分为__________、__________、__________和__________四种，它们分别表示材料抵抗压力、拉力、剪力和弯曲破坏的能力。
（5）什么是耐久性？在试验室进行耐久性快速试验的项目主要有哪些？</td></tr>
<tr><td>试验目的</td><td colspan="5"></td></tr>
<tr><td>仪器设备</td><td colspan="5"></td></tr>
</table>

姓名__________ 班级__________ 学号__________

（续表）

试验步骤	
计算结果	
注意事项	
课堂小结	

模块测试

（1）什么是孔隙率和空隙率？这两者有何区别？

（2）如果材料内部的开口孔隙与闭口孔隙分别增多，会对材料的吸水性、透水性、吸声性、抗渗性、抗冻性、隔热性和耐久性有何影响？

（3）脆性材料与韧性材料有何区别？

（4）某种石料密度为 2.65 g/cm^3，孔隙率为 1.2%，若将该石料破碎成碎石，碎石的堆积密度为 1 580 kg/m^3，请问该碎石的表观密度和空隙率分别是多少？

（5）某建筑工程所用碎石的堆积密度为 1 560 kg/m^3，堆料场尺寸为长 4 m、宽 2 m、高 1.5 m。现拟购进该种碎石 15 t，请问该堆料场是否满足堆放这些碎石的需求？

（6）某岩石在气干、绝干、水饱和状态下的抗压强度分别为 172 MPa、178 MPa、168 MPa，求该岩石的软化系数，并说明该岩石可否用于水下工程。说明：气干状态是指在材料内部含有一定水分而表层干燥无水的状态，材料在干燥环境中自然堆放至干燥的状态；绝干状态是指材料在烘箱中烘干至恒重，内部和表层均不含水的状态；水饱和状态是指材料的内部和表层均含水达到饱和，而表面的开口孔隙无水的状态。

（7）有一干石材试件，质量为 256 g，把它浸水至吸水饱和，排出水体积为 115 cm^3，将其取出后擦干表面，再次放入水中，排出水的体积为 118 cm^3，若试件体积无膨胀，求此石材的表观密度、质量吸水率和体积吸水率。

模块 2 气硬性胶凝材料

学习导读

在实际建筑工程中，地面以上的砌体结构一般使用水泥混合砂浆，水泥混合砂浆一般由水泥、石灰膏、砂等拌和而成，即在水泥砂浆中掺入石灰膏。在水泥砂浆中掺入石灰膏，可显著提高水泥砂浆的可塑性，改善水泥砂浆的和易性，从而使操作过程更方便，也有利于提高砌体结构的密实度及相关性能。

想一想：为什么石灰膏可以改善水泥砂浆的和易性？水泥砂浆中还可通过掺入哪些气硬性胶凝材料来提高其性能呢？

学习导图

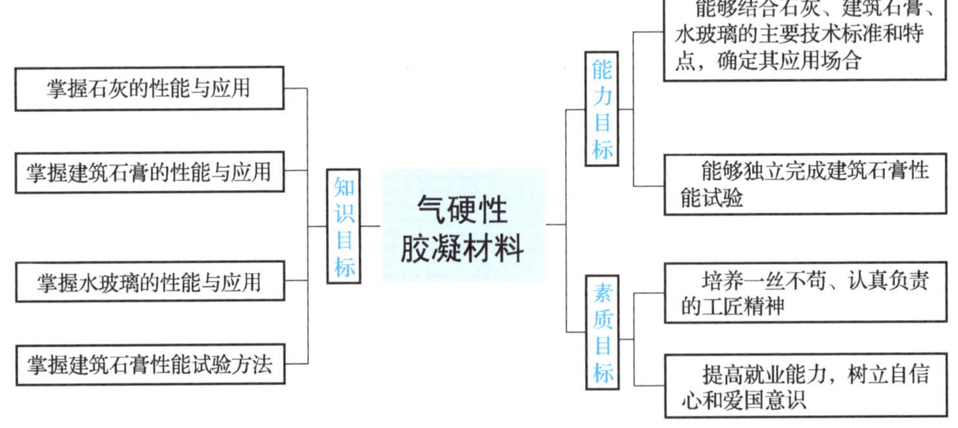

胶凝材料品种繁多，按化学成分的不同可分为无机和有机两大类。其中，无机胶凝材料按硬化条件的不同又可分为气硬性胶凝材料和水硬性胶凝材料两类。如图 2-1 所示为胶凝材料的分类及常见胶凝材料。

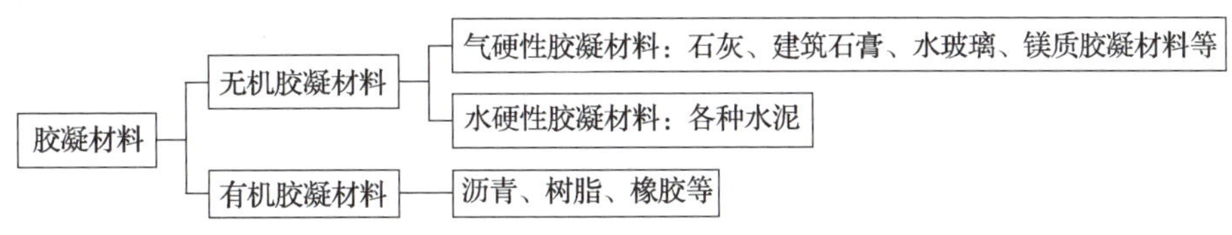

图 2-1　胶凝材料的分类及常见胶凝材料

对于胶凝材料，水硬性胶凝材料将在模块 3 重点介绍，本模块仅介绍气硬性胶凝材料。气硬性胶凝材料只能在空气中硬化、保持或继续提高其强度。它的耐水性差，已硬化且具有一定强度的气硬性胶凝材料在水的长期作用下，其强度会显著降低直至材料破坏。常见的气硬性胶凝材料有石灰、建筑石膏、水玻璃等。

2.1　石灰的性能与应用

石灰是建筑工程上使用较早的气硬性胶凝材料之一。由于石灰的原料来源广泛，生产工艺简单、成本低廉、胶凝性好，其至今仍在建筑工程中被广泛应用。

2.1.1　石灰的生产

生产石灰的原料是以 $CaCO_3$ 为主要成分的岩石（如石灰石等），石灰是在低于烧结温度下煅烧而成的。此外，化工副产品也是生产石灰的原料，或者可直接使用，如用碳化钙制取乙炔时产生的电石渣，其主要成分是 $Ca(OH)_2$，即消石灰，又称熟石灰。

石灰石经过煅烧即可生成生石灰。煅烧时，石灰石中的 $CaCO_3$ 分解，生成 CaO 和 CO_2，其化学方程式为

$$CaCO_3 \xlongequal{900\sim1\,100℃} CaO + CO_2\uparrow$$

煅烧时的温度对石灰的质量有很大影响，具体如下。

（1）当温度较低或温度分布不均时，$CaCO_3$ 不能完全分解，会生成不熟化的欠火石灰。欠火石灰的表观密度大，CaO 含量低，会降低石灰的质量等级和利用率。

（2）当温度过高或煅烧时间过长时，分解出的 CaO 与原料中的 SiO_2 和 Al_2O_3 等杂质熔结，产生熟化很慢的过火石灰。过火石灰如果用在建筑工程上，其细小颗粒会在硬化的砂浆中吸收水分而发生水化反应，使得体积膨胀，引起局部鼓泡或脱落，从而影响建筑工

程质量。

2.1.2 石灰的熟化与硬化

石灰的熟化与硬化

1. 石灰的熟化

生石灰在使用前都要加水熟化，这种加水生成 $Ca(OH)_2$ 的过程称为熟化或消解过程，其化学方程式为

$$CaO + nH_2O \rightarrow Ca(OH)_2 \cdot nH_2O + 64.9\ \text{kJ/mol}$$

生石灰在熟化时，体积会膨胀 1～2.5 倍并放出大量的热量。熟化后的石灰称为消石灰。生石灰在熟化时，根据加水方法和加水量的不同，可制成石灰膏和消石灰粉。

1）石灰膏

在化灰池中加入大量水，将生石灰熟化成石灰乳。石灰乳经网筛过滤（除渣）流入储灰池，并在储灰池中沉淀成膏状材料，即石灰膏。石灰膏可用于拌制砌筑砂浆和抹面砂浆。为保证石灰膏充分熟化，石灰膏必须在储灰池中储存一段时间，制备石灰膏所需的熟化期如表 2-1 所示。同时，石灰膏上方还应保留一层水，以避免石灰膏与空气直接接触而发生碳化。

表 2-1 制备石灰膏所需的熟化期

名　称	用　途	熟化期最低天数/d
石灰膏	抹灰用	15
	砌筑用	7

指点迷津

石灰必须在充分熟化后才能使用，否则未熟化的石灰颗粒在使用后会吸收空气中的水分继续熟化，使其体积膨胀，会导致平整的墙面隆起、开裂或局部脱落。

2）消石灰粉

将生石灰淋适量水，以消解成 $Ca(OH)_2$，再经磨细、筛分后得到的干粉称为消石灰粉或熟石灰粉。消石灰粉也需要放置一段时间，待进一步熟化后使用。消石灰粉一般用于拌制灰土和三合土，由于其熟化未必充分，因此不宜直接用于拌制砂浆和石灰浆。

2. 石灰的硬化

石灰膏在空气中会逐渐硬化，其硬化是由物理变化和化学反应两个过程同时作用产生的。

（1）干燥过程和结晶过程：石灰膏在干燥过程中，水分会逐渐蒸发或被砌体吸收，$Ca(OH)_2$ 从过饱和溶液中结晶析出，晶体颗粒相互靠拢、黏紧，从而形成结晶，石灰膏的

强度也随之增强。

（2）碳化过程：石灰膏表面的 $Ca(OH)_2$ 与空气中的 CO_2 反应，生成不溶于水的 $CaCO_3$ 结晶并放出水分，其化学方程式为

$$Ca(OH)_2 + CO_2 + nH_2O = CaCO_3 + (n+1)H_2O$$

空气中 CO_2 的含量很低，因此石灰膏的碳化过程仅发生在与空气接触的表面。表面碳化生成的 $CaCO_3$ 晶体阻碍了 CO_2 的继续深入，也影响了材料内部水分的蒸发，因此石灰的碳化过程是十分缓慢的。

2.1.3　石灰的技术标准

1. 建筑生石灰

《建筑生石灰》（JC/T 479—2013）规定，建筑生石灰的识别标志由产品名称、加工情况和产品依据的标准编号组成。生石灰块在代号后加 Q，生石灰粉在代号后加 QP。例如：在 CL 90-QP JC/T 479—2013 中，CL 表示钙质石灰（此外，ML 表示镁质石灰）；90 表示（CaO+MgO）百分含量；QP 表示粉状；JC/T 479—2013 表示产品所依据的标准。建筑生石灰的化学成分和物理性质应符合如表 2-2 和表 2-3 所示的技术要求。

表 2-2　建筑生石灰的化学成分　　单位：%

名　称	CaO+MgO	MgO	CO_2	SO_3
CL 90-Q CL 90-QP	≥ 90	≤ 5	≤ 4	≤ 2
CL 85-Q CL 85-QP	≥ 85	≤ 5	≤ 7	≤ 2
CL 75-Q CL 75-QP	≥ 75	≤ 5	≤ 12	≤ 2
ML 85-Q ML 85-QP	≥ 85	> 5	≤ 7	≤ 2
ML 80-Q ML 80-QP	≥ 80	> 5	≤ 7	≤ 2

表 2-3　建筑生石灰的物理性质

名　称	产浆量/[$dm^3 \cdot (10\ kg)^{-1}$]	细　度	
		0.2 mm 筛余量/%	90 μm 筛余量/%
CL 90-Q CL 90-QP	≥ 26 —	— ≤ 2	— ≤ 7
CL 85-Q CL 85-QP	≥ 26 —	— ≤ 2	— ≤ 7
CL 75-Q CL 75-QP	≥ 26 —	— ≤ 2	— ≤ 7
ML 85-Q ML 85-QP	—	— ≤ 2	— ≤ 7
ML 80-Q ML 80-QP	—	— ≤ 7	— ≤ 2

注：其他物理特性，根据用户要求，可按照 JC/T 478.1 进行测试。

2. 建筑消石灰

《建筑消石灰》（JC/T 481—2013）规定，建筑消石灰的识别标志由产品名称和产品依据的标准编号组成。例如：在 HCL 90 JC/T 481—2013 中，HCL 表示钙质消石灰（此外，HML 表示镁质消石灰）；90 表示（CaO+MgO）百分含量；C/T 481—2013 表示产品依据标准。建筑消石灰的化学成分和物理性质应符合如表 2-4 和表 2-5 所示的技术要求。

表 2-4　建筑消石灰的化学成分　　单位：%

名　称	CaO+MgO	MgO	SO_3
HCL 90 HCL 85 HCL 75	≥ 90 ≥ 85 ≥ 75	≤ 5	≤ 2
HML 85 HML 80	≥ 85 ≥ 80	> 5	≤ 2

注：表中数值以试样扣除游离水和化学结合水后的干基为基准。

表 2-5　建筑消石灰的物理性质

名　称	游离水/%	细　度		安定性
		0.2 mm 筛余量/%	90 μm 筛余量/%	
HCL 90	≤ 2	≤ 2	≤ 7	合格
HCL 85				
HCL 75				
HML 85				
HML 80				

2.1.4 石灰的特点

生石灰的化学成分主要为CaO，CaO 极易吸收空气中的水分。因此，生石灰具有吸湿性强、熟化时放热量大且体积膨胀大等特点。

生石灰熟化为消石灰时会生成颗粒极细的呈胶体分散状态的$Ca(OH)_2$，且表面还会吸附一层水膜，因此用消石灰制成的石灰砂浆具有良好的保水性和可塑性。

此外，消石灰还具有凝结硬化慢、强度低、耐水性差和干燥收缩快等特点。

2.1.5 石灰的应用

1. 配制砂浆和石灰浆

石灰具有良好的可塑性和黏结性，常用于配制石灰砂浆、水泥混合砂浆等，应用于建筑的砌筑和抹灰工程。在石灰中掺加大量水可配制成石灰浆，用于粉刷墙面。若在石灰浆中掺加各种颜色的耐碱颜料，可制成彩色的粉刷罩面原料。

2. 配制灰土和三合土

灰土（石灰土）是由消石灰与黏土按一定比例拌和均匀并夯实而成的，常用的有二八灰土和三七灰土（灰土的名称按消石灰与黏土的体积比来确定，例如，二八灰土是指消石灰与黏土的体积比为 2∶8）。三合土是由石灰、黏土与砂石、碎砖或炉渣等按一定比例拌和均匀并夯实而成的。

灰土和三合土应用历史悠久，造价低廉，操作简单，可就地取材，其耐水性和强度均优于纯石灰膏，因此灰土和三合土被大量应用于建筑的地基基础、地面、道路等垫层。

3. 制作硅酸盐制品

硅酸盐制品是以石灰（如消石灰粉等）和硅质材料（如砂、粉煤灰等）为主要原料，经过配料、拌和、成型、养护后制作而成的，常用的有灰砂砖、粉煤灰砖等。

4. 制作碳化石灰板

在磨细的生石灰中掺入30%～40%的短切玻璃纤维、植物纤维、石灰石等，加水搅拌、振动成型后，利用石灰窑的废气碳化制作而成的空心板，即碳化石灰板。碳化石灰板能被锯割和打孔，宜用作非承重内隔墙板、天花板等。

2.2 建筑石膏的性能与应用

建筑石膏及其制品在质轻、防火、隔音、绝热等方面，均比石灰优越。我国建筑石膏资源丰富，分布较广，生产工艺简单，是一种有悠久历史的气硬性胶凝材料，也是一种很有发展前景的新型建筑材料。

2.2.1 建筑石膏的生产

自然界中的石膏以两种稳定形态存在于石膏矿中：一种是天然二水石膏（$CaSO_4 \cdot 2H_2O$），又称软石膏；另一种是天然无水石膏（$CaSO_4$），又称硬石膏。此外，在以硫酸钙为主要成分的工业副产品及废渣中，也存在着可作为建筑材料原料的化学石膏。

随着温度和压力条件的变化，天然二水石膏在加热时所得产物的结构和性能会发生变化。当温度为 65～75℃时，天然二水石膏开始脱水；当温度升至 107～170℃时，脱去部分结晶水，得到β半水石膏（$\beta\text{-}CaSO_4 \cdot 1/2\ H_2O$），其化学方程式为

$$2CaSO_4 \cdot 2H_2O \xlongequal{107\sim170℃} 2CaSO_4 \cdot 1/2\ H_2O + 3H_2O$$

当温度升高至 170～200℃时，天然二水石膏会继续脱水，成为可溶性硬石膏，可溶性硬石膏与水调和后仍能很快凝结硬化；当温度升高至 400℃时，天然二水石膏完全失去水分，生成失去凝结硬化能力的不溶性硬石膏，俗称“僵烧石膏”；当温度高于 800℃时，部分天然二水石膏分解出 CaO，变成耐水性、耐磨性和强度较高的高温煅烧石膏；当温度高于 1 600℃时，天然二水石膏全部分解为石灰。

2.2.2 建筑石膏的凝结硬化

建筑石膏极易溶于水，加水后会很快达到饱和并分解出溶解度低的天然二水石膏胶体，其化学方程式为

$$2CaSO_4 \cdot 1/2\ H_2O + 3H_2O = 2CaSO_4 \cdot 2H_2O$$

半水石膏加水后首先进行的是溶解。由于天然二水石膏的溶解度比半水石膏的溶解度小，因此天然二水石膏不断从过饱和溶液中析出，破坏了原有半水石膏的平衡浓度，会导致半水石膏进一步溶解。如此不断进行半水石膏的溶解和天然二水石膏的析出，随着析出的天然二水石膏的不断增多，建筑石膏会逐渐失去塑性，开始凝结。

凝结时，天然二水石膏之间的摩擦力和黏结力会逐渐增大，建筑石膏的强度也会随之增加，最后成为坚硬的固体。由此可见，建筑石膏的凝结硬化是一个连续的溶解、水化、

凝结、结晶的过程。

2.2.3　建筑石膏的技术标准

《建筑石膏》（GB/T 9776—2008）规定，建筑石膏按原材料种类可分为天然建筑石膏（N）、脱硫建筑石膏（S）和磷建筑石膏（P）三类；建筑石膏按 2 h 强度（抗折）可分为 3.0、2.0 和 1.6 三个等级；按产品名称、代号、等级及所依据标准编号的顺序标记，如建筑石膏 N 2.0 GB/T 9776—2008。另外，建筑石膏组成中的β 半水石膏的含量（质量分数）应不小于 60.0%。建筑石膏的物理力学性能应符合如表 2-6 所示的技术要求。

表 2-6　建筑石膏的物理力学性能

等　级	细度（0.2 mm 方孔筛筛余）/%	凝结时间/min		2 h 强度/MPa	
		初　凝	终　凝	抗　折	抗　压
3.0	≤ 10	≥ 3	≤ 30	≥ 3.0	≥ 6.0
2.0				≥ 2.0	≥ 4.0
1.6				≥ 1.6	≥ 3.0

2.2.4　建筑石膏的特点

建筑石膏主要具有以下几方面特点。

（1）凝结硬化快：建筑石膏是一种凝结硬化快的胶凝材料。在常温下，建筑石膏完成水化的时间为 5～15 min。建筑石膏水化速度越快，浆体凝结硬化的速度也越快。

知识链接

在实际应用时，为了满足施工操作需求，往往需要向石膏浆体中掺加缓凝剂（如硼砂、亚硫酸盐酒精废液等），以降低其凝结硬化速度。

（2）硬化后体积微膨胀：建筑石膏与大多数胶凝材料不同，它硬化后体积膨胀率约为 1%。这一特性使石膏制品在硬化过程中不会产生裂缝，因此建筑石膏常用于制作建筑艺术配件及建筑装饰制品等。

（3）孔隙率大、强度较低：为使建筑石膏具有必要的可塑性，通常加水量要比理论需水量多得多。硬化后由于多余水分的蒸发，建筑石膏内部的孔隙率会很大，因此建筑石膏的保温、隔热、吸声等性能较好，可用于制作轻质隔板。

（4）防火性好：由于硬化的建筑石膏中结晶水含量较多，在遇火时这些结晶水会吸收热量并蒸发形成蒸汽幕，从而阻止火势蔓延。但建筑石膏不宜长期在 65℃以上的高温环境中使用，以免天然二水石膏缓慢脱水，强度降低。

（5）耐水性差：由于建筑石膏硬化后孔隙率较大，天然二水石膏又微溶于水，且具有很强的吸湿性和吸水性，因此建筑石膏及其制品的耐水性较差，不宜用于潮湿环境中。

（6）调节室内湿度和温度：由于建筑石膏的热容量大、吸湿性强，因此能够调节室内的温度和湿度，从而保持室内“小气候”处于均衡状态。

（7）可装饰性：建筑石膏呈白色，可装饰干燥环境中的室内墙面或顶棚，但受潮后颜色会变黄，失去装饰性。

鉴于建筑石膏具有上述特点，在运输、储存时不得使其受潮或混入杂物；不同等级的建筑石膏应分别运输、储存，不得混杂。建筑石膏自生产日起算，储存期为三个月。三个月后需要重新进行质量检验，以确定其等级。

2.2.5 建筑石膏的应用

与石灰相比，建筑石膏更加洁白、美观，但价格也较石灰高些。在建筑工程中，建筑石膏应用广泛，可以用于室内抹灰及粉刷、制作石膏制品等。

1. 室内抹灰及粉刷

建筑石膏加水、砂拌和成石膏砂浆，可用于室内抹灰；建筑石膏加水拌和成石膏浆体，可用于室内粉刷。由于建筑石膏凝结快，用于室内抹灰及粉刷时还需要加入适量缓凝剂及附加材料（如硬石膏等），以减缓其凝结时间。

2. 制作石膏制品

在建筑石膏中加入各种填料，然后加工，可制成各种石膏制品，如纸面石膏板、纤维石膏板、装饰石膏板等，可用于建筑内隔墙、墙面等的装饰装修。在建筑石膏中掺入适量纤维增强材料、胶黏剂等，可制作成各种石膏角线、雕塑艺术装饰制品等。

知行合一

石膏制品属绿色环保建筑材料，具有无污染、不易老化、对人体无害等优点。随着以人为本、保护生态环境等政策的实施，建筑石膏作为具有绿色环保功能的非金属矿物材料，具有广阔的发展空间。

2.3 水玻璃的性能与应用

水玻璃是一种建筑胶凝材料，常用于配置水玻璃胶泥、水玻璃砂浆、水玻璃混凝土，也可用于配制涂料。水玻璃在防酸工程和耐热工程中的应用甚为广泛。

2.3.1 水玻璃的生产

水玻璃俗称泡花碱，是由碱金属氧化物和SiO_2结合而成的一种能溶于水的金属硅酸盐物质。建筑工程中常用的水玻璃是硅酸钠（$Na_2O \cdot nSiO_2$）水溶液。

知识链接

水玻璃（$Na_2O \cdot nSiO_2$）中的n为水玻璃模数，即SiO_2与氧化钠的摩尔数比。水玻璃溶解的难易程度与其模数n的大小有关。n值越大，水玻璃的黏度越大，黏结力越强，越难溶解，但较易分解和硬化。

水玻璃的主要原料是石英砂、纯碱或含硫酸钠的原料。将原料磨细，按一定比例配合，在玻璃熔炉内加热至 1 300～1 400℃时可熔融成硅酸钠，冷却后即成为固态水玻璃，其化学方程式为

$$Na_2CO_3 + nSiO_2 \xlongequal{1\,300 \sim 1\,400℃} Na_2O \cdot nSiO_2 + CO_2 \uparrow$$

固态水玻璃在水中加热，溶解为液态水玻璃。液态水玻璃常因含杂质而呈青灰色、绿色或微黄色，以无色透明的液态水玻璃为最好。液态水玻璃可以与水按任意比例混合，使用时仍可加水稀释。在液态水玻璃中加入尿素，可在不改变其黏度的条件下提高黏结力。

2.3.2 水玻璃的硬化

水玻璃在空气中与CO_2作用，析出SiO_2凝胶，SiO_2凝胶因干燥而逐渐硬化，其化学方程式为

$$Na_2O \cdot nSiO_2 + CO_2 + mH_2O \xlongequal{} nSiO_2 \cdot mH_2O + Na_2CO_3$$

上述硬化过程进行得很慢，为加快硬化速度，可掺入适量的固化剂，如氟硅酸钠或氯化钙。氟硅酸钠可提高水玻璃的耐水性，其适掺量为水玻璃重量的 12%～15%，如果用量太少，则硬化速度缓慢，析出SiO_2凝胶的强度也会降低；如果用量过多，则凝结速度过快，使施工困难，而且渗透性大，强度也低。

加入氟硅酸钠后，水玻璃的初凝时间可缩短为 30～60 min，终凝时间可缩短为 240～360 min，7 d 就可基本达到最高强度。氟硅酸钠具有毒性，使用时应注意安全。

课堂讨论

如果水玻璃的凝结速度过快，将会对整个施工过程产生什么样的影响呢？

2.3.3 水玻璃的特点与应用

水玻璃具有黏结力强、强度高、耐酸性强、耐热性好、耐碱性和耐水性较差等特点。用水玻璃配制的混凝土，其抗压强度可以达到 15～40 MPa，水玻璃胶泥的抗拉强度可达 2.5 MPa。此外，水玻璃不燃烧，在高温下硅酸凝胶干燥得更厉害，强度不仅不会降低，甚至还有所增加。

在建筑工程中，水玻璃的主要应用场合如下。

1. 涂刷建筑材料表面

将水玻璃溶液喷涂在建筑材料（如天然石材、黏土砖、混凝土、硅酸盐建筑制品等）的表面，能提高建筑材料的密实度、强度、耐水性和抗风化能力。石膏制品不能用水玻璃溶液喷涂，因为水玻璃与石膏会发生化学反应，生成体积膨胀的硫酸钠，从而导致制品破坏。

用水玻璃涂刷或浸渍含有石灰的建筑材料（如水泥混凝土、硅酸盐制品等）时，水玻璃与石灰会发生化学反应，生成硅酸钙胶体，该胶体会填实制品孔隙，使制品的密实度增大。

2. 加固建筑地基

将液态水玻璃和氯化钙溶液轮流交替灌入地层，反应生成的硅酸凝胶会将土壤颗粒包裹并填实其空隙。硅酸凝胶为一种吸水膨胀的浆状凝胶，因吸收地下水而处于膨胀状态，是一种加固建筑地基的灌浆材料。

3. 配制快凝防水剂

以水玻璃为基料，加入两种、三种或四种矾可配制成二矾、三矾或四矾快凝防水剂。这种防水剂凝结迅速，一般不超过 1 min。鉴于它的速凝性和黏附性，建筑工程上常将其掺入水泥浆、砂浆或混凝土中，用于修补、堵漏、抢修、表面处理等。

4. 配制耐热砂浆、耐热混凝土

水玻璃的耐热性良好，能长期承受高温作用且强度也不会降低。水玻璃与耐热骨料等按一定比例组合，可配制成耐热砂浆和耐热混凝土，最高还可承受 1 200℃的温度。

5. 配制耐酸砂浆、耐酸混凝土

水玻璃是一种耐酸材料，可与耐酸骨料等组合制成耐酸砂浆和耐酸混凝土。

另外，水玻璃能加速水泥的凝结硬化，可作为水泥的促凝剂。将液态水玻璃与耐火填

料等调成糊状的防火漆，涂于木材表面，可抵抗瞬间火焰。

2.4 建筑石膏性能试验

2.4.1 建筑石膏结晶水含量试验

1. 试验方法

《建筑石膏 结晶水含量的测定》（GB/T 17669.2—1999）规定，建筑石膏结晶水含量的测定采用重量分析法。

2. 主要仪器

（1）容器：可用带盖称量瓶，也可用抗热振性好的坩埚。坩埚应配有盖子或封闭坩埚的容器。

（2）烘箱或高温炉：温度需要控制在（230±5）℃之间。

（3）干燥器：盛有硅胶。

（4）分析天平（分度值为 0.000 1 g）。

3. 试验步骤

（1）试样的制备。将试样保存在密闭的容器中，并从中称取 100 g；将试样充分混匀，细度必须全部通过孔径为 0.2 mm 的方孔筛，然后将其放在一个封闭的容器中，铺成最大厚度为 10 mm 的均匀层，静置 18～24 h，容器中的温度为（20±2）℃，相对湿度为（65±5）%；将试样在（40±4）℃的烘箱内加热 1 h，取出并放入干燥器中，冷至室温，然后称量。如此反复加热、冷却、称量，直至恒重，每次称重之前将试样在干燥器中冷却至室温。冷却后立即测定结晶水的含量。

（2）测定。准确称取 2 g 试样，并将其放入已干燥至恒重的带有磨口塞的称量瓶中；在（230±5）℃的烘箱或高温炉内加热 45 min（加热过程中称量瓶应敞开盖），用坩埚钳将称量瓶取出，盖上磨口塞（但不应盖得太紧）并放入干燥器中，在室温下冷却 15 min；将磨口塞紧密盖好，称量，再将称量瓶敞开盖并放入烘箱内在同样的温度下加热 30 min；取出并放入干燥器中在室温下冷却 15 min。如此反复加热、冷却、称量，直至恒重。按上述步骤再重复测定一次。

4. 结果计算

（1）结晶水的百分含量按下式计算。

$$W=\frac{m-m_1}{m}\times 100\% \qquad (2\text{-}1)$$

式中：

W——结晶水含量（%）；

m——加热前试样质量（g）；

m_1——加热后试样质量（g）。

（2）两次测定结果之差应不大于 0.15%。

2.4.2 建筑石膏力学性能试验

通过测定建筑石膏的抗折强度、抗压强度及石膏硬度，来确定建筑石膏的力学性能。

1. 试验方法

建筑石膏力学性能试验方法应符合《建筑石膏 力学性能的测定》（GB/T 17669.3—1999）中的相关规定。

2. 主要仪器

（1）电子秤（分度值为 1 g）。

（2）成型试模：应符合《水泥胶砂试模》（JC/T 726—2005）中的要求。

（3）搅拌容器：应符合《建筑石膏 一般试验条件》（GB/T 17669.1—1999）中的要求。

（4）拌和棒：由 3 个不锈钢丝弯成的椭圆形套环所组成，钢丝直径为 1～2 mm，环长约为 100 mm。

（5）电动抗折试验机：应符合《水泥胶砂电动抗折试验机》（JC/T 724—2005）中的要求。

（6）抗压夹具：试验期间上、下夹板应能无摩擦地相对滑动。

（7）压力试验机：示值相对误差不大于 1%。

（8）石膏硬度计：具有一个直径为 10 mm 的硬质钢球，当把钢球置于试件表面的一个固定点上时，能将一固定载荷垂直加到该钢球上，使钢球压入被测试件，然后静停，保持载荷，最终卸载；载荷精度为 2%，分度值为 0.001 mm。

3. 试验步骤

（1）试件的制备。

① 一次调和制备的建筑石膏量，应能填满制作 3 个试件的试模，并将损耗计算在内，所需料浆的体积为 950 mL，采用标准稠度用水量，用式（2-2）、式（2-3）计算出建筑石膏用量和加水量。

$$m_g = \frac{950}{0.4 + (W/P)} \tag{2-2}$$

$$m_w = m_g \times (W/P) \tag{2-3}$$

式中：

m_g ——建筑石膏质量（g）；

W/P——标准稠度用水量（%）；

m_W ——加水量（g）。

② 在成型试模内侧涂上薄薄的一层矿物油，并使连接缝封闭，以防料浆流失；先把所需加水量的水倒入搅拌容器中，再把已称量的建筑石膏倒入其中，静置 1 min，接着用拌和棒在 30 s 内搅拌 30 圈；然后以 3 r/min 的速度搅拌，使料浆保持悬浮状态；最后用勺子搅拌至料浆开始稠化（即当料浆从勺子上慢慢落到浆体表面刚好能形成圆锥状为止）；一边慢慢搅拌，一边把料浆舀入试模中，将试模的前端抬起约 10 mm，再使之落下，如此重复五次以排除气泡；当从溢出的料浆判断已经初凝时，用刮平刀刮去溢浆，但不必反复刮抹表面；终凝后，在试件表面做上标记，并拆模。

（2）存放试件。对于遇水后 2 h 就将进行力学性能试验的试件，脱模后应将其存放在试验环境中；对于需要在其他水化龄期后进行强度试验的试件，脱模后应立即将其存放于封闭处。在整个水化期间，封闭处空气的温度为（20±2）℃、相对湿度为（90±5）%。每一类建筑石膏试件都应规定试件龄期。用于测定湿强度的试件达到规定龄期后，应立即进行强度测定；对于用于测定干强度的试件，应先将其在（40±4）℃的烘箱中干燥至恒重，然后迅速进行强度测定。

（3）试件的数量。每一类存放龄期的试件至少应保存 3 个，用于抗折强度的测定；做完抗折强度测定后得到的 3 个不同试件上的半截试件用于抗压强度的测定；另外 3 个半截试件用于石膏硬度测定。

（4）抗折强度的测定。将试件置于电动抗折试验机的两根支撑辊上，应使试件的成型面侧立，使试件各棱边与各辊保持垂直，并使加荷辊与两根支撑辊保持等距；启动电动抗折试验机后逐渐增加载荷，最终使试件断裂；记录试件的断裂载荷值或抗折强度值。

（5）抗压强度的测定。将试件成型面侧立，置于抗压夹具内，并使抗压夹具的中心处于上、下夹板的轴心上，保证上夹板球轴通过试件受压面中心；启动压力试验机，使试件在开始加荷后 20～40 s 内破坏。

（6）石膏硬度的测定。在试件成型的两个纵向面（即与模具接触的侧面）上测定石膏硬度。将试件置于石膏硬度计上，并使钢球加载方向与待测面垂直；每个试件的侧面布置 3 个点，各点之间的距离为试件长度的 1/4，但最外点应至少距试件边缘 20 mm；先施加 10 N 载荷，然后在 2 s 内把载荷加到 200 N，静置 15 s，移去载荷，15 s 后测量球痕深度。

4. 结果计算

（1）抗折强度 R_f 按下式计算。

$$R_f = \frac{6M}{b^3} = 0.002\,34P \tag{2-4}$$

式中：

R_f ——抗折强度（MPa）；

P ——断裂载荷（N）；

M ——弯矩（N・mm）；

b ——试件方形截面边长（mm），$b = 40$ mm 。

R_f 值也可从《水泥胶砂电动抗折试验机》（JC/T 724—2005）所规定的电动抗折试验机的标尺中直接读取。计算 3 个试件抗折强度的平均值，精确至 0.05 MPa。如果所测得的 3 个 R_f 值与其平均值之差均不大于平均值的 15%，则用该平均值作为抗折强度值；如果有 1 个 R_f 值与平均值之差大于平均值的 15%，应将此 R_f 值舍去，用其余两个 R_f 值计算平均值；如果有 1 个以上的 R_f 值与平均值之差大于平均值的 15%，则用 3 个新试件重新进行试验。

（2）试件的抗压强度 R_c 按下式计算。

$$R_c = \frac{P}{S} = \frac{P}{2\,500} \tag{2-5}$$

式中：

R_c ——抗压强度（MPa）；

P ——破坏载荷（N）；

S ——试件受压面积（mm^2），$S = 2\,500\ mm^2$ 。

计算 3 个试件抗压强度的平均值，精确至 0.05 MPa。如果所测得的 3 个 R_c 值与其平均值之差均不大于平均值的 15%，则用该平均值作为试样抗压强度值；如果有 1 个 R_c 值与平均值之差大于平均值的 15%，应将此 R_c 值舍去，用其余两个 R_c 值计算平均值；如果有 1 个以上的 R_c 值与平均值之差大于平均值的 15%，则用 3 个新试件重新进行试验。

（3）石膏硬度 H 按下式计算。

$$H = \frac{F}{\pi D t} = \frac{200}{\pi \times 10 \times t} = \frac{6.37}{t} \tag{2-6}$$

式中：

H ——石膏硬度（N/mm^2）；

t ——球痕的平均深度（mm）；

F ——载荷（N），$F = 200$ N ；

D ——钢球直径（mm），$D = 10$ mm 。

取所测得的 18 个深度值的算术平均值 t 作为球痕的平均深度，再按式（2-6）计算石膏硬度，精确至 0.1 N/mm^2。球痕显现出明显孔洞的测定值不应计算在内。球痕深度小于 0.159 mm 或大于 1.000 mm 的单个测定值应予剔除，并且球痕深度超出 $t(1-10\%)$ 与 $t(1+10\%)$ 范围的单个测定值也应予剔除。

2.4.3　建筑石膏净浆物理性能试验

通过测定建筑石膏净浆的标准稠度用水量和凝结时间，来确定建筑石膏的净浆物理性能。

1. 试验方法

建筑石膏净浆物理性能的试验方法应符合《建筑石膏净浆物理性能的测定》（GB/T 17669.4—1999）中的相关规定。

2. 主要仪器

（1）稠度仪：由内径为 (50 ± 0.1) mm 和高为 (100 ± 0.1) mm 的不锈钢质筒体、240 mm × 240 mm 的玻璃板及筒体提升机构所组成。筒体上升速度为 150 mm/s，并能下降复位。

（2）凝结时间测定仪：应符合《水泥净浆标准稠度与凝结时间测定仪》（JC/T 727—2005）中的要求。

（3）搅拌器具。① 搅拌碗：由不锈钢制成，其中碗口内径为180 mm，碗深 60 mm；② 拌和棒：由三个不锈钢丝弯成的椭圆形套环所组成，钢丝直径为 1～2 mm，环长约为 100 mm。

（4）衡器具：天平或电子秤（分度值为 1 g）。

3. 试验步骤

（1）标准稠度用水量的测定。先将稠度仪的筒体内部及玻璃板擦净，并保持湿润；将筒体复位，垂直放置于玻璃板上；将估计的标准稠度用水量的水倒入搅拌碗中，并称取试样 300 g，在 5 s 内倒入水中，用拌和棒搅拌 30 s，得到均匀的石膏浆，然后边搅拌边迅速将石膏浆注入稠度仪的筒体内，并用刮刀刮去溢浆，使浆面与筒体上端面齐平；在试样与水开始接触 50 s 后，启动凝结时间测定仪并按下提升按钮；待筒体提去后，测定料浆扩展成的试饼在两个垂直方向上的直径，计算其算术平均值，作为扩展直径。记录料浆扩展直径等于 (180 ± 5) mm 时的加水量，该加入的水的质量与试样的质量之比，以百分数表示。

取两次测定结果的平均值作为该试样标准稠度用水量，精确至 1%。

（2）凝结时间的测定。

将试样按下述步骤连续测定两次。

按标准稠度用水量称量水，并把水倒入搅拌碗中；称取试样 200 g，在 5 s 内将试样倒入水中，用拌和棒搅拌 30 s，得到均匀的料浆，并倒入环模中，然后将玻璃板抬高约 10 mm，上下振动 5 次；用刮刀刮去溢浆，使料浆与环模上端齐平；将装满料浆的环模连同玻璃板放在凝结时间测定仪的钢针下，使针尖与料浆的表面相接触，且离开环模边缘大于 10 mm；迅速放松杆上的固定螺丝，针即自由地插入料浆中，每隔 30 s 重复 1 次，每次都应改变插点，并将针擦净、校直。

4. 结果计算

记录从试样与水接触开始，至钢针第 1 次碰不到玻璃底板所经历的时间，此即试样的初凝时间；记录从试样与水接触开始，至钢针第 1 次插入料浆的深度不大于 1 mm 所经历的时间，此即试样的终凝时间。

取两次测定结果的平均值，作为该试样的初凝时间和终凝时间，精确至 1 min。

2.4.4 建筑石膏粉料物理性能试验

通过测定建筑石膏粉料的细度和堆积密度，来确定建筑石膏粉料物理性能。

1. 试验方法

建筑石膏粉料物理性能的试验方法应符合《建筑石膏 粉料物理性能的测定》（GB/T 17669.5—1999）中的相关规定。其中，建筑石膏粉料（主要成分为β-$CaSO_4 \cdot 1/2\ H_2O$）的细度采用手工过筛方法。

2. 主要仪器

（1）试验筛：主要由圆形筛帮和方孔筛网组成，其中筛帮直径为 200 mm，方孔筛网孔径分别为 0.8 mm、0.4 mm、0.2 mm 和 0.1 mm 4 种规格，并在筛顶用筛盖封闭，在筛底用接收盘封闭。

（2）衡器具：天平或电子秤（分度值为 0.1 g）。

（3）干燥器：应具备保持试样干燥的效能。

（4）堆积密度测定仪：由黄铜或不锈钢制成。其锥形容器支撑于三脚支架上，在其中安装有孔径为 2 mm 的方孔筛网。

（5）测量容器：容积为 1 L，并装配有延伸套筒。

（6）平勺、直尺等。

3. 试验步骤

（1）试样的制备。将粉料通过孔径为 2 mm 的方孔筛网。筛上物用平勺压碎，不易压碎的块团和筛上杂质全部剔除。

（2）细度的测定。

① 从制备好的试样中取出约 210 g，在（40±4）℃的烘箱中干燥至恒重（干燥时间相隔 1 h 的两次称量之差不超过 0.2 g 时，即视为恒重），并在干燥器中冷却至室温。将试样按下列步骤连续测定两次。

② 在 0.8 mm 试验筛下部安装接收盘，称取试样 100 g 后，倒入其中，盖上筛盖。一只手拿住试验筛，略微倾斜地摆动试验筛，使其撞击另一只手。撞击的速度为 125 次/min。每撞击一次都应将试验筛摆动一下，以便使试样始终均匀地撒开。每摆动 25 次后，把试验筛旋转 90°，并对着圆形筛帮重重拍几下，继续进行筛分。当 1 min 的过筛试样质量不超过 0.4 g 时，则认为筛分完成。称量筛上物的质量，作为筛余量。细度以筛余量与试样原始质量（100 g）之比的百分数形式表示，精确至 0.1%。

③ 按照上述步骤，用 0.4 mm 试验筛筛分已通过 0.8 mm 试验筛的试样，并应不时地对圆形筛帮进行拍打，必要时在背面用毛刷轻刷方孔筛网，以免方孔筛网堵塞。当 1 min 的过筛试样质量不超过 0.2 g 时，则认为筛分完成。称量筛上物的质量，作为筛余量。细度以筛余量与试样原始质量（100 g）之比的百分数形式表示，精确至 0.1%。

④ 将通过 0.4 mm 试验筛的试样拌和均匀后，从中称取 50 g 试样，按上述步骤用 0.2 mm 试验筛进行筛分。当 1 min 的过筛试样质量不超过 0.1 g 时，则认为筛分完成。称量筛上物的质量，作为筛余量。细度以筛余量与试样原始质量（100 g）之比的百分数形式表示，精确至 0.1%。

⑤ 按照上述步骤，用 0.1 mm 试验筛筛分已通过 0.2 mm 试验筛的试样。当 1 min 的过筛试样质量不超过 0.1 g 时，则认为筛分完成。称量筛上物的质量，作为筛余量。细度以筛余量与试样原始质量（100 g）之比的百分数形式表示，精确至 0.1%。称量通过筛下物的质量，作为筛下量，并用与试样原始质量（100 g）之比的百分数形式表示，精确至 0.1%。

（3）堆积密度的测定。将试样按下列步骤连续测定两次。称量不带套筒的测量容器，精确至 1 g，然后装上套筒，放在堆积密度测定仪下方；把所制得的试样倒入堆积密度测定仪中（每次倒入 100 g），转动平勺，使试样通过方孔筛网，自由掉落于测量容器中；当装配有延伸套筒的测量容器被试样填满时，停止添加；在避免振动的条件下，移去套筒，用直尺刮平表面，以去除多余试样，使试样表面与测量容器上缘齐平。

4. 结果计算

（1）细度的测定结果：采用每种试验筛（0.8 mm、0.4 mm、0.2 mm、0.1 mm）两次测定结果的算术平均值作为试样的细度值。

每种试验筛的两次测定值之差应不大于平均值的 5%，并且当筛余量小于 2 g 时，两次测定值之差应不大于 0.1 g；否则，应再次测定。

（2）堆积密度 γ 按下式计算。

$$\gamma = \frac{m_1 - m_0}{V} = m_1 - m_0 \tag{2-7}$$

式中：

γ ——堆积密度（g/L）；

m_1 ——测量容器和试样的总质量（g），精确至 1 g；

m_0 ——测量容器的质量（g）；

V ——测量容器的容积（L），$V = 1\ \text{L}$。

取两次测定结果的算术平均值作为该试样的堆积密度。两次测定结果之差应小于平均值的 5%，否则，应再次测定。

姓名____________ 班级____________ 学号____________

试验工单——建筑石膏性能试验

<table>
<tr><td>试验名称</td><td colspan="5"></td></tr>
<tr><td rowspan="2">工单评价</td><td>获取信息准确（15 分）</td><td>操作步骤规范（50 分）</td><td>计算结果正确（25 分）</td><td>工单填写规范（10 分）</td><td>总计（100 分）</td></tr>
<tr><td></td><td></td><td></td><td></td><td></td></tr>
<tr><td>试验准备</td><td colspan="5">（1）建筑石膏属于__________胶凝材料。
（2）软石膏的主要成分为____________，硬石膏的主要成分为____________。当温度升至 107～170℃时，脱去部分结晶水，得到____________。
（3）建筑石膏按原材料种类可分为______________、______________和______________三类；建筑石膏按 2 h 强度（抗折）可分为_____、_____和_____三个等级。
（4）在建筑石膏的物理力学性能的技术要求中，初凝和终凝的凝结时间分别是（　　）min。
A. ≥2，≤20　B. ≥3，≤30　C. ≥2，≥20　D. ≤3，≤30
（5）简述建筑石膏的特点。

（6）简述建筑石膏的应用场合。</td></tr>
<tr><td>试验目的</td><td colspan="5"></td></tr>
<tr><td>仪器设备</td><td colspan="5"></td></tr>
</table>

姓名________ 班级________ 学号________

（续表）

试验步骤	
计算结果	
注意事项	
课堂小结	

模块测试

（1）简述煅烧时温度对石灰质量的影响。

（2）消石灰的主要成分是什么？如果将未完全熟化的石灰用于建筑工程中，则会造成哪些影响？

（3）简述石灰的硬化原理。

（4）简述石灰的应用场合。

（5）简述建筑石膏的凝结硬化原理。

（6）简述水玻璃的硬化原理。

（7）简述水玻璃的特点与应用场合。

模块 3

案例：住在某小区的周先生向有关部门投诉，他在收房时，新屋内的墙壁抹灰让人很“崩溃”，用手轻轻一掰，墙壁抹灰就全部成粉了。业内人士说，这是由于使用的水泥标号不达标，这种情况下墙体的结构、硬度也会出问题。

想一想：怎样测定水泥是否达标呢？水泥的验收、储存及使用又有哪些要点需要注意呢？

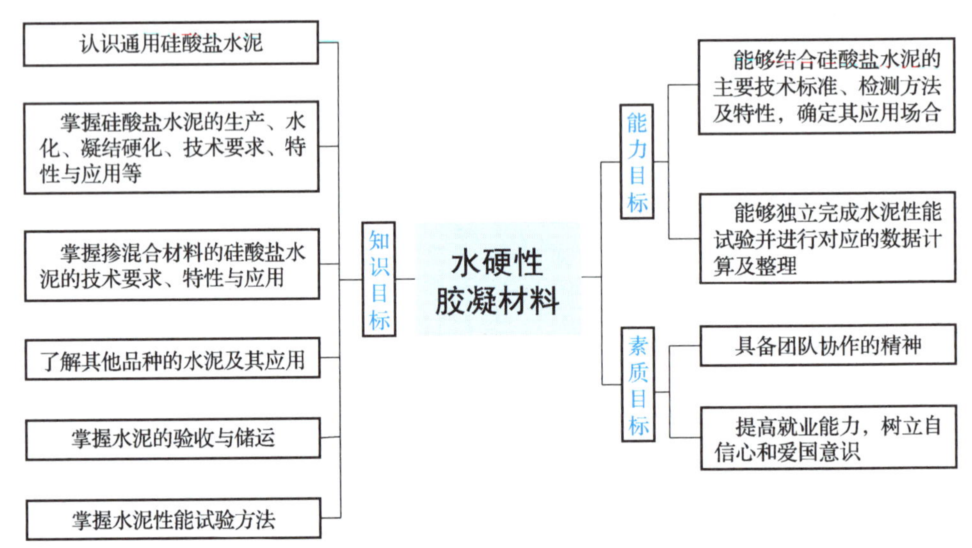

水硬性胶凝材料是指建筑材料与水拌和后生成的浆体，如通用硅酸盐水泥。它既能在空气中硬化，又能更好地在水中硬化，并保持或继续提高其强度。

3.1 认识通用硅酸盐水泥

《通用硅酸盐水泥》(GB 175—2007) 规定，通用硅酸盐水泥是以硅酸盐水泥熟料和适量石膏，以及规定的混合材料制成的水硬性胶凝材料。

通用硅酸盐水泥按混合材料的品种和掺量的不同，可分为硅酸盐水泥、普通硅酸盐水泥、矿渣硅酸盐水泥、火山灰质硅酸盐水泥、粉煤灰硅酸盐水泥和复合硅酸盐水泥六大品种。各品种通用硅酸盐水泥的组分和代号应符合表 3-1 中的规定。

表 3-1　各品种通用硅酸盐水泥的组分和代号的规定

品　种	代　号	组分含量（质量分数）/%				
		熟料 + 石膏	粒化高炉矿渣	火山灰质混合材料	粉煤灰	石灰石
硅酸盐水泥	P · Ⅰ	100	—	—	—	—
	P · Ⅱ	≥95	≤5	—	—	—
		≥95	—	—	—	≤5
普通硅酸盐水泥	P · O	≥80 且 < 95	> 5 且 ≤ 20			—
矿渣硅酸盐水泥	P · S · A	≥50 且 < 80	> 20 且 ≤ 50	—	—	—
	P · S · B	≥30 且 < 50	> 50 且 ≤ 70	—	—	—
火山灰质硅酸盐水泥	P · P	≥60 且 < 80	—	> 20 且 ≤ 40	—	—
粉煤灰硅酸盐水泥	P · F	≥60 且 < 80	—	—	> 20 且 ≤ 40	—
复合硅酸盐水泥	P · C	≥50 且 < 80	> 20 且 ≤ 50			

3.2 硅酸盐水泥

硅酸盐水泥是由硅酸盐水泥熟料、0～5%石灰石或粒化高炉矿渣，以及适量石膏磨细制成的水硬性胶凝材料。硅酸盐水泥可分为两种：一种是不掺入混合材料的硅酸盐水泥，称为Ⅰ型硅酸盐水泥，代号为 P · Ⅰ；另一种是在硅酸盐水泥磨粉时，掺入不超过水泥质量 5%的石灰石或粒化高炉矿渣等混合材料的硅酸盐水泥，称为Ⅱ型硅酸盐水泥，代号为 P · Ⅱ。

3.2.1 硅酸盐水泥的生产

硅酸盐水泥的生产过程：① 制备生料，即将原料按一定比例混合磨细并调配均匀，制得具有适当化学成分的生料；② 煅烧生料，即将生料在水泥窑中经 1 400～1 450℃的高温煅烧至部分熔融，冷却后得到硅酸盐水泥熟料；③ 粉磨水泥，即将煅烧好的熟料、适量石膏，以及粒化高炉矿渣、火山灰质混合材料等混合材料共同磨细，即得水泥成品。

硅酸盐水泥的生产过程可概括为“两磨一烧”，如图 3-1 所示。

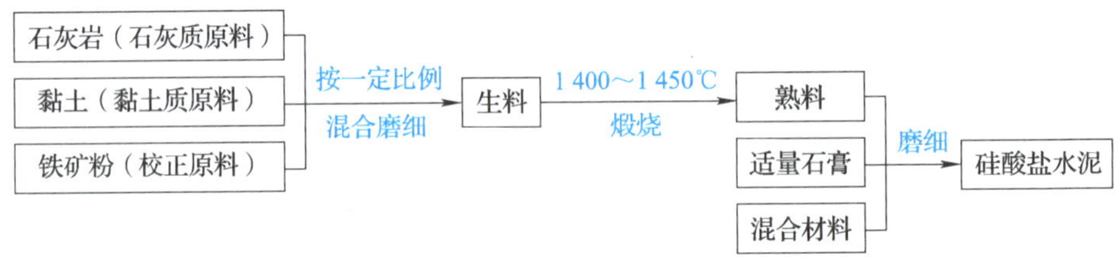

图 3-1 硅酸盐水泥的生产过程

知识链接

硅酸盐水泥的生料主要是由石灰质原料和黏土质原料两大类组成的。其中，石灰质原料主要提供 CaO，常用的石灰质原料有石灰岩、凝灰岩、白垩、贝壳等；黏土质原料主要提供 SiO_2、Al_2O_3 及少量的 Fe_2O_3，常用的黏土质原料有黏土、黄土、页岩、泥岩等。

此外，为了调节生料的化学成分，还需要加入辅助性的硅质校正原料、铝质校正原料或铁质校正原料。例如，原料中 Fe_2O_3 含量不足时可加入铁质校正原料，如黄铁矿渣、铁矿粉等；硅质校正原料主要用于补充 SiO_2，可采用砂岩、粉砂岩等。

3.2.2 硅酸盐水泥熟料的矿物组成及特性

石灰岩、黏土和铁矿粉生料在煅烧过程中会分解出 CaO、SiO_2、Al_2O_3 和 Fe_2O_3，在高温下会形成以硅酸钙为主的熟料矿物。硅酸盐水泥熟料的主要矿物组成及其含量如表 3-2 所示。

表 3-2 硅酸盐水泥熟料的主要矿物组成及其含量

主要矿物组成	简　式	含　量/%	密度/（$g\cdot cm^{-3}$）
硅酸三钙（$3CaO\cdot SiO_2$）	C_3S	37～60	3.25
硅酸二钙（$2CaO\cdot SiO_2$）	C_2S	15～37	3.28

（续表）

主要矿物组成	简　式	含　量/%	密度/（$g\cdot cm^{-3}$）
铝酸三钙（$3CaO\cdot Al_2O_3$）	C_3A	7～15	3.04
铁铝酸四钙（$4CaO\cdot Al_2O_3\cdot Fe_2O_3$）	C_4AF	10～18	3.77

在表 3-2 所示的硅酸盐水泥熟料的四种矿物中，前两种称为硅酸盐矿物，后两种称为熔剂矿物。除了这些主要矿物外，硅酸盐水泥熟料中还含有少量的游离 CaO 、游离 MgO 和碱等。

硅酸盐水泥的技术性能主要是由硅酸盐水泥熟料中主要矿物的水化作用决定的。硅酸盐水泥熟料中，这四种主要矿物水化（物质与水发生化合作用）时所表现出的基本特性如表 3-3 所示。

表 3-3　硅酸盐水泥熟料中主要矿物水化时所表现出的基本特性

简　式	基本特性			
	凝结硬化速度	水化放热量	强　度	耐化学侵蚀性
C_3S	快	多	高	差
C_2S	慢	少	早期低、后期高	好
C_3A	最快	最多	最低	最差
C_4AF	快	中等	中等	中等

从表 3-3 中可以看出，硅酸盐水泥熟料中的不同矿物水化时所表现出的特性是不同的。硅酸盐水泥熟料由多种不同特性的矿物组成，当改变硅酸盐水泥熟料中矿物组成的相对含量时，硅酸盐水泥的技术性能也会发生变化。例如，如果提高硅酸盐水泥熟料中硅酸二钙的含量，降低铝酸三钙和硅酸三钙的含量，就可以使硅酸盐水泥具有较少的水化放热量；如果提高硅酸盐水泥熟料中硅酸三钙的含量，就可以使硅酸盐水泥的强度提高。

3.2.3　硅酸盐水泥的水化与凝结硬化

1. 硅酸盐水泥的水化

硅酸盐水泥与水接触后，熟料中的各种矿物立即与水发生水化作用，生成新的水化产物并放出一定热量。熟料中的四种主要矿物与水的化学方程式为

$$2(3CaO\cdot SiO_2)+6H_2O = 3CaO\cdot 2SiO_2\cdot 3H_2O+3Ca(OH)_2 \text{（反应较快）}$$

硅酸三钙　　水　　水化硅酸三钙（凝胶）　氢氧化钙

$$2(2CaO\cdot SiO_2)+4H_2O = 3CaO\cdot 2SiO_2\cdot 3H_2O+Ca(OH)_2$$（反应较慢）

硅酸二钙　　水　　水化硅酸三钙（凝胶）　氢氧化钙

$$3CaO\cdot Al_2O_3+6H_2O = 3CaO\cdot Al_2O_3\cdot 6H_2O$$（反应极快）

铝酸三钙　　水　　水化铝酸三钙（晶体）

$$4CaO\cdot Al_2O_3\cdot Fe_2O_3+7H_2O = 3CaO\cdot Al_2O_3\cdot 6H_2O+CaO\cdot Fe_2O_3\cdot H_2O$$（反应较快）

铁铝酸四钙　　水　　水化铝酸三钙（晶体）　水化铁酸钙（凝胶）

以上化学方程式反映了两种硅酸钙的水化反应非常相似，不同的是 $Ca(OH)_2$ 的生成量、水化热的量和水化作用的反应速度存在差别，它们的主要产物水化硅酸三钙（凝胶）几乎不溶于水。尽管水化硅酸三钙（凝胶）的尺寸非常小，但却是硅酸盐水泥强度的最主要贡献者。

此外，纯熟料磨细加水后，凝结时间很短，不便使用。为了调节硅酸盐水泥的凝结时间，在纯熟料磨细时可掺入适量（3%左右）石膏（天然二水石膏），这些石膏与部分水化铝酸三钙（晶体）反应，生成难溶于水的高硫型水化硫铝酸钙（钙矾石），并覆盖在未水化的铝酸三钙周围，从而阻止其继续快速水化，其化学方程式为

$$3CaO\cdot Al_2O_3\cdot 6H_2O+3(CaSO_4\cdot 2H_2O)+20H_2O = 3CaO\cdot Al_2O_3\cdot 3CaSO_4\cdot 32H_2O$$

水化铝酸三钙（晶体）天然二水石膏　　水　　高硫型水化硫铝酸钙（钙矾石）

当这些石膏耗尽时，水中未水化的铝酸三钙会与钙矾石作用，生成低硫型水化硫铝酸钙，其化学方程式为

$$3CaO\cdot Al_2O_3\cdot 3CaSO_4\cdot 32H_2O+2(3CaO\cdot Al_2O_3)+4H_2O = 3(3CaO\cdot Al_2O_3\cdot CaSO_4\cdot 12H_2O)$$

钙矾石　　铝酸三钙　　水　　低硫型水化硫铝酸钙

综上所述，硅酸盐水泥的主要水化产物有水化硅酸三钙（凝胶）、$Ca(OH)_2$、水化铝酸三钙（晶体）。在充分水化的水泥石（硬化后的水泥浆体）总质量中，水化硅酸三钙（凝胶）约占 70%，$Ca(OH)_2$ 约占 20%，钙矾石和低硫型水化硫铝酸钙约占 7%。

2. 硅酸盐水泥的凝结硬化

关于水泥凝结硬化的理论至今仍在不断完善。下面以硅酸盐水泥为例讲解硅酸盐水泥凝结硬化的一般过程。

硅酸盐水泥加水拌和后，其颗粒会分散于水中，成为水泥浆，如图 3-2（a）所示。此时，硅酸盐水泥颗粒表面与水发生化学反应，生成的水化产物会聚集在颗粒表面，并形成凝胶薄膜，如图 3-2（b）所示。凝胶薄膜会使硅酸盐水泥反应减慢，并使水泥浆具有可塑性。

水化产物不断增加，凝胶薄膜不断增厚而破裂，从而使硅酸盐水泥颗粒重新露出新表面并与水反应。随着熟料矿物水化的不断进行，水化产物逐渐增多，颗粒之间的水分会减少，颗粒相互接触，使水泥浆的黏度增加，硅酸盐水泥渐渐失去可塑性并出现凝结现象，如图 3-2（c）所示。

随着硅酸盐水泥水化的不断进行，水泥浆逐渐硬化。随着水化硅酸三钙（凝胶）不断增多，水泥石的毛细孔被逐渐填充，毛细孔越来越少，密实度逐渐增加，水泥石的强度也随之增加，如图 3-2（d）所示。硬化过程在开始时进行得很快，28 d 后硬化过程开始变慢。硅酸盐水泥的凝结硬化过程可以持续几年甚至几十年。

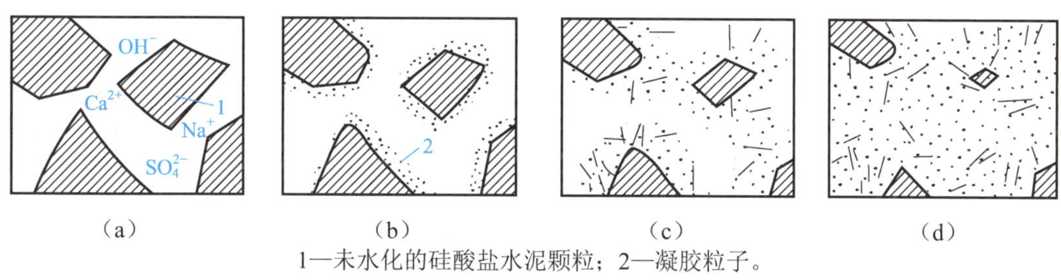

1—未水化的硅酸盐水泥颗粒；2—凝胶粒子。

图 3-2　硅酸盐水泥凝结硬化的一般过程

由此可见，硅酸盐水泥的水化和硬化是一个连续过程，而凝结硬化又是这一过程的不同阶段。其中，凝结标志着水泥浆失去流动性而具有一定的塑性强度，硬化则表示水泥浆固化后所建立的网状结构具有一定的机械强度。硬化后的水泥石是由硅酸盐水泥（凝胶）、未完全水化的硅酸盐水泥颗粒、毛细孔（含毛细孔水）等组成的。

3. 影响硅酸盐水泥凝结硬化的因素

硅酸盐水泥的凝结硬化，除了与硅酸盐水泥熟料中的矿物组成有关外，还与温度、湿度、水灰比、硅酸盐水泥的细度、石膏的掺量、硬化时间等有关。

（1）温度：一般情况下，提高温度可以加速硅酸盐水泥的早期水化，使早期强度得到较快提升，但后期强度反而可能会随温度的增加而降低。在较低温度下进行水化，虽然凝结硬化慢，但水化产物比较致密，可以获得较高的最终强度。但当温度低于 0℃时，硅酸盐水泥强度不但不增长，反而还会因水的结冰而导致水泥石的破坏。因此，冬季施工时需要采取保温措施。

（2）湿度：在缺乏水的干燥环境中，硅酸盐水泥的水化反应不能正常进行，其硬化也将停止。潮湿环境下的水泥石能够保持足够的水分以进行水化和凝结硬化，从而保证其强度不断提高。

在建筑工程中，保持环境中的温度和湿度，使水泥石强度不断增加的措施称为水泥的养护。在水泥施工后的一段时间里，应特别注意温度和湿度的养护。

（3）水灰比：水泥浆中水与水泥的质量比称为水灰比。拌和水泥浆时，为使水泥浆具有一定的可塑性和流动性，所加入的水量通常要远远超过水泥充分水化时所需用水量，多余的水会在硬化的水泥石内形成毛细孔。因此，拌和水越多，硬化后水泥石中的毛细孔就越多。在熟料矿物成分含量大致相近的情况下，水灰比的大小是影响水泥石强度的主要因素。

3.2.4　硅酸盐水泥的技术要求

硅酸盐水泥的技术要求主要体现在细度、凝结时间、安定性、强度等方面。在实际建筑工程中有时还需要了解硅酸盐水泥的标准稠度用水量、水化热、化学指标和碱含量等。

1. 细度

细度是影响硅酸盐水泥性能的重要物理指标。硅酸盐水泥颗粒越细，与水接触的表面积越大，水化速度就越快，水化得就越充分。此外，硅酸盐水泥越细，磨制过程所需能耗就越大，生产成本也越高。因此，硅酸盐水泥的细度应控制在合理的范围内。

硅酸盐水泥的细度有两种表示方法：一种是用 80 μm 或 45 μm 方孔筛网的筛余量表示，其中，80 μm 方孔筛网的筛余量应不大于 10%，或 45 μm 方孔筛网的筛余量应不大于 30%；另一种是用比表面积（即单位质量硅酸盐水泥粉末总表面积）表示，比表面积越大，说明硅酸盐水泥颗粒越细。相关国家标准规定硅酸盐水泥的细度用比表面积表示，其比表面积应不小于 300 m^2/kg 。

2. 凝结时间

凝结时间分为初凝时间和终凝时间。从硅酸盐水泥加水拌和开始起至水泥浆开始失去可塑性所需的时间，称为初凝时间；从硅酸盐水泥加水拌和开始起至水泥浆完全失去可塑性所需的时间，称为终凝时间。

硅酸盐水泥初凝时间不宜过早，以便使用时有足够的时间进行搅拌、运输、浇捣或砌筑等施工操作，硅酸盐水泥初凝时间要求不小于 45 min。硅酸盐水泥终凝时间不宜过迟，以便硅酸盐水泥能尽快硬化并达到一定强度，以利于进行下一道施工工序，硅酸盐水泥的终凝时间要求不大于 390 min。

3. 安定性

硅酸盐水泥的安定性是指水泥浆在硬化过程中体积变化的均匀性。如果水泥浆硬化后安定性不良，混凝土就会产生膨胀性裂缝，从而降低工程质量。

安定性检验的方法有两种：一种是用硅酸盐水泥标准稠度净浆在雷氏夹中沸煮后试针的相对位移，表示其体积膨胀的程度；另一种是通过硅酸盐水泥标准稠度净浆试饼在沸煮后的外形变化情况，来表示其安定性。当这两种方法存在冲突时，一般以前一种方法——

雷氏法为准。

国家标准规定，硅酸盐水泥的安定性经沸煮法检验必须合格，硅酸盐水泥中的 MgO 含量不得超过 5.0%，SO_3 含量不得超过 3.5%，氯离子含量不得超过 0.06%。当有更低要求时，MgO 和 SO_3 的含量由买卖双方协商确定。

知识链接

引起硅酸盐水泥安定性不良的原因，主要有以下两种。

（1）石膏的掺量过多：当石膏掺量过多时，在水泥浆硬化后过量石膏还会继续与水化铝酸三钙（晶体）反应生成钙矾石，体积增大约 1.5 倍，从而导致水泥石开裂。

（2）熟料中有较多过烧的 CaO 或 MgO：熟料煅烧工艺上的原因，使得熟料中含有较多过烧的 CaO 或 MgO，这些过烧氧化物的水化速度很慢，往往在硅酸盐水泥硬化后才开始水化。这些过烧氧化物在水化时体积会剧烈膨胀，从而使水泥石开裂。

4. 强度

强度是硅酸盐水泥性能的重要指标，也是评定硅酸盐水泥强度等级的主要依据。

水泥强度的检测按《水泥胶砂强度检验方法（ISO 法）》（GB/T 17671—2021）中的方法进行，其规定如下：将水泥、标准砂和水按规定比例（1∶3∶0.5），用标准制作方法拌制成 40 mm×40 mm×160 mm 的标准试件，在标准养护条件下养护，然后测定其 3 d 和 28 d 的抗折强度和抗压强度。

按《通用硅酸盐水泥》（GB 175—2007）中 3 d 和 28 d 龄期的强度规定，可将硅酸盐水泥的强度等级分为 42.5、42.5R、52.5、52.5R、62.5 和 62.5R 六个等级。不同强度等级的硅酸盐水泥，其不同龄期的强度应符合如表 3-4 所示的规定。

表 3-4　不同强度等级硅酸盐水泥的不同龄期强度的规定　　单位：MPa

强度等级	抗压强度		抗折强度	
	3 d	28 d	3 d	28 d
42.5	≥ 17.0	≥ 42.5	≥ 3.5	≥ 6.5
42.5R	≥ 22.0		≥ 4.0	
52.5	≥ 23.0	≥ 52.5	≥ 4.0	≥ 7.0
52.5R	≥ 27.0		≥ 5.0	
62.5	≥ 28.0	≥ 62.5	≥ 5.0	≥ 8.0
62.5R	≥ 32.0		≥ 5.5	

指点迷津

硅酸盐水泥的强度主要取决于熟料的矿物组成和细度。如表3-3所示的四种主要矿物的强度各不相同，当它们的相对含量改变时，硅酸盐水泥的强度及强度的增加速度也会随之变化。例如，硅酸三钙含量多，且粉磨得较细的硅酸盐水泥，其强度增加较快，最终强度也较高。此外，构件的制作及养护条件对硅酸盐水泥的强度也有影响。

5. 标准稠度用水量

将硅酸盐水泥调制成标准稠度净浆所需的用水量即标准稠度用水量，以用水量占硅酸盐水泥质量的百分数来表示。标准稠度用水量主要取决于熟料的矿物组成及硅酸盐水泥的细度。对于品种不同的硅酸盐水泥，其标准稠度用水量各不相同，一般在24%～33%范围内。

标准稠度用水量的大小对硅酸盐水泥的凝结时间、安定性等的测定值有较大影响。在其他条件相同的情况下，标准稠度用水量越小越好。

6. 水化热

硅酸盐水泥与水发生水化反应所放出的热量称为水化热。水化热的大小主要与硅酸盐水泥的细度及矿物组成有关。颗粒越细，水化热就越大；矿物中硅酸三钙和铝酸三钙含量越多，水化热就越多。大部分的水化热都集中在早期放出，3～7 d以后会逐步减少。

水化热对冬季施工的混凝土是有利的，但对大体积混凝土工程是不利的。这是因为大面积的水化热积聚在混凝土内部不易散出，致使内外温差较大而引起温度应力，从而使混凝土产生裂缝。对于大体积混凝土工程，应采用低热水泥，否则应采取必要的降温措施。

7. 化学指标和碱含量

《通用硅酸盐水泥》（GB 175—2007）除对上述内容做了规定外，还对硅酸盐水泥中的不溶物含量、烧失量等化学指标和碱含量等提出了要求。

Ⅰ型硅酸盐水泥的不溶物含量不得超过0.75%，烧失量不得大于3.0%；Ⅱ型硅酸盐水泥的不溶物含量不得超过1.5%，烧失量不得大于3.5%。

硅酸盐水泥的碱含量用$Na_2O+0.658K_2O$计算值来表示。若使用活性骨料（即在碱性环境中能与硅酸盐水泥中的碱发生反应的骨料），且用户要求提供低碱硅酸盐水泥时，硅酸盐水泥中碱含量不得大于0.6%或由买卖双方协商确定。

经验传承

凡凝结时间、强度、不溶物含量、烧失量、SO_3含量、MgO含量、氯离子含量中的任何一项不符合标准规定，或者混合材料掺量超过最大限量的硅酸盐水泥，均为不合格品；反之，上述各项均符合标准规定的硅酸盐水泥为合格品。

3.2.5 硅酸盐水泥的腐蚀和防腐

1. 硅酸盐水泥腐蚀的类型

硅酸盐水泥硬化后，在一般条件下具有较好的耐久性，但若长期处在某些腐蚀性气体或液化环境中，其强度会逐渐降低，甚至遭到破坏或完全崩溃，这种现象称为硅酸盐水泥的腐蚀。

导致硅酸盐水泥腐蚀的因素有很多，据此可将硅酸盐水泥腐蚀分为多种类型，现列举几种主要且常见的腐蚀类型。

1）软水腐蚀（溶出性腐蚀）

雨水、雪水、冷凝水，以及含碳量甚少的河水、湖水等均属于软水。水泥石中的$Ca(OH)_2$易溶解于软水。当水泥石受到软水溶析时，首先溶解的是$Ca(OH)_2$。如果在静水或无压力水中，其溶解仅限于表面，对水泥石影响不大。但如果在流动水或有压力的水中，$Ca(OH)_2$会不断溶出并被带走，从而导致水泥石中的其他水化物分解，引起水泥石强度降低和结构破坏。

2）碳酸腐蚀

工业污水及地下水中常溶解有较多的CO_2。水中的CO_2与水泥石中的$Ca(OH)_2$反应，生成不溶于水的$CaCO_3$，而$CaCO_3$又与水中的CO_2反应，生成一种易溶于水的$Ca(HCO_3)_2$。$Ca(HCO_3)_2$不断溶解，造成$Ca(OH)_2$不断溶出，从而使水泥石结构破坏。这个过程中涉及的化学方程式为

$$Ca(OH)_2 + CO_2 + H_2O \xlongequal{} CaCO_3 + 2H_2O$$

$$CaCO_3 + CO_2 + H_2O \rightleftharpoons Ca(HCO_3)_2$$

3）一般酸性水的腐蚀

工业污水、地下水及沼泽水中常含有游离的酸性物质，这种酸性物质能与水泥石中的$Ca(OH)_2$作用，生成的化合物中有的易溶于水，有的在水泥石孔隙内结晶。随着结晶不断增多，体积膨胀，水泥石受到破坏。其中，硫酸、盐酸、氢氟酸、醋酸、蚁酸及乳酸等对水泥石的腐蚀最为严重。

例如，盐酸与水泥石中的$Ca(OH)_2$作用，生成极易溶于水的氯化钙，从而导致溶出性化学腐蚀，其化学方程式为

$$2HCl + Ca(OH)_2 \xlongequal{} CaCl_2 + 2H_2O$$

硫酸与水泥石中的$Ca(OH)_2$作用，生成天然二水石膏，其化学方程式为

$$H_2SO_4 + Ca(OH)_2 \xlongequal{} CaSO_4 \cdot 2H_2O$$

生成的天然二水石膏可直接在水泥石孔隙中结晶产生膨胀，也可与水泥石中的水化铝酸三

钙（晶体）反应，生成三硫型水化硫铝酸钙，其化学方程式为

$$3CaO \cdot Al_2O_3 \cdot 6H_2O + 3(CaSO_4 \cdot 2H_2O) + 19H_2O = 3CaO \cdot Al_2O_3 \cdot 3CaSO_4 \cdot 31H_2O$$

反应生成的三硫型水化硫铝酸钙的体积约为原来的 $3CaO \cdot Al_2O_3 \cdot 6H_2O$ 体积的1.5倍，因而产生局部膨胀，使水泥石结构遭到严重破坏。

4）盐类腐蚀

海水、地下水及其他矿物水中常含有大量镁盐，主要有硫酸镁和氯化镁等。这些镁盐能与水泥石中的 $Ca(OH)_2$ 发生置换反应，其化学方程式为

$$Ca(OH)_2 + MgSO_4 + 2H_2O = CaSO_4 \cdot 2H_2O + Mg(OH)_2$$

$$Ca(OH)_2 + MgCl_2 = CaCl_2 + Mg(OH)_2$$

在生成物中，氯化钙易溶于水，氢氧化镁松软、无胶结力，天然二水石膏则与水泥石中的水化铝酸钙反应，生成三硫型水化硫铝酸钙。由此可见，镁盐的腐蚀程度除了取决于镁离子（Mg^{2+}）的含量外，还与水中的硫酸根离子（SO_4^{2-}）含量有关。

除上述四种主要腐蚀类型外，糖类、强碱（如氢氧化钠）、含大量环烷酸的石油产品等其他物质对水泥石也有一定的腐蚀作用。一般来说，碱溶液对硅酸盐水泥无害，因为硅酸盐水泥水化物中的 $Ca(OH)_2$ 本身就是碱性化合物；只有当碱溶液的浓度较高时，才能使硬化水泥石发生缓慢腐蚀，而且温度升高还会使腐蚀作用加速。

2. 硅酸盐水泥腐蚀的原因和防腐措施

通过上述几种腐蚀类型可以看出，硅酸盐水泥遭受腐蚀的根本原因主要有三个：① 水泥石本身存在引起硅酸盐水泥腐蚀作用的 $Ca(OH)_2$、水化铝酸钙等水化物；② 水泥石本身不够密实，从而使腐蚀性介质易于进入其内部；③ 水泥石周围有以液相形式存在的腐蚀性介质。

根据硅酸盐水泥产生腐蚀的原因，可采取下列防腐措施。

（1）根据环境特点，选用适宜的硅酸盐水泥品种。例如，选用抗硫酸盐的硅酸盐水泥，可提高硅酸盐水泥对硫酸盐腐蚀的抵抗能力；选用掺混合材料的硅酸盐水泥，可提高硅酸盐水泥对软水、酸等腐蚀性介质腐蚀的抵抗能力。

（2）尽量提高水泥石的密实度，减少孔隙率。水泥石越密实，抗渗能力越强，腐蚀性介质也越难进入，可通过降低水灰比、掺加外加剂、改善施工方法等措施提高其密实度。

（3）设置隔离层和保护层。当腐蚀作用较强，采用上述措施也难以满足防腐要求时，可用耐腐蚀性的材料（如耐酸石材、耐酸陶瓷、塑料及沥青等）在混凝土或砂浆表面制作硅酸盐水泥表面保护层，以达到抗腐蚀的目的。

3.2.6　硅酸盐水泥的特性与应用

1. 凝结硬化快、强度高

硅酸盐水泥凝结硬化快、强度高，尤其是早期强度增加快，因此硅酸盐水泥主要用于配制高强混凝土、钢筋混凝土、预应力混凝土及对早期强度有要求的重要混凝土。

硅酸盐水泥的特性与应用

2. 抗冻性好

由于硅酸盐水泥凝结硬化后孔隙率低，早期强度高，因此硅酸盐水泥具有优良的抗冻性，适合在冬季施工，适用于容易遭受反复冻融的混凝土工程及干湿交替的部位。

3. 水化热大

由于硅酸盐水泥中含有大量的硅酸三钙、铝酸三钙，因此放热速度快且热量多，不适用于大体积混凝土工程，但有利于混凝土的冬季施工。

4. 抗碳化性好

水泥石中的 $Ca(OH)_2$ 与空气中的 CO_2 作用称为碳化。碳化使水泥石的碱度降低，引起钢筋锈蚀和水泥石收缩。硅酸盐水泥中含较多 $Ca(OH)_2$，碳化时碱度不易降低。这种硅酸盐水泥制成的混凝土抗碳化性好，适用于空气中 CO_2 含量较高的环境。

5. 干缩性小

硅酸盐水泥干缩性小，即在凝结硬化过程中会生成大量的水化硅酸三钙（凝胶），游离水分少，水泥石密实，不易产生干缩裂纹，可用于干燥环境中的混凝土工程。

6. 耐磨性好

硅酸盐水泥强度高，耐磨性好，适用于道路、地面等对耐磨性要求高的建筑工程。

7. 耐腐蚀性差

硅酸盐水泥硬化后的水泥石中，$Ca(OH)_2$ 和水化铝酸三钙（晶体）含量较多，其抗化学腐蚀性差，因此不宜用于受流动的软水作用和有水压作用的建筑工程，也不宜用于受海水和矿物水作用的建筑工程。

8. 耐热性差

硅酸盐水泥中的一些重要成分在 250℃温度时会发生脱水或分解，从而使水泥石强度下降。当受热 700℃以上时，硅酸盐水泥将遭受破坏，因此硅酸盐水泥不适用于耐热混凝土工程。

3.3 掺混合材料的硅酸盐水泥

掺混合材料的硅酸盐水泥是由硅酸盐水泥熟料，加入的适量混合材料及石膏共同磨细而成的水硬性胶凝材料。掺入混合材料可以调节硅酸盐水泥的某些性能，如强度等级等，还可增加品种、提高产量、节约熟料、降低成本等。

3.3.1 混合材料的分类

在将硅酸盐水泥熟料磨细时，掺入硅酸盐水泥或混凝土中的人工或天然矿物材料，称为混合材料。混合材料按其参与水化程度的不同，可分为非活性混合材料（又称填充性混合材料）和活性混合材料（又称水硬性混合材料）两类。

1. 非活性混合材料

常温下不与硅酸盐水泥发生化学反应或化学反应很微弱的矿物材料，称为非活性混合材料。

非活性混合材料在硅酸盐水泥中主要起填充作用，将它们掺入硅酸盐水泥中的目的主要是调节硅酸盐水泥的强度等级、降低水化热、提高产量、降低成本等。常用的非活性混合材料主要有石灰石、石英砂、慢冷矿渣、黏土等。

2. 活性混合材料

常温下能与 $Ca(OH)_2$ 和水发生化学反应，生成水硬性水化产物，并能逐渐凝结硬化以产生强度的混合材料，称为活性混合材料。常用的活性混合材料有粒化高炉矿渣、火山灰质混合材料及粉煤灰等。

1）粒化高炉矿渣

将炼铁高炉中的熔融矿渣经水淬等急冷方式处理而成的松软颗粒称为粒化高炉矿渣，又称淬矿渣。该矿渣的主要化学成分是 CaO 、 SiO_2 和 Al_2O_3 ，约占总质量的 90%以上，它们是决定粒化高炉矿渣活性的主要成分。 CaO 和 Al_2O_3 含量越高，则粒化高炉矿渣的活性越大，质量就越好。

粒化高炉矿渣活性的大小还取决于其结构状态。急速冷却的粒化高炉矿渣为不稳定的玻璃体，储有较高的潜在活性，在有激发剂的情况下，具有水硬性。当经水淬处理时，熔融状态的粒化高炉矿渣缓慢冷却，其中的SiO_2等形成活性极小的晶体，这种矿渣称为慢冷矿渣。慢冷矿渣不具有活性。

2）火山灰质混合材料

具有火山灰活性的天然或人工矿物材料，称为火山灰质混合材料。所谓火山灰活性，是指一种材料磨成细粉后，单独加水拌和后不具有水硬性，但在常温下与少量石灰等一起遇水后能形成具有水硬性化合物的性质。

火山灰质混合材料的品种很多，天然的有火山喷发时随同熔岩一起喷发的大量碎屑，如浮石、火山灰、凝灰岩等，还有一些天然材料或工业废料，如硅藻土、沸石、烧黏土、煤矸石、煤渣等，它们均属于火山灰质混合材料。

3）粉煤灰

粉煤灰是火力发电厂燃煤锅炉排出的烟道灰。为了充分利用这些工业废渣，保护环境、节约资源，《用于水泥和混凝土中的粉煤灰》（GB/T 1596—2017）将粉煤灰按用途分为拌制砂浆和混凝土用粉煤灰、水泥活性混合材料用粉煤灰两类，并分别规定了相应的技术要求。

粉煤灰的主要化学成分是SiO_2、Al_2O_3、Fe_2O_3和CaO，其颗粒直径一般为0.001～0.050 mm，呈玻璃态实心或空心的球状颗粒，表面比较致密。

3. 活性混合材料的水化

活性混合材料中含有大量的活性SiO_2和Al_2O_3，它们在$Ca(OH)_2$溶液中会发生水化反应，生成水化硅酸钙和水化铝酸钙，其化学方程式为

$$xCa(OH)_2 + SiO_2 + nH_2O = xCaO \cdot SiO_2 \cdot (x+n)H_2O$$

$$yCa(OH)_2 + Al_2O_3 + mH_2O = yCaO \cdot Al_2O_3 \cdot (y+m)H_2O$$

当液相中有石膏存在时，石膏会与水化铝酸钙反应生成水化硫铝酸钙。因此，硅酸盐水泥熟料的水化产物$Ca(OH)_2$和熟料中的石膏具备了使活性混合材料发挥活性的条件，即$Ca(OH)_2$和石膏起着激发水化、促进水泥硬化的作用，故$Ca(OH)_2$和石膏被称为激发剂。

由此可见，掺混合材料的硅酸盐水泥与水拌和后，首先发生的是硅酸盐水泥熟料水化反应，生成$Ca(OH)_2$，$Ca(OH)_2$与掺入的石膏作为活性混合材料的激发剂，产生上述反应（称二次水化反应）。二次水化反应速度较慢，且对温度较敏感。

3.3.2 掺混合材料的硅酸盐水泥的技术要求

我国目前生产的掺混合材料的硅酸盐水泥主要有普通硅酸盐水泥、矿渣硅酸盐水泥、火山灰质硅酸盐水泥、粉煤灰硅酸盐水泥和复合硅酸盐水泥这五种。各种硅酸盐水泥中粒

化高炉矿渣、火山灰质混合材料、粉煤灰及石灰石等混合材料的掺量，应符合国家标准《通用硅酸盐水泥》(GB 175—2007) 中的相关参数（参数见本模块表 3-1)。其中，普通硅酸盐水泥、矿渣硅酸盐水泥和复合硅酸盐水泥的部分混合材料可以用其他混合材料代替，具体如下。

(1) 普通硅酸盐水泥：活性混合材料的最大掺量不得超过 20%，其中允许用不超过水泥质量 5%且符合标准《掺入水泥中的回转窑窑灰》(JC/T 742—2009) 规定的窑灰来代替，或者用不超过水泥质量 8%且符合国家标准的非活性混合材料来代替。

(2) 矿渣硅酸盐水泥：活性混合材料允许用不超过水泥质量 8%且符合国家标准的活性混合材料，或者符合国家标准的非活性混合材料，或者符合标准《掺入水泥中的回转窑窑灰》(JC/T 742—2009) 规定的窑灰中的任何一种材料来代替。

(3) 复合硅酸盐水泥：由两种及两种以上符合国家标准的活性混合材料、非活性混合材料组成，其中允许用不超过水泥质量且符合标准《掺入水泥中的回转窑窑灰》(JC/T 742—2009) 规定的窑灰来代替。掺矿渣时混合材料的掺量不得与矿渣硅酸盐水泥相同。

《通用硅酸盐水泥》(GB 175—2007) 规定，普通硅酸盐水泥、矿渣硅酸盐水泥、火山灰质硅酸盐水泥、粉煤灰硅酸盐水泥和复合硅酸盐水泥的初凝时间应不小于 45 min，终凝时间应不大于 600 min。普通硅酸盐水泥的强度等级为 42.5、42.5R、52.5 和 52.5R；矿渣硅酸盐水泥、火山灰质硅酸盐水泥和粉煤灰硅酸盐水泥的强度等级为 32.5、32.5R、42.5、42.5R、52.5 和 52.5R；复合硅酸盐水泥的强度等级为 32.5R、42.5、42.5R、52.5 和 52.5R。不同品种不同强度等级的硅酸盐水泥，其不同龄期的强度应符合如表 3-5 所示的规定。

表 3-5　不同品种不同强度等级硅酸盐水泥的不同龄期强度的规定

品　种	强度等级	抗压强度/MPa		抗折强度/MPa	
		3 d	28 d	3 d	28 d
普通硅酸盐水泥	42.5	≥ 17.0	≥ 42.5	≥ 3.5	≥ 6.5
	42.5R	≥ 22.0		≥ 4.0	
	52.5	≥ 23.0	≥ 52.5	≥ 4.0	≥ 7.0
	52.5R	≥ 27.0		≥ 5.0	
矿渣硅酸盐水泥、火山灰质硅酸盐水泥、粉煤灰硅酸盐水泥	32.5	≥ 10.0	≥ 32.5	≥ 2.5	≥ 5.5
	32.5R	≥ 15.0		≥ 3.5	
	42.5	≥ 15.0	≥ 42.5	≥ 3.5	≥ 6.5
	42.5R	≥ 19.0		≥ 4.0	
	52.5	≥ 21.0	≥ 52.5	≥ 4.0	≥ 7.0
	52.5R	≥ 23.0		≥ 4.5	

（续表）

品　种	强度等级	抗压强度/MPa		抗折强度/MPa	
		3 d	28 d	3 d	28 d
复合硅酸盐水泥	32.5R	≥ 15.0	≥ 32.5	≥ 3.5	≥ 5.5
	42.5	≥ 15.0	≥ 42.5	≥ 3.5	≥ 6.5
	42.5R	≥ 19.0		≥ 4.0	
	52.5	≥ 21.0	≥ 52.5	≥ 4.0	≥ 7.0
	52.5R	≥ 23.0		≥ 4.5	

此外，掺混合材料的硅酸盐水泥的各项化学指标应符合如表 3-6 所示的规定。关于掺混合材料的硅酸盐水泥的细度、安定性、碱含量等，可查阅《通用硅酸盐水泥》（GB 175—2007）中的相关规定。

表 3-6　掺混合材料的硅酸盐水泥的各项化学指标　　单位：%

品　种	代　号	不溶物含量（质量分数）	烧失量（质量分数）	SO_3 含量（质量分数）	MgO 含量（质量分数）	氯离子含量（质量分数）
普通硅酸盐水泥	P·O	—	≤ 5.0	≤ 3.5	≤ 5.0①	≤ 0.06③
矿渣硅酸盐水泥	P·S·A	—	—	≤ 4.0	≤ 6.0②	
	P·S·B	—	—		—	
火山灰质硅酸盐水泥	P·P	—	—	≤ 3.5	≤ 6.0②	
粉煤灰硅酸盐水泥	P·F	—	—			
复合硅酸盐水泥	P·C	—	—			

① 如果水泥压蒸试验合格，则水泥中 MgO 的含量（质量分数）允许放宽至 6.0%。
② 如果水泥中 MgO 的含量（质量分数）大于 6.0%，需要进行水泥压蒸安定性试验并合格。
③ 当有更低要求时，该指标由买卖双方确定。

经验传承

《通用硅酸盐水泥》（GB 175—2007）规定，通用硅酸盐水泥的检验结果，符合本标准中规定的化学指标、凝结时间、安定性、强度要求的为合格品；检验结果不符合本标准中规定的化学指标、凝结时间、安定性、强度要求中任何一项的为不合格品。

3.3.3　掺混合材料的硅酸盐水泥的特性与应用

1. 普通硅酸盐水泥

普通硅酸盐水泥成分中，绝大部分仍为硅酸盐水泥熟料，由于掺入的混合材料较少，其性质与硅酸盐水泥比较相近，其特点如下：① 早期强度较硅酸盐水泥略低；② 水化热较硅酸盐水泥略低；③ 抗冻性、抗碳化性略有降低；④ 耐腐蚀性略有提高；⑤ 耐热性稍好；⑥ 耐磨性略有降低。

在应用方面，普通硅酸盐水泥与硅酸盐水泥基本相同，甚至在一些不宜用硅酸盐水泥的场合可采用普通硅酸盐水泥，因此普通硅酸盐水泥在建筑行业中使用更为广泛。

2. 矿渣硅酸盐水泥

矿渣硅酸盐水泥加水后，首先是硅酸盐水泥熟料开始水化，当矿渣颗粒遇到熟料水化析出的 $Ca(OH)_2$ 时，活性 SiO_2 和 Al_2O_3 与 $Ca(OH)_2$ 作用生成具有胶凝性能的水化硅酸钙和水化铝酸钙。

与硅酸盐水泥和普通硅酸盐水泥相比，矿渣硅酸盐水泥的主要特点如下：① 具有较强的抗硫酸盐腐蚀能力；② 水化热低；③ 早期强度低、后期强度增长率大；④ 环境温度对凝结硬化的影响较大；⑤ 抗冻性和耐磨性差；⑥ 碳化速度较快，深度较大；⑦ 耐热性较强。

其中，矿渣硅酸盐水泥具有较强的抗硫酸盐腐蚀能力，这是因为水泥熟料水化生成的 $Ca(OH)_2$ 与矿渣中的 SiO_2 和 Al_2O_3 作用，生成较稳定的水化硅酸钙和水化铝酸钙，使得游离的 $Ca(OH)_2$ 大为减少，从而提高了抗硫酸盐腐蚀能力，故矿渣硅酸盐水泥适用于易受硫酸盐腐蚀的水工建筑、海港及地下工程。

3. 火山灰质硅酸盐水泥

火山灰质硅酸盐水泥的水化热、强度及其增加速度、环境温度对凝结硬化的影响、碳化速度等，都与矿渣硅酸盐水泥有相同点。此外，由于火山灰质硅酸盐水泥中掺用的是黏土质混合材料，其抗硫酸盐腐蚀能力一般较差，火山灰质硅酸盐水泥的抗冻性及耐磨性比矿渣硅酸盐水泥也要差一些。在干热环境中施工，不宜使用火山灰质硅酸盐水泥。

4. 粉煤灰硅酸盐水泥

粉煤灰硅酸盐水泥的凝结硬化过程与火山灰质硅酸盐水泥基本相同，而且在性能上也与火山灰质硅酸盐水泥有很多相似之处。粉煤灰硅酸盐水泥的主要特点是干缩性较小，因而抗裂性较好。此外，粉煤灰硅酸盐水泥的水化热较硅酸盐水泥及普通硅酸盐水泥低，抗腐蚀性较强，特别适用于水利工程及大体积混凝土工程。

5. 复合硅酸盐水泥

复合硅酸盐水泥是一种新型通用硅酸盐水泥。其混合材料的掺量与普通硅酸盐水泥不同，普通硅酸盐水泥中混合材料的掺量不超过 15%，而复合硅酸盐水泥中混合材料的掺量应大于 15%。与矿渣硅酸盐水泥、火山灰质硅酸盐水泥及粉煤灰硅酸盐水泥相比，其混合材料由两种或两种以上材料混合而成，这些混合材料会相互补充、取长补短，从而使得复

合硅酸盐水泥的性能比掺单一混合材料的硅酸盐水泥有所改善。由此可见，复合硅酸盐水泥的性能取决于所掺混合材料的种类、掺量及相对比例。此外，复合硅酸盐水泥的水化热较低，早期强度较高。

实际应用时，应根据所掺混合材料的种类、混凝土的工程特点、所处环境和工程实践经验选用不同类型的硅酸盐水泥。目前，我国广泛使用的 6 种硅酸盐水泥，其适用场合如表 3-7 所示。

表 3-7　广泛使用的 6 种硅酸盐水泥的适用场合

所处环境或工程特点不同的混凝土		优先使用	可以使用	不得使用
所处环境	普通气候环境中的混凝土	普通硅酸盐水泥	矿渣硅酸盐水泥、火山灰质硅酸盐水泥、粉煤灰硅酸盐水泥	—
	干燥环境中的混凝土	普通硅酸盐水泥	矿渣硅酸盐水泥	火山灰质硅酸盐水泥、粉煤灰硅酸盐水泥
	高温环境中或永远处在水下的混凝土	矿渣硅酸盐水泥	普通硅酸盐水泥、火山灰质硅酸盐水泥、粉煤灰硅酸盐水泥	—
	严寒地区中露天混凝土	普通硅酸盐水泥	矿渣硅酸盐水泥	火山灰质硅酸盐水泥、粉煤灰硅酸盐水泥
	严寒地区中处在水位升降范围内的混凝土	普通硅酸盐水泥（强度等级 ≥ 42.5）	—	火山灰质硅酸盐水泥、粉煤灰硅酸盐水泥、矿渣硅酸盐水泥
	受侵蚀性环境的水或侵蚀性气体作用的混凝土	根据侵蚀性介质的种类、浓度等具体条件，按专门（或设计）规定选用		
工程特点	厚大体积的混凝土	粉煤灰硅酸盐水泥、矿渣硅酸盐水泥	普通硅酸盐水泥、火山灰质硅酸盐水泥	硅酸盐水泥
	要求快硬的混凝土	硅酸盐水泥	普通硅酸盐水泥	火山灰质硅酸盐水泥、粉煤灰硅酸盐水泥、矿渣硅酸盐水泥
	高强（大于 C40）的混凝土	硅酸盐水泥	普通硅酸盐水泥、矿渣硅酸盐水泥	火山灰质硅酸盐水泥、粉煤灰硅酸盐水泥
	有抗渗要求的混凝土	普通硅酸盐水泥、火山灰质硅酸盐水泥	—	矿渣硅酸盐水泥
	有耐磨要求的混凝土	硅酸盐水泥、普通硅酸盐水泥	矿渣硅酸盐水泥	火山灰质硅酸盐水泥、粉煤灰硅酸盐水泥

3.4 其他品种水泥及其应用

其他品种水泥主要是指专用水泥和特性水泥。专用水泥是指专门用于某种工程的水泥，一般以适用的工程命名，如道路硅酸盐水泥、砌筑水泥、油井水泥、大坝水泥等；特性水泥是指与通用硅酸盐水泥相比有突出特性的水泥，其品种繁多，如快硬硅酸盐水泥、低热矿渣硅酸盐水泥、膨胀水泥、抗硫酸盐硅酸盐水泥、白色硅酸盐水泥、铝酸盐水泥等。本节仅对其中较常用的水泥品种进行介绍。

3.4.1 专用水泥的技术要求和工程应用

1. 道路硅酸盐水泥

随着公路交通现代化建设的快速发展，发展水泥混凝土路面已经成为道路建设的重要任务。由于水泥混凝土路面跟沥青路面相比，具有使用寿命长、施工简单、维修费用低等优势，同时还具有良好的耐磨性和抗冲击性等特点，因此水泥混凝土路面在世界各国被广泛采用。

道路硅酸盐水泥简称道路水泥，是由道路硅酸盐水泥熟料、0～10%活性混合材料和适量石膏磨细制成的水硬性胶凝材料，其代号为 P·R。道路硅酸盐水泥熟料中铝酸三钙的含量应不超过 5.0%，铁铝酸四钙的含量应不低于 15.0%。

与同等级的通用硅酸盐水泥相比，道路硅酸盐水泥的化学指标和物理指标均更加严格，这是因为道路硅酸盐水泥的耐久性、强度、干缩性、耐磨性等必须良好，否则会给道路的施工造成障碍，或者使施工质量下降。

《道路硅酸盐水泥》（GB/T 13693—2017）规定，道路硅酸盐水泥的强度等级按规定龄期的抗压强度和抗折强度划分，不同龄期的强度应符合如表 3-8 所示的规定。

表 3-8 不同强度等级道路硅酸盐水泥的不同龄期强度的规定

强度等级	抗折强度/MPa		抗压强度/MPa	
	3 d	28 d	3 d	28 d
7.5	≥4.0	≥7.5	≥21.0	≥42.5
8.5	≥5.0	≥8.5	≥26.0	≥52.5

知识链接

与同等级的通用硅酸盐水泥相比，道路硅酸盐水泥具有早期强度高（尤其是抗折强度高）、干缩性小，以及耐磨性、抗冲击性、抗冻性和抗碳酸盐腐蚀性较好等特点，

尤其适用于道路路面、机场跑道、城市广场、车站等对耐磨性和干缩性要求较高的混凝土工程。

2. 砌筑水泥

《砌筑水泥》（GB/T 3183—2017）规定，砌筑水泥是由硅酸盐水泥熟料加入规定的混合材料和适量石膏，磨细制成的保水性较好的水硬性胶凝材料，其代号为 M。

与普通硅酸盐水泥相比，砌筑水泥强度较低（见表 3-9），但工作性能良好，能满足砌筑砂浆的强度要求。因此，砌筑水泥适用于砖、石、砌块等砌体的砌筑砂浆、内墙抹面砂浆和垫层混凝土等，但不得用于钢筋混凝土。若要用作其他用途，其强度必须通过试验来确定。

表 3-9　不同强度等级砌筑水泥的不同龄期强度的规定

强度等级	抗压强度/MPa			抗折强度/MPa		
	3 d	7 d	28 d	3 d	7 d	28 d
12.5	—	≥ 7.0	≥ 12.5	—	≥ 1.5	≥ 3.0
22.5	—	≥ 10.0	≥ 22.5	—	≥ 2.0	≥ 4.0
32.5	≥ 10.0	—	≥ 32.5	≥ 2.5	—	≥ 5.5

此外，砌筑水泥中的混合材料允许掺入大于 50%（按质量百分比计）的石灰石、窑灰或工业废渣等，可降低砌筑水泥的生产成本。砌筑水泥的化学成分和物理性能，可查阅《砌筑水泥》（GB/T 3183—2017）。

3.4.2　特性水泥的技术要求和工程应用

1. 抗硫酸盐硅酸盐水泥

抗硫酸盐硅酸盐水泥是在由特定矿物组成的硅酸盐水泥熟料中，加入适量石膏，磨细制成的具有抵抗中等或较高浓度硫酸根离子腐蚀的水硬性胶凝材料。其中，硅酸盐水泥熟料是将适当成分的生料，烧至部分熔融，所得到的以硅酸钙为主的特定矿物组成的硅酸盐水泥熟料。

《抗硫酸盐硅酸盐水泥》（GB/T 748—2005）规定，抗硫酸盐硅酸盐水泥按抗硫酸盐性能的不同，可分为中抗硫酸盐硅酸盐水泥（简称中抗硫酸盐水泥，代号为 P·MSR）和高抗硫酸盐硅酸盐水泥（简称高抗硫酸盐水泥，代号为 P·HSR）两类。

在抗硫酸盐硅酸盐水泥中，硅酸三钙和铝酸三钙含量应符合如表 3-10 所示的规定，其强度等级按规定龄期的抗压强度和抗折强度划分，不同龄期的强度应符合如表 3-11 所示的规定。

表 3-10　在抗硫酸盐硅酸盐水泥中硅酸三钙和铝酸三钙含量的规定　　单位：%

分　类	硅酸三钙含量（质量分数）	铝酸三钙含量（质量分数）
中抗硫酸盐水泥	≤ 55.0	≤ 5.0
高抗硫酸盐水泥	≤ 50.0	≤ 3.0

表 3-11　不同强度等级抗硫酸盐硅酸盐水泥的不同龄期强度的规定　　单位：MPa

分　类	强度等级	抗压强度		抗折强度	
		3 d	28 d	3 d	28 d
中抗硫酸盐水泥	32.5	10.0	32.5	2.5	6.0
高抗硫酸盐水泥	42.5	15.0	42.5	3.0	6.5

为了使抗硫酸盐硅酸盐水泥具有较高的抗硫酸盐腐蚀能力，中抗硫酸盐水泥 14 d 线膨胀率应不大于 0.060%，高抗硫酸盐水泥 14 d 线膨胀率应不大于 0.040%。抗硫酸盐硅酸盐水泥主要用于易受硫酸盐腐蚀的工程，如海港、水利工程、地下隧涵、道路与桥梁基础工程等。

2. 白色硅酸盐水泥

白色硅酸盐水泥（简称白水泥）是由白色硅酸盐水泥熟料、适量石膏及混合材料磨细制成的水硬性胶凝材料，其代号为 P·W。其中，白色硅酸盐水泥熟料和石膏组成成含量共为 70%～100%；混合材料组成含量为 0～30%。白色硅酸盐水泥熟料是将适当成分的生料烧至部分熔融时，所得到的以硅酸钙为主要成分，且 Fe_2O_3 含量少的熟料。混合材料可用石灰岩、石英砂等天然矿物。

烧制白色硅酸盐水泥时，要在整个生产过程中控制 Fe_2O_3 的含量。一般硅酸盐水泥熟料呈暗红色，这主要是因为该熟料中存在 Fe_2O_3 的缘故。当 Fe_2O_3 的含量降低到 0.35%～4%时，该水泥接近白色。此外，对于其他着色氧化物（如氧化锰、氧化铬、氧化钛等）的含量也要加以控制。

《白色硅酸盐水泥》（GB/T 2015—2017）规定，白色硅酸盐水泥的强度等级按规定龄期的抗压强度和抗折强度划分，不同龄期的强度应符合如表 3-12 所示的规定。对白色硅酸盐水泥的细度、凝结时间、安定性、SO_3 含量等的要求，可查阅该标准。

表 3-12　不同强度等级白色硅酸盐水泥的不同龄期强度的规定　　单位：MPa

强度等级	抗折强度		抗压强度	
	3 d	28 d	3 d	28 d
32.5	≥ 3.0	≥ 6.0	≥ 12.0	≥ 32.5
42.5	≥ 3.5	≥ 6.5	≥ 17.0	≥ 42.5
52.5	≥ 4.0	≥ 7.0	≥ 22.0	≥ 52.5

此外，白色硅酸盐水泥粉磨细时若加入碱性矿物颜料，可制成彩色水泥。彩色水泥因其独特的装饰性，主要用于建筑装饰工程及装饰制品，如生产各种彩色水刷石、人造大理石及彩色水磨石等制品。

3. 铝酸盐水泥

铝酸盐水泥又称高铝水泥或矾土水泥，是由铝酸盐水泥熟料磨细制成的水硬性胶凝材料，其代号为 CA。铝酸盐水泥熟料是以钙质和铝质材料为主要原料，按适当比例配制成生料，煅烧至完全或部分熔融，并经冷却所得的以铝酸钙为主要矿物组成的产物。铝酸盐水泥的主要矿物成分是铝酸钙。此外，它还有少量硅酸二钙。

1）铝酸盐水泥的水化

铝酸盐水泥中的铝酸钙水化反应很快，其水化产物随温度不同而改变，主要化学反应在不同温度下也不同。

当温度小于 22℃时，其化学方程式为

$$CaO \cdot Al_2O_3 + 10H_2O == CaO \cdot Al_2O_3 \cdot 10H_2O$$

当温度大于 22℃时，其化学方程式为

$$2(CaO \cdot Al_2O_3) + 11H_2O == 2CaO \cdot Al_2O_3 \cdot 8H_2O + Al_2O_3 \cdot 3H_2O$$

当温度大于 30℃时，其化学方程式为

$$3(CaO \cdot Al_2O_3) + 12H_2O == 3CaO \cdot Al_2O_3 \cdot 6H_2O + 2(Al_2O_3 \cdot 3H_2O)$$

铝酸盐水泥的正常使用温度应在 30℃以下，这时铝酸盐水泥水化反应后的水化产物以水化铝酸二钙为主。铝酸盐水泥水化时，反应甚为剧烈，生成的铝酸盐水化产物能在短期内结晶密实，故硬化速度较快，使早期强度迅速增长。

2）铝酸盐水泥的分类

《铝酸盐水泥》（GB/T 201—2015）规定，铝酸盐水泥按 Al_2O_3 含量（质量分数）的不同可分为 CA50、CA60、CA70 和 CA80 四个品种。这四个品种的铝酸盐水泥不同龄期的强度应符合如表 3-13 所示的规定。

表 3-13　四个品种的铝酸盐水泥不同龄期强度的规定　　单位：MPa

类　型		抗压强度				抗折强度			
		6 h	1 d	3 d	28 d	6 h	1 d	3 d	28 d
CA50	CA50-Ⅰ	≥ 20[①]	≥ 40	≥ 50	—	≥ 3[①]	≥ 5.5	≥ 6.5	—
	CA50-Ⅱ		≥ 50	≥ 60	—		≥ 6.5	≥ 7.5	—
	CA50-Ⅲ		≥ 60	≥ 70	—		≥ 7.5	≥ 8.5	—
	CA50-Ⅳ		≥ 70	≥ 80	—		≥ 8.5	≥ 9.5	—
CA60	CA60-Ⅰ	—	≥ 65	≥ 85	—	—	≥ 7.0	≥ 10.0	—
	CA60-Ⅱ	—	≥ 20	≥ 45	≥ 85	—	≥ 2.5	≥ 5.0	≥ 10.0

（续表）

类　型	抗压强度				抗折强度			
	6 h	1 d	3 d	28 d	6 h	1 d	3 d	28 d
CA70	—	≥30	≥40	—	—	≥5.0	≥6.0	—
CA80	—	≥25	≥30	—	—	≥4.0	≥5.0	—

① 表示当用户要求时，生产厂家应提供试验结果。

CA50、CA70 和 CA80 的初凝时间不得小于 30 min，终凝时间不得大于 360 min；CA60-Ⅰ的初凝时间不得小于 30 min，终凝时间不得大于 360 min；CA60-Ⅱ的初凝时间不得小于 60 min，终凝时间不得大于 1 080 min。

3）铝酸盐水泥的特性与应用

（1）凝结速度快，早期强度高。

铝酸盐水泥加水后，迅速与水发生水化反应。铝酸盐水泥 1 d 后的强度可在最高强度的 80%以上，因此铝酸盐水泥一般用于抢修工程和有早期强度要求的工程。

（2）水化热大，且放热集中。

铝酸盐水泥 1 d 的放热量约为总放热量的 70%～80%（故从硬化开始应立即浇水养护），使混凝土在低温环境下能很快硬化，因此铝酸盐水泥非常适合冬季施工，但不适合大体积混凝土的工程及高温潮湿环境中的工程。

（3）抗渗性及抗腐蚀性强。

硬化后的铝酸盐水泥石中没有 $Ca(OH)_2$，且该水泥石结构密实，因而具有较高的抗渗性和抗冻性，同时还具有良好的抗硫酸、盐酸、碳酸等腐蚀性溶液腐蚀的作用，但铝酸盐水泥对碱的腐蚀无抵抗能力。

铝酸盐水泥一般不得与硅酸盐水泥、石灰等能析出 $Ca(OH)_2$ 的胶凝材料混合使用，在拌和过程中也必须避免互相混杂，且不得与尚未硬化的硅酸盐水泥接触。否则，铝酸盐水泥与 $Ca(OH)_2$ 作用，会生成水化铝酸三钙，从而使铝酸盐水泥石的强度降低并缩短凝结时间，甚至还会出现“闪凝”现象。

（4）耐热性好。

铝酸盐水泥能承受 1 300～1 400℃的高温，可用于配制高温工程的耐热混凝土。

（5）后期强度下降。

铝酸盐水泥石中的晶体结构在长期使用中或温度升高时会发生转化，从而增大铝酸盐水泥石内部孔隙，引起强度下降。因此，铝酸盐水泥一般不宜用于长期承重的结构工程。

3.5 水泥的验收与储运

实际工程中，如果验收、运输或储存水泥时操作不当，就有可能将不合格的水泥产品误用于工程中，从而降低、改变或破坏构造的性能，给工程带来损失。

3.5.1 水泥的验收

水泥被运到目的地后，应按包装和标志、质量的顺序清点验收。

1. 包装和标志的验收

1）包装的验收

水泥可以散装或袋装。袋装时，每袋水泥的净含量为 50 kg，且应不少于标志质量的 99%；随机抽取 20 袋，其总质量（包含包装袋）应不少于 1 000 kg。其他包装形式由买卖双方协商确定，但有关袋装质量要求，应符合上述规定。水泥包装袋应符合《水泥包装袋》（GB/T 9774—2020）的规定。

2）标志的验收

水泥包装袋上应清楚标明：执行标准、水泥品种、代号、强度等级、生产者名称、生产许可证标志（QS）及编号、出厂编号、包装日期和净含量。包装袋两侧应根据水泥品种采用不同的颜色标记水泥名称和强度等级。其中，硅酸盐水泥和普通硅酸盐水泥应采用红色；矿渣硅酸盐水泥应采用绿色；火山灰质硅酸盐水泥、粉煤灰硅酸盐水泥和复合硅酸盐水泥应采用黑色或蓝色。此外，散装发运时应提交与袋装标志内容相同的卡片。

2. 质量的验收

交货时水泥的质量验收可抽取实物试样，并以它的检验结果为依据，也可以生产者同编号水泥的检验报告为依据。采取何种方法验收由买卖双方商定，并在合同或协议中注明。卖方有告知买方验收方法的责任。当无书面合同或协议，或者未在合同、协议中注明验收方法时，卖方应在发货票上注明“以本厂同编号水泥的检验报告为验收依据”字样。

（1）以抽取实物试样的检验结果为验收依据时，买卖双方应在发货前或交货地共同取样和签封。取样方法按《水泥取样方法》（GB/T 12573—2008）进行，取样数量为 20 袋，并将试样分为两等份：一份由卖方保存 40 d；另一份由买方按《通用硅酸盐水泥》（GB 175—2007）规定的项目和方法进行检验。在 40 d 以内，买方经检验认为水泥质量不符合标准要求，而卖方又有异议时，则买卖双方应将卖方保存的另一份试样送省级或省级以上国家认可的水泥质量监督检验机构进行仲裁检验。水泥安定性仲裁检验，应在取样之日起 10 d 内完成。

（2）以生产者同编号水泥的检验报告为验收依据时，在发货前或交货时买方在同编号水泥中取样，买卖双方共同签封后由卖方保存 90 d，或者认可卖方自行取样、签封并保存 90 d 的同编号水泥的封存样。在 90 d 内，若买方对水泥质量有疑问，则买卖双方应将共同认可的试样送省级或省级以上国家认可的水泥质量监督检验机构进行仲裁检验。

3.5.2　水泥的储运

水泥在储运时，不得受潮和混入杂物。不同品种、强度等级的水泥在储运中应避免混杂。

水泥一般入库储存，储存水泥的库房必须干燥，储存地面应高出室外地面 30 cm，并且水泥还需要离开窗户和墙壁 30 cm 以上。袋装水泥堆垛不宜过高，以免下部水泥受压结块，一般高度不超过 10～15 袋。露天临时储存袋装水泥时，应选择地势高、排水条件好的场地，并认真做好上盖下垫工作，以防水泥受潮。

散装水泥应按不同品种、强度等级及出厂日期分库储存，同时还应保证密封良好，严格防潮。

知识链接

水泥是一种具有较大表面积、极易吸湿的材料。在储运过程中，如果水泥与空气接触，则部分水泥会吸收空气中的水分和 CO_2 而发生水化反应和碳化反应，即风化，俗称受潮。水泥受潮后会凝固成粒状或块状，从而出现强度降低、密度降低、凝结迟缓等现象。

一般储存 3 个月的水泥，其强度降低约 10%～25%，储存 6 个月的会降低 25%～40%。通用硅酸盐水泥储存期为 3 个月。过期水泥应按规定进行取样复验，并按其实际强度使用。

3.6　水泥性能试验

水泥性能试验的项目主要有细度、标准稠度用水量、凝结时间、安定性及胶砂强度等。其中，凝结时间、安定性及胶砂强度是必检项目。

3.6.1　水泥的取样方法、试验要求和标准

1. 取样方法

《水泥取样方法》（GB/T 12573—2008）规定，水泥的取样方法主要有手工取样法和自动取样法两种。其中，手工取样法又可分为散装水泥取样法和袋装水泥取样法两种，下面分别进行介绍。

1）手工取样法

（1）散装水泥取样法：当所取水泥深度不超过 2 m 时，每一个编号内采用散装水泥取样器随机取样，通过转动散装水泥取样器内管控制开关，在适当位置以一定深度插入水泥，关闭其控制开关后小心抽出，最后将所取试样放入洁净、干燥、防潮、密闭、不易破损且不影响水泥性能的容器中。每次抽取的单样量应尽量一致。

（2）袋装水泥取样法：每一个编号内随机抽取不少于 20 袋水泥，采用袋装水泥取样器取样，将袋装水泥取样器沿对角线方向插入水泥包装袋中，用大拇指按住气孔，小心抽出取样管，最后将所取试样放入洁净、干燥、防潮、密闭、不易破损且不影响水泥性能的容器中。每次抽取的单样量应尽量一致。

2）自动取样法

自动取样法是采用自动取样器取样的，该装置一般安装在尽量接近于水泥包装机或散装容器的管路中，从流动的水泥流中取出试样，然后将所取试样放入洁净、干燥、防潮、密闭、不易破损且不影响水泥性能的容器中。

2. 试验要求

（1）水泥试样应通过 0.9 mm 方孔筛后充分混匀，记录其筛余物情况。

（2）试验室温度为 17～25℃，相对湿度大于 50%。养护室温度为（20±1）℃，相对湿度大于 90%。

（3）试验用水应采用洁净的淡水，也可采用蒸馏水。

（4）试验所用材料、仪器和用具的温度应与试验室温度一致。

3. 试验标准

（1）《水泥细度检验方法　筛析法》（GB/T 1345—2005）。

（2）《水泥标准稠度用水量、凝结时间、安定性检验方法》（GB/T 1346—2011）。

（3）《水泥胶砂强度检验方法（ISO 法）》（GB/T 17671—2021）。

（4）《通用硅酸盐水泥》（GB 175—2007）。

3.6.2　水泥细度试验

1. 试验方法

《水泥细度检验方法 筛析法》（GB/T 1345—2005）规定，采用 45 μm 方孔筛和 80 μm 方孔筛对水泥试样进行筛析试验时，用筛上筛余物的质量百分数来表示水泥试样的细度。

此外，该标准还规定了水泥细度的试验方法有负压筛析法、水筛法和手工筛析法三种。当这三种试验方法的测定结果不一致时，应以负压筛析法为准。

2. 主要仪器

（1）试验筛：由圆形筛框和筛网组成，根据筛网的不同可分为负压筛、水筛、手工筛三种。其中，负压筛和水筛如图 3-3 和图 3-4 所示。

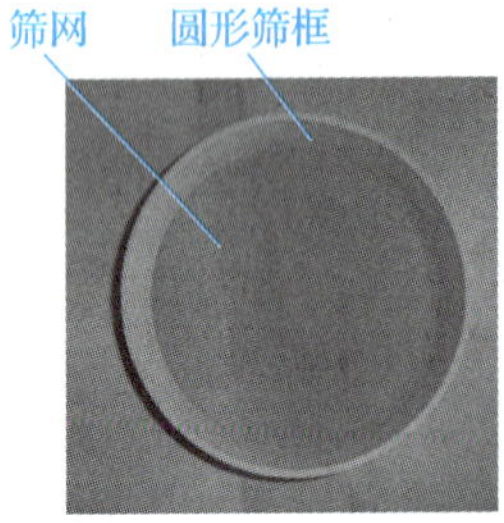

筛网　圆形筛框

图 3-3　负压筛

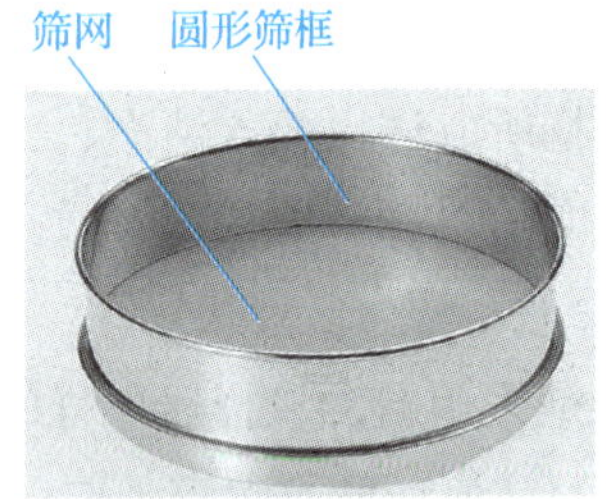

图 3-4　水筛

（2）负压筛析仪（见图 3-5）：由筛座、负压筛、负压源及收尘器组成。

图 3-5　负压筛析仪

（3）水筛架和喷头：其结构尺寸应符合《水泥标准筛和筛析仪》（JC/T 728—2005）中的相关要求。

（4）天平（分度值不大于 0.01 g）。

3. 试验步骤

试验前，所用试验筛应保持清洁，负压筛和手工筛应保持干燥。试验时，45 μm 筛析试验称取的试样为 10 g，80 μm 筛析试验称取的试样为 25 g。

1）负压筛析法

（1）筛析试验前，应将负压筛放在筛座上，盖上筛盖，接通电源，检查控制系统，调节负压至 4 000～6 000 Pa 范围内。

（2）称取试样（精确至 0.01 g）并将其置于洁净的负压筛中，连同负压筛一起放在筛座上，盖上筛盖，接通电源，启动负压筛析仪连续筛析 2 min。在此期间如有试样附着在筛盖上，可轻轻地敲击筛盖使试样落下。筛析完毕后，用天平称量全部筛余物。

2）水筛法

（1）筛析试验前，应检查水中无泥、砂，调整好水压及水筛架的位置，使其能正常运转，然后将喷头底面和筛网之间的距离控制在 35～75 mm 之间。

（2）称取试样（精确至 0.01 g）并将其置于洁净的水筛中，立即用淡水冲洗至大部分细粉通过后，放在水筛架上，用水压为（0.05 ± 0.02）MPa 的喷头连续冲洗 3 min。筛析完毕后，用少量水把筛余物冲至蒸发皿中，等水泥颗粒全部沉淀后小心倒出清水，烘干并用天平称量全部筛余物。

3）手工筛析法

在无负压筛析仪和水筛的情况下，允许采用手工筛析法，其具体操作步骤如下。

（1）称取试样（精确至 0.01 g）并将其倒入手工筛内。

（2）用一只手持手工筛往复摇动，另一只手轻轻拍打，往复摇动和拍打的过程应保持手工筛近于水平。拍打速度约为 120 次/min，每拍打 40 次将手工筛向同一方向转动 60°，使试样均匀分布在筛网上，直至每分钟通过的试样不超过 0.03 g。最后，用天平称量全部筛余物。

4. 结果计算

水泥试样筛余百分数按下式计算。

$$F = \frac{R_t}{W} \times 100 \tag{3-1}$$

式中：

F ——水泥试样的筛余百分数（%），精确至 0.1%；

R_t ——水泥筛余物的质量（g）；

W ——水泥试样的质量（g）。

3.6.3 水泥标准稠度用水量试验

1. 试验方法

《水泥标准稠度用水量、凝结时间、安全性检验方法》（GB/T 1346—2011）规定，水泥标准稠度用水量的测定有标准法和代用法两种。当这两种方法的测定结果不一致时，应以标准法为准。

水泥标准稠度净浆对标准试杆（或试锥）的沉入具有一定阻力。通过试验不同含水量水泥净浆的穿透性，可确定水泥标准稠度用水量。

2. 主要仪器

（1）水泥净浆搅拌机：应符合《水泥净浆搅拌机》（JC/T 729—2005）中的相关要求。

（2）代用法维卡仪：应符合《水泥净浆标准稠度与凝结时间测定仪》（JC/T 727—2005）中的相关要求，如图 3-6 所示。

（3）标准法维卡仪：如图 3-7 所示。

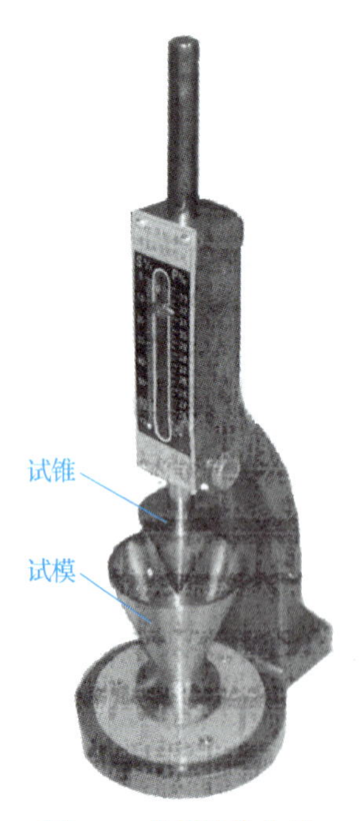

图 3-6　代用法维卡仪

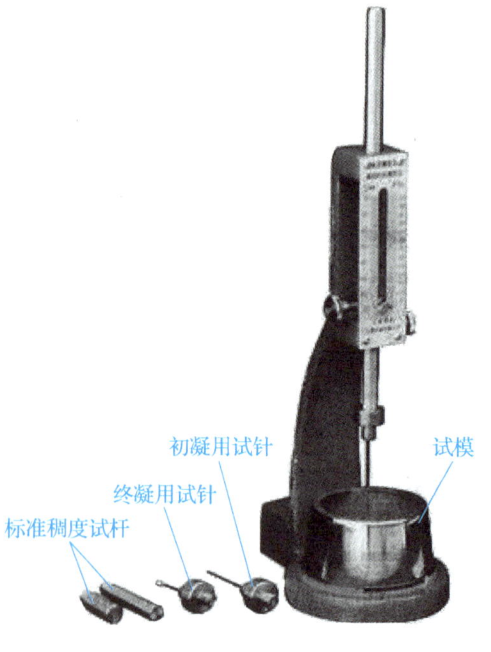

图 3-7　标准法维卡仪

（4）量筒或滴定管（精度为 ±0.5 ml）。

（5）天平（最大称量不小于 1 000 g，分度值不大于 1 g）。

3. 试验步骤

1）标准法

（1）试验前的准备工作。

① 标准法维卡仪的滑动杆能自由滑动。用湿布擦拭试模和玻璃板，将试模放在玻璃板上。

② 调整至试杆接触玻璃板时指针对准零点。

③ 水泥净浆搅拌机运行正常。

（2）水泥净浆的拌制。

用水泥净浆搅拌机搅拌，先用湿布擦拭搅拌叶片和搅拌锅，并立即将量好的拌和水倒入搅拌锅内，然后在 5～10 s 内小心将称好的 500 g 水泥加入水中，以防水和水泥溅出；拌和时，先将搅拌锅放在水泥净浆搅拌机的锅座上，升至搅拌位置后启动水泥净浆搅拌机，低速搅拌 120 s，停 15 s，同时将搅拌叶片和锅壁上的水泥浆刮入锅中，然后高速搅拌 120 s，停机。

（3）测定步骤。

拌和结束后，立即取适量水泥净浆一次性将其装入已置于玻璃板上的试模中，使浆体超过试模上端。用宽约 25 mm 的直边刀轻轻拍打超出试模部分的浆体 5 次，以排除浆体中的孔隙。在试模表面约 1/3 处，将直边刀略倾斜于试模，向外轻轻锯掉多余水泥净浆，再从试模边沿轻抹顶部一次，使水泥净浆表面光滑。

在锯掉多余水泥净浆和抹平的过程中，注意不要压实水泥净浆。抹平后迅速将试模和玻璃板移到标准法维卡仪上，并将其中心定在试杆下，降低试杆直至与水泥净浆表面接触，拧紧螺丝 1～2 s 后，突然放松，使试杆垂直自由地沉入水泥净浆中。在试杆停止沉入或释放试杆 30 s 时记录试杆距玻璃板之间的距离，升起试杆后，立即将其擦净。整个操作过程应在搅拌后 1.5 min 内完成。

2）代用法

（1）试验前的准备工作。

① 代用法维卡仪的金属棒能自由滑动。

② 调整至试椎接触椎模顶面时指针对准零点。

③ 水泥净浆搅拌机运行正常。

采用代用法测定水泥标准稠度用水量时，可选用调整水量和不变水量两种方法中的任一种进行测定。采用调整水量法时，拌和水量按经验确定；采用不变水量法时，拌和水量为 142.5 mL。

（2）水泥净浆的拌制。

采用代用法水泥净浆的拌制方法与采用标准法测定水泥标准稠度用水量的拌制方法相同。

（3）测定步骤。

水泥净浆拌和结束后，立即将拌制好的水泥净浆装入锥模中，用宽约 25 mm 的直边刀在水泥净浆表面轻轻插捣 5 次，再轻振 5 次，刮去多余的水泥净浆。将水泥净浆抹平后迅速放到试锥下面固定的位置上，将试锥与水泥净浆表面接触，拧紧螺丝 1～2 s 后，突然放松，让试锥垂直自由地沉入水泥净浆中，至试锥停止下沉或释放试锥 30 s 时，记录试锥下沉的深度。整个操作应在搅拌后 1.5 min 内完成。

4. 结果计算

（1）标准法。

以试杆沉入净浆并距玻璃板（6 ± 1）mm 的水泥净浆为水泥标准稠度净浆，其拌和水量为该水泥的标准稠度用水量 P，按水泥质量的百分比计算。

（2）代用法。

用调整水量法测定时，以试锥下沉深度（30 ± 1）mm 时的水泥净浆为水泥标准稠度净浆，其拌和水量为该水泥的标准稠度用水量 P，按水泥质量的百分比计算。如下沉深度超出范围则需要另称试样、调整水量，重新试验，直至达到（30 ± 1）mm。

用不变水量法测定时，水泥的标准稠度用水量 P 按下式计算。

$$P = 33.4 - 0.185S \tag{3-2}$$

式中：

P——标准稠度用水量（%）；

S——试锥下沉深度（mm）。

当试锥下沉深度小于 13 mm 时，应改用调整水量法测定。

3.6.4 水泥凝结时间试验

水泥凝结时间有初凝时间和终凝时间两种。其中，初凝时间是指从加水到水泥净浆开始失去塑性的时间；终凝时间是指从加水到水泥净浆完全失去塑性的时间。水泥凝结时间的单位为 min。

水泥凝结时间的长短对施工方法和建筑工程的进度有很大影响。进行水泥凝结时间的测定，可检验水泥是否满足国家标准要求。

1. 试验方法

《水泥标准稠度用水量、凝结时间、安定性检验方法》（GB/T 1346—2011）规定，水泥的凝结时间以试针沉入标准稠度水泥净浆至一定深度所需的时间来表示。

2. 主要仪器

（1）凝结时间测定仪。

（2）量筒或滴定管（精度为±0.5 ml）。

（3）天平（最大称量不小于 1 000 g，分度值不大于 1 g）。

（4）湿气养护箱：温度为（20±1）℃，相对湿度不低于 90%。

3. 试验步骤

（1）试验前，应调整凝结时间测定仪的试针，使试针接触玻璃板并将指针对准零点。

（2）试件的制备。按水泥标准稠度用水量试验中水泥净浆的拌制方法制备标准稠度净浆，然后按水泥标准稠度用水量试验中标准法测定装模和刮平的方法进行操作，装模和刮平后，立即将试模放入湿气养护箱中，并记录水泥全部加入水中的时间，作为凝结时间的起始时间。

（3）初凝时间的测定。试件在湿气养护箱中养护至加水后 30 min 时进行第一次测定。测定时，从湿气养护箱中取出试模并将其放到试针下，降低试针使其与水泥净浆表面接触，拧紧螺丝 1～2 s 后，突然放松，试针垂直自由地沉入水泥净浆。观察试针停止下沉或释放试针 30 s 时的指针读数。临近初凝时间时，每隔 5 min（或更短时间）测定一次。

（4）终凝时间的测定。在完成初凝时间测定后，立即将试模连同浆体以平移的方式从玻璃板上取下，翻转 180°，直径大端向上、小端向下放在玻璃板上，再放入湿气养护箱中继续养护。临近终凝时间时每隔 15 min（或更短时间）测定一次。

经验传承

测定水泥凝结时间时应注意，在最初测定的操作中应轻扶金属柱，使其缓慢下降，以防试针撞弯，但结果应以自由下落为准；在整个测定过程中，试针沉入的位置至少要距试模内壁 10 mm。

临近初凝时，每隔 5 min（或更短时间）测定一次；临近终凝时，每隔 15 min（或更短时间）测定一次；到达初凝时，应立即重复测一次，当两次结果相同时才能确定到达初凝状态；到达终凝时，需要在试件另外两个不同点测定，结果相同才能确定到达终凝状态。

每次测定不能让试针落入原针孔，每次测定完毕须将试针擦净并将试模放回湿气养护箱内，整个测试过程要防止试模受振。

4. 结果处理

（1）初凝时间的确定：当试针沉至距玻璃板（4±1）mm 时，水泥达到初凝状态。因此，从水泥全部加入水中至初凝状态的时间为水泥的初凝时间，单位为 min。

（2）终凝时间的确定：当试针沉入试件 0.5 mm 时（即环形附件开始不能在试件上留下痕迹时），水泥达到终凝状态。从水泥全部加入水中至终凝状态的时间为水泥的终凝时间，单位为 min。

3.6.5 水泥安定性试验

水泥安定性是指水泥在凝结硬化的过程中，体积变化的均匀性。如果水泥中含有较多游离的 CaO 、MgO 或 SO_3，会使水泥的体积发生不均匀变化。水泥体积的不均匀变化会使水泥出现膨胀、开裂或翘曲等现象。

1. 试验方法

《水泥标准稠度用水量、凝结时间、安全性检验方法》（GB/T 1346—2011）规定，水泥安定性测定的方法有雷氏法（标准法）和试饼法（代用法）两种，当两种方法的测定结果不一致时应以雷氏法为准。其中，雷氏法是通过测定水泥标准稠度净浆在雷氏夹中沸煮后试针的相对位移表征其体积膨胀的程度；试饼法是通过观测水泥标准稠度净浆试饼煮沸后的外形变化情况表征其体积安定性。

2. 主要仪器

（1）雷氏夹（见图 3-8）：由铜质材料制成。

图 3-8　雷氏夹

（2）沸煮箱：应符合《水泥安定性试验用沸煮箱》（JC/T 955—2005）中的要求。

（3）雷氏夹膨胀测定仪（见图 3-9）：标尺最小刻度为 0.5 mm。

（4）其他仪器与水泥凝结时间试验所用仪器相同。

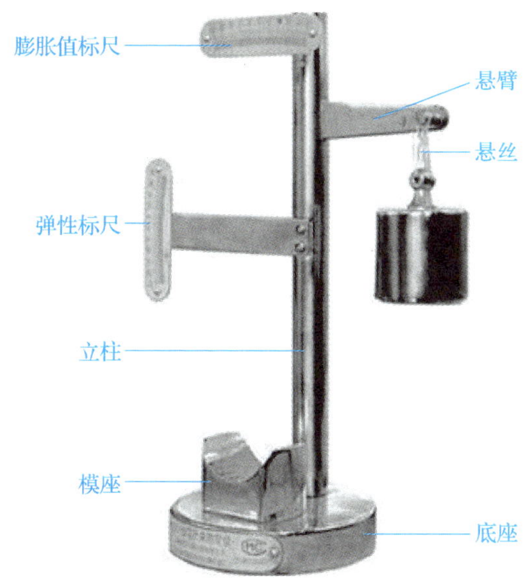

图 3-9　雷氏夹膨胀测定仪

3. 试验步骤

1）雷氏法（标准法）

（1）试验前的准备工作。每个试样需要制作成两个成型试件，每个雷氏夹需要配备两个边长或直径约为 80 mm、厚度为 4～5 mm 的玻璃板，凡与水泥净浆接触的玻璃板和雷氏夹，其内表面都要稍稍涂上一层油（为不影响凝结时间，可采用矿物油）。

（2）雷氏夹试件的成型。将预先准备好的雷氏夹放在已稍擦油的玻璃板上，并立即将已制好的水泥标准稠度净浆一次性装满雷氏夹，装浆时一只手轻扶雷氏夹，另一只手用宽约 25 mm 的直边刀在浆体表面轻轻插捣 3 次，然后抹平，盖上稍涂油的玻璃板，接着立即将雷氏夹试件移至湿气养护箱内养护（24±2）h。

（3）沸煮。

① 调整好沸煮箱内的水位，以保证在整个沸煮过程中水位都高出雷氏夹试件，不需要中途添补试验用水，同时又能保证沸煮箱内的水能在（30±5）min 内沸腾。

② 脱去玻璃板并取下雷氏夹试件，先测量雷氏夹指针尖端间的距离 A，精确至 0.5 mm，接着将雷氏夹试件放入沸煮箱水中的试件架上，指针朝上，在（30±5）min 内将水加热至沸腾并保持（180±5）min。

③ 沸煮结束后，立即放掉沸煮箱中的热水，打开箱盖，待箱体冷却至室温，取出雷氏夹试件，测量雷氏夹指针尖端的距离 C，精确至 0.5 mm。

2）试饼法（代用法）

（1）试验前的准备工作。每个试样需要准备两块边长约 100 mm 的玻璃板，凡与水泥净浆接触的玻璃板都要稍稍涂上一层油。

（2）试饼的成型。将制好的水泥标准稠度净浆取出一部分分成两等份，使之成球形并放在预先准备好的玻璃板上，轻轻振动玻璃板并用湿布擦过的小刀由边缘向中央抹，做成直径为 70～80 mm、中心厚约 10 mm、边缘渐薄、表面光滑的试饼，接着将试饼放入湿气养护箱内养护（24 ± 2）h。

（3）沸煮。

① 调整好沸煮箱内的水位，以保证在整个沸煮过程中水位都高出试件，不需要中途添补试验用水，同时又能保证沸煮箱内的水能在（30 ± 5）min 内沸腾。

② 脱去玻璃板并取下试饼，在试饼无缺陷的情况下将试饼放在煮沸箱水中的篦板上，在（30 ± 5）min 内将水加热至沸腾并保持（180 ± 5）min。

③ 沸煮结束后，立即放掉沸煮箱中的热水，打开箱盖，待箱体冷却至室温，取出试件并进行判别。

4. 结果处理

（1）**雷氏法（标准法）**：当两个试件煮后增加距离（$C-A$）的平均值不大于 5.0 mm 时，即认为该水泥安定性合格；当两个试件煮后增加距离（$C-A$）的平均值大于 5.0 mm 时，应用同一试样立即进行一次试验，并以复检结果为准。

（2）**试饼法（代用法）**：目测试饼未发现裂缝，用钢直尺检查也没有弯曲（使钢直尺和试饼底部紧靠，以两者间不透光为不弯曲），则该试饼为安定性合格，反之为不合格。当两个试饼判别的结果不一致时，该水泥的安定性为不合格。

3.6.6 水泥胶砂强度试验（ISO 法）

水泥胶砂强度反映了水泥硬化到一定龄期后胶结力的大小，是确定水泥强度等级的依据，也是水泥的主要质量指标之一。

1. 试验方法

通过试验水泥的抗压载荷和抗折载荷，确定水泥的强度等级或评定水泥强度是否符合标准要求。本试验方法依据《水泥胶砂强度试验方法（ISO 法）》（GB/T 17671—2021）。

2. 主要仪器

（1）行星式水泥胶砂搅拌机：应符合《行星式水泥胶砂搅拌机》（JC/T 681—2005）中的相关要求。

（2）试模：应符合《水泥胶砂试模》（JC/T 726—2005）中的要求；试模由 3 个水平的模槽组成，可同时制作 3 个 40 mm × 40 mm × 160 mm 的棱形试件，如图 3-10 所示。

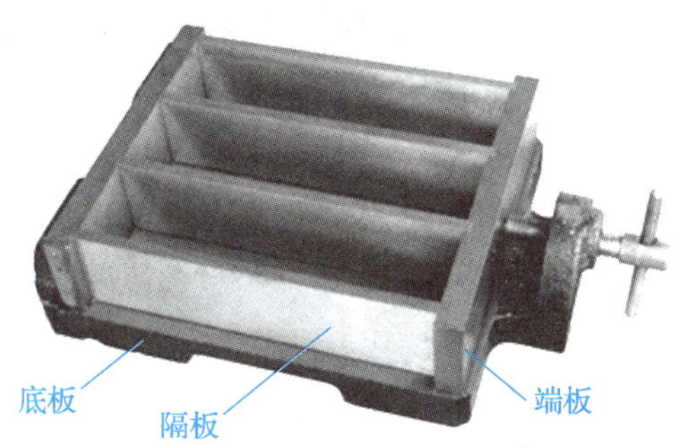

图 3-10　试模

（3）振实台：应符合《水泥胶砂试体成型振实台》（JC/T 682—2005）中的相关要求。

（4）抗折强度试验机：应符合《水泥胶砂电动抗折试验机》（JC/T 724—2005）中的相关要求。

（5）抗压强度试验机：应符合《水泥胶砂强度自动压力试验机》（JC/T 960—2005）中的相关要求。

（6）抗压夹具：应符合《40 mm×40 mm 水泥抗压夹具》（JC/T 683—2005）中的相关要求。

（7）天平（分度值不大于 1 g）。

（8）计时器（分度值不大于 1 s）。

（9）加水器（分度值不大于 1 mL）。

（10）养护箱：温度应保持在（20±1）℃，相对湿度不低于 90%。

（11）养护水池：温度应保持在（20±1）℃。

（12）金属丝网试验筛

3. 试验步骤

（1）水泥胶砂的制备。

① 配合比。水泥胶砂按水泥、标准砂和水，以质量比为 1∶3∶0.5 进行配制。每锅材料需要（450±2）g 水泥、（1 350±5）g 标准砂、（225±1）g 水。每锅水泥胶砂制作成 3 个试件。

② 搅拌。先将量好的水加入搅拌锅内，再加入称好的水泥，把搅拌锅固定在固定架上，上升至工作位置；立即启动行星式水泥胶砂搅拌机，先低速搅拌（30±1）s 后，再在第二个（30±1）s 开始搅拌的同时均匀加入标准砂，把行星式水泥胶砂搅拌机调至高速再搅拌（30±1）s；停止搅拌 90 s，在刚停止的（15±1）s 内将搅拌锅放下，用刮片将搅拌叶片、锅壁和锅底上的水泥胶砂刮入搅拌锅中；最后高速搅拌（60±1）s。

（2）试件的制备。

① 制备水泥胶砂后应立即使其成型。先将空试模及模套固定在振实台上，再用料勺

将锅壁上的水泥胶砂清理到搅拌锅内，翻转搅拌水泥胶砂使其更加均匀，成型时将水泥胶砂分两层装入试模。

② 装第一层时，每个模槽内约放 300 g 水泥胶砂，先用料勺沿试模长度方向划动水泥胶砂以使其布满模槽，再用大布料器垂直架在模套顶部沿每个模槽来回一次将料层布平，接着振实 60 次；然后装入第二层水泥胶砂，用料勺沿试模长度方向划动水泥胶砂以使其布满模槽，但不能接触已振实水泥胶砂，再用小布料器布平，振实 60 次；每次振实时可将一块用水湿过拧干、比模套尺寸稍大的棉纱布盖在模套上，以防水泥胶砂飞溅。

③ 移走模套，从振实台上取下试模，用金属直边尺以近 90°的角度（向刮平方向稍斜）架在试模模顶的一端，然后沿试模长度方向以横向锯割方式慢慢向另一端移动，将超出试模部分的水泥胶砂刮去（锯割的次数和金属直边尺角度的大小取决于水泥胶砂的稀稠程度，较稠的水泥胶砂需要多次锯割，且锯割动作要慢，以防拉动已振实的水泥胶砂）。

④ 用拧干的湿毛巾将试模端板顶部的水泥胶砂擦拭干净，再用同一金属直边尺以近乎水平的角度将试件表面抹平，抹平次数要尽量少，总次数不应超过 3 次；最后将试模周边的水泥胶砂擦除干净。

⑤ 用毛笔或其他工具对试件进行编号。对于两个龄期以上的试件，在编号时应将同一试模中的 3 个试件分在两个以上的龄期内。

（3）试件的养护。

① 脱模前的处理和养护。在试模上盖一块玻璃板（为安全起见，玻璃板应磨边），也可用相近尺寸的钢板或不渗水的、不和水泥发生反应的材料制成的板，该盖板不应与水泥胶砂接触，盖板与试模之间的距离应控制在 2～3 mm；立即将做好标记的试模放入养护箱内，湿空气应能与试模各边接触，一直养护到规定的脱模时间后取出脱模。

② 脱模。脱模时可以用橡胶锤或脱模器，对于 24 h 龄期的试件，应在试验前 20 min 内脱模；对于 24 h 以上龄期的试件，应在成型后 20～24 h 脱模。当经过 24 h 养护还会因脱模而对强度造成损害时，可以延迟至 24 h 以后脱模，但在试验报告中应予以说明。已确定作为 24 h 龄期试验（或其他不下水直接试验）的已脱落试件，应用湿布覆盖至试验开始。

③ 水中养护。将做好标记的试件立即水平或竖直放在（20±1）℃的水中养护，水平放置时刮平面应朝上；试件要放在不易腐烂的篦子上，彼此间应保持一定间距，让水与试件的 6 个面接触，并且养护期间试件间的间隔及试件上表面的水深均应不小于 5 mm。

④ 强度试验试件的龄期。除了 24 h 龄期或延迟至 48 h 脱模的试件外，任何到龄期的试件均应在试验（破型）前从水中取出；取出后先揩去试件表面的沉积物，再用湿布覆盖至试验为止。

经验传承

（1）为便于脱模，应在成型前在试模内壁上涂一薄层隔离剂。脱模时应小心操作，以防试件受到损伤。试件在养护时不应叠放，即养护时不应将试模放在其他试

模上。

（2）水中养护时，不宜使用未经防腐处理的木篦子；每个养护池只养护同类型的水泥试件；养护期间，可以更换不超过 50%的水。

（3）试件龄期是从水泥加水搅拌开始试验时算起。不同龄期强度试验在下列时间里进行：24 h ± 15 min、48 h ± 30 min、72 h ± 45 min、7 d ± 2 h、28 d ± 8 h。

（4）试验。

① **抗折强度的测定：** 将试件一侧放在抗折强度试验机支撑圆柱上，试件长轴垂直于支撑圆柱，通过加荷圆柱以（50 ± 10）N/s 的速率均匀地将载荷垂直地加在棱柱体相对的侧面上，直至折断。保持两个半截棱柱体处于潮湿状态直至完成抗压试验。

② **抗压强度的测定：** 保持折断后的两个半截棱柱体处于潮湿状态，并通过抗压强度试验机和抗压夹具，在半截棱柱体的侧面进行测定。半截棱柱体中心与压力机压板受压中心应相距 ± 0.5 mm 内，使该棱柱体露在压力机压板外约 10 mm。在整个加荷过程中以（2 400 ± 200）N/s 的速率均匀地加荷直至试件破坏。

4. 结果计算

（1）抗折强度 R_f 按下式计算。

$$R_f = \frac{1.5F_f L}{b^3} \tag{3-3}$$

式中：

R_f ——抗折强度（MPa）；

F_f ——折断时施加于棱柱体中部的载荷（N）；

L ——支撑圆柱之间的距离（mm）；

b ——棱柱体正方形截面的边长（mm）。

以一组 3 个棱柱体抗折强度测定值的平均值作为试验结果。当 3 个强度值中有一个超出平均值的±10% 时，应剔除这个试验结果后，再取平均值作为抗折强度试验结果；当 3 个强度值中有两个超出平均值的 ±10% 时，应以剩余的一个作为抗折强度试验结果。其中，单个抗折强度试验结果精确至 0.1 MPa。

（2）抗压强度 R_c 按下式计算。

$$R_c = \frac{F_c}{A} \tag{3-4}$$

式中：

R_c ——抗压强度（MPa）；

F_c ——破坏时的最大载荷（N）；

A ——受压面积（mm^2），$40\ mm \times 40\ mm = 1\ 600\ mm^2$。

以一组 3 个棱柱体上得到的 6 个抗压强度测定值的平均值作为试验结果。当 6 个测定值中有一个超出平均值的 ±10% 时，应剔除这个试验结果后，再以剩下的 5 个平均值作为抗压强度试验结果；若 5 个测定值中再有超出平均值的 ±10% 时，则此组试验结果作废；当 6 个测定值中同时有两个或两个以上超出平均值的 ±10% 时，则此组试验结果作废。其中，单个抗压强度试验结果精确至 0.1 MPa。

姓名__________ 班级__________ 学号__________

试验工单——水泥性能试验

<table>
<tr><td>姓名</td><td></td><td>学号</td><td></td><td>班级</td><td></td></tr>
<tr><td>试验名称</td><td colspan="5"></td></tr>
<tr><td rowspan="2">工单评价</td><td>获取信息准确
（15 分）</td><td>操作步骤规范
（50 分）</td><td>计算结果正确
（25 分）</td><td>工单填写规范
（10 分）</td><td>总计
（100 分）</td></tr>
<tr><td></td><td></td><td></td><td></td><td></td></tr>
<tr><td>试验准备</td><td colspan="5">（1）通用硅酸盐水泥按混合材料的品种和掺量的不同，可分为__________、__________、__________、__________、__________和__________六大品种。
（2）硅酸盐水泥按是否掺入混合材料分为__________和__________，代号分别为__________和__________。
（3）硅酸盐水泥熟料的主要矿物组成有__________、__________、__________和__________。
（4）按《通用硅酸盐水泥》（GB 175—2007）中 3 d 和 28 d 龄期的强度规定，可将硅酸盐水泥的强度等级分为__________、__________、__________、__________、__________和__________六个等级。
（5）硅酸盐水泥腐蚀常见的类型主要有__________、__________、__________和__________等四种。
（6）下列不是硅酸盐水泥的技术要求的选项是（　　）。
A．细度　B．凝结时间　C．安定性和强度　D．针入度
（7）安定性不合格的水泥属于（　　）。
A．优质水泥　B．不合格水泥　C．废品水泥　D．合格水泥
（8）混合材料按其参与水化程度的不同，可分为__________和__________两类。</td></tr>
<tr><td>试验目的</td><td colspan="5"></td></tr>
<tr><td>仪器设备</td><td colspan="5"></td></tr>
</table>

姓名____________　班级____________　学号____________

（续表）

试验步骤	
计算结果	
注意事项	
课堂小结	

模块测试

（1）硅酸盐水泥的安定性指的是什么？引起硅酸盐水泥安定性不良的原因主要有哪些？

（2）为什么硅酸盐水泥的水化热对冬季施工的混凝土是有利的，但对大体积混凝土工程是不利的？

（3）硅酸盐水泥遭受腐蚀的根本原因有哪些？可采取哪些防腐措施？

（4）普通硅酸盐水泥的特点有哪些？

（5）严寒地区处在水位升降范围内的混凝土环境中，可以使用火山灰质硅酸盐水泥、粉煤灰硅酸盐水泥和矿渣硅酸盐水泥吗？为什么？

（6）在下列混凝土工程中，试分别选择合适的水泥品种。

① 早期强度要求不高、抗冻性好的混凝土。

② 早期强度高、干缩性小的混凝土。

③ 大体积混凝土工程。

④ 在我国北方，冬季施工的混凝土。

⑤ 水工建筑、海港及地下工程。

⑥ 有抗渗要求的混凝土。

（7）水泥在储运过程中应注意哪些事项？

模块4 混凝土

与金属、木材和塑料相比，混凝土具有原材料丰富、经久耐用、可塑性好和黏结力强等优点，是现代土木结构最主要的材料之一。

钢筋混凝土的发明人是一名园艺师，他每天都要和花盆打交道。起初的花盆是常见的瓦盆，瓦盆不坚固，他一不小心就会将其打碎。后来，他在花盆的外面缠了几道铁箍，并在铁箍外面涂上一层黏性较好的由水泥、砂、石及水拌和的混合物，并使其硬化，这就是钢筋混凝土。他发现加固后的花盆特别坚固，不易碎裂，还美观。后来，人们将这种花盆的构造引用到了建筑上。

想一想：混凝土是如何配制的？该如何运输、浇筑、振捣及养护混凝土呢？

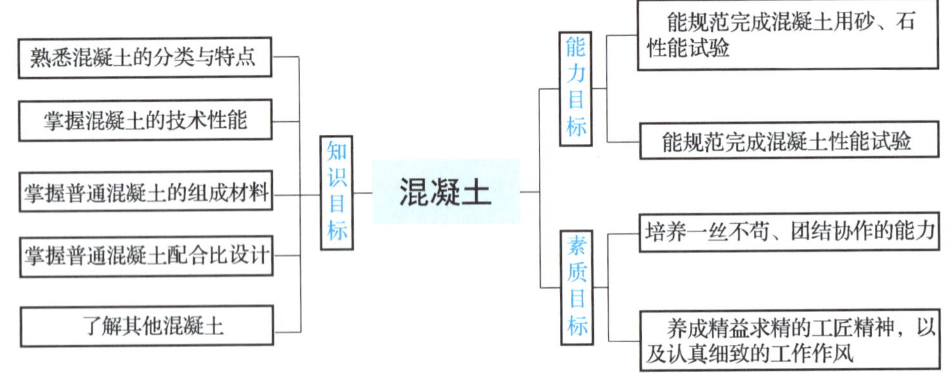

4.1 混凝土概述

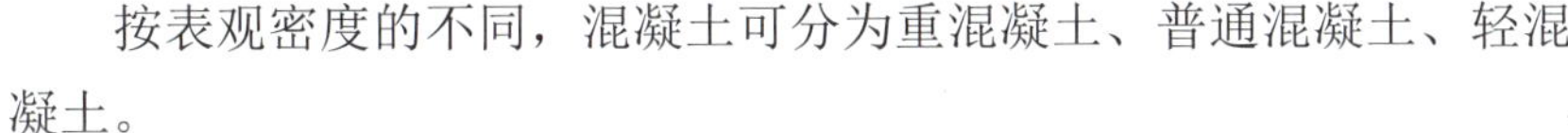

由胶凝材料、粗细骨料（或称集料）和水按适当比例拌和制成的混合物，经一定时间硬化而成的人造石材，称为混凝土，简称为砼（tóng）。

4.1.1 混凝土的分类

混凝土的基础知识

1. 按表观密度分类

按表观密度的不同，混凝土可分为重混凝土、普通混凝土、轻混凝土。

（1）重混凝土是用密度很大的重骨料（如重晶石、铁矿石、钢屑等）和重水泥（如钡水泥、锶水泥等）配制而成的，其干表观密度大于 2 500 kg/m^3。重混凝土具有防 X 射线和 γ 射线的功能，又称防辐射混凝土，主要用作核能工程的屏障结构材料。

（2）普通混凝土一般是用普通的天然砂石为骨料配制而成的，其干表观密度为 1 950～2 500 kg/m^3，在建筑工程中使用最广，常用于各种工业与民用建筑中。

（3）轻混凝土包括用陶粒等轻质多孔材料为骨料的轻骨料混凝土、用加气剂或泡沫剂代替骨料的多孔混凝土，以及不加细骨料的大孔混凝土等。轻混凝土的干表观密度不大于 1 950 kg/m^3，多用于有保温绝热要求的墙体、屋面等部位。

2. 按所用胶凝材料分类

按所用胶凝材料的不同，混凝土可分为水泥混凝土、沥青混凝土、石膏混凝土、水玻璃混凝土、聚合物混凝土等。

3. 按用途分类

按用途的不同，混凝土可分为结构混凝土、防水混凝土、道路混凝土、防辐射混凝土、耐热混凝土、耐酸混凝土、大体积混凝土、膨胀混凝土等。

4. 按生产和施工方法分类

按生产和施工方法的不同，混凝土可分为泵送混凝土、喷射混凝土、碾压混凝土、挤压混凝土、离心混凝土、压力灌浆混凝土、预拌混凝土（俗称商品混凝土）等。

4.1.2　混凝土的特点

混凝土在建筑工程中能得到广泛的应用，是因为与其他材料相比，它具有以下优点。

（1）组成材料中的砂、石骨料占混凝土总量的 80%以上，这些骨料来源丰富、成本低廉，且符合就地取材的原则。

（2）在硬化前具有良好的可塑性，可按工程结构的要求浇筑成各种形状和任意尺寸的整体结构或预制构件。

（3）硬化后具有较高的力学强度（抗压强度可达 120 MPa）和良好的耐久性。

（4）与钢筋有牢固的黏结力，二者复合成钢筋混凝土后能彼此取长补短，从而扩大了混凝土的应用范围。

（5）可根据不同要求，通过调整配合比例制出不同性能的混凝土。

（6）可充分利用工业废料当作骨料或矿物掺合料，有利于环境保护。

混凝土也存在一些缺点。例如，表观密度大、自重大、抗拉强度低（一般不用于承受拉力的结构）、硬化速度慢、生产周期长、强度波动因素多等。

虽然混凝土存在上述缺点，但在某些特殊场合，可通过掺入其他材料来改善这些缺点。例如，掺入纤维或聚合物，可提高混凝土的抗拉强度，大大降低其脆性；掺入减水剂、早强剂等，可显著加快混凝土的硬化速度，改善其力学性能。

4.1.3　混凝土的基本要求

建筑工程中使用的混凝土，一般必须满足以下 4 项基本要求。

（1）各种组成材料经拌和后形成的拌和物应具有一定的流动性、黏聚性和保水性，便于施工，能保证混凝土在现场制作条件下具有均匀密实的结构，硬化后能形成平整的表面，色泽均匀。

（2）混凝土在规定龄期内能达到设计要求的强度。

（3）硬化后的混凝土应具有适应所处环境的耐久性，如抗冻性、抗渗性、抗侵蚀性。

（4）在满足上述 3 项要求的前提下，混凝土各种材料的组成应经济合理，以降低成本。

4.2 混凝土的技术性能

4.2.1 混凝土拌和物的和易性

混凝土的各组成材料按一定比例配合、搅拌而成的尚未硬化的材料，称为混凝土拌和物，又称新拌混凝土。混凝土拌和物必须具有良好的和易性，这样才能便于施工和按设计要求成型，从而保证混凝土的强度和耐久性。

1. 和易性的概念

混凝土拌和物的和易性

混凝土拌和物的和易性又称工作性，是指混凝土拌和物在一定的施工条件（如设备、工艺、环境等）下易于各工序（如搅拌、运输、浇筑、振捣等）施工操作，并能获得质量稳定、整体均匀、成型密实混凝土的性能。

和易性是一项综合性的技术指标，包括流动性、黏聚性（或称抗离析性）、保水性（或称稳定性）三方面性能。

1）流动性

流动性是指混凝土拌和物在自重或机械振捣作用下，流动顺畅并均匀密实地填满模板的性能。流动性的好坏，直接影响浇捣施工的难易和混凝土的质量。流动性好，混凝土易操作、易成型。

2）黏聚性

黏聚性是指混凝土拌和物有一定黏聚力，在运输和浇筑过程中不致产生分层和离析现象，以使混凝土拌和物保持整体均匀的性能。黏聚性不好的混凝土拌和物，其砂浆与石子容易分离，振捣后会出现蜂窝、空洞等现象，严重影响工程质量。

3）保水性

保水性是指混凝土拌和物在施工过程中，具有一定保持内部水分而不致产生严重泌水的性能。如果混凝土拌和物的保水性差，则很容易造成固体颗粒下沉，水浮于混凝土表面形成泌水，使硬化后的混凝土表面酥软。当泌水发生在骨料或钢筋下面时，会影响混凝土的整体均匀性。此外，保水性差的混凝土拌和物，会因泌水形成易透水的孔隙，使混凝土的密实性变差，强度和耐久性降低。

混凝土拌和物的流动性、黏聚性、保水性三者之间既互相关联，又互相矛盾。例如，黏聚性好则保水性一般也较好，但流动性可能较差；当流动性变好时，黏聚性和保水性往往变差。所谓混凝土拌和物具有良好的和易性，一般是指其流动性、黏聚性和保水性都能较好地满足具体施工工艺的要求。

2. 和易性的评定及选用

目前，还没有一种科学的测试方法和定量指标能全面、准确地反映混凝土拌和物的和易性。一般采用国家标准《普通混凝土拌和物性能试验方法标准》（GB/T 50080—2016）规定的坍落度法和维勃稠度法，定量地表示混凝土拌和物流动性的好坏，然后根据经验，对试验或现场进行观察，定性地评定混凝土拌和物的和易性。

按混凝土坍落度和维勃稠度的大小，可将混凝土拌和物分为四级，如表 4-1 所示。

表 4-1　混凝土拌和物的分级

分级依据	级　别	名　称	坍落度/mm	维勃稠度/s
按坍落度分	T_1	低塑性混凝土	10～40	—
	T_2	塑性混凝土	50～90	—
	T_3	流动性混凝土	100～150	—
	T_4	大流动性混凝土	＞160	—
按维勃稠度分	V_0	超干硬性混凝土	—	＞31
	V_1	特干硬性混凝土	—	21～30
	V_2	干硬性混凝土	—	11～20
	V_3	半干硬性混凝土	—	5～10

混凝土拌和物的坍落度可根据施工方法和结构条件（如断面尺寸、钢筋分布情况等），并参考有关资料（或经验）加以选择。表 4-2 为不同场合混凝土拌和物的坍落度的适宜范围。

表 4-2　混凝土拌和物坍落度的适宜范围

结构特点	坍落度/mm
基础或地面等的垫层、无配筋的厚大结构（如挡土墙、基础等）或配筋稀疏的构件	10～30
板、梁和大型及中型截面的柱子等	35～50
配筋较密的结构（如薄壁、筒仓、细柱等）	55～70
配筋特密的结构	75～90

注：1. 本表是采用机械振捣混凝土时的坍落度，当采用人工捣实时可适当增大。
2. 当需要配制大坍落度混凝土时，应掺用外加剂。
3. 曲面或斜面结构混凝土的坍落度应根据实际需要另行选定。
4. 轻骨料混凝土的坍落度，宜比表中数值减少 10～20 mm。

3. 影响和易性的主要因素

1）水泥浆的用量

混凝土拌和物中的水泥浆赋予混凝土拌和物一定的流动性。在水灰比不变的情况下，单位体积混凝土拌和物内，如果水泥浆愈多，则混凝土拌和物的流动性愈好。但若水泥浆过多，将会出现流浆现象，使混凝土拌和物的黏聚性变差，同时对混凝土的强度与耐久性也会产生一定影响；当因水泥浆过少而不能填满骨料间隙或不能很好地包裹骨料表面时，混凝土拌和物就会产生崩塌现象，黏聚性也变差。因此，混凝土拌和物中水泥浆的用量，应以满足流动性和黏聚性要求为准，不宜过多或过少。

2）水泥浆的稠度

水泥浆的稠度与水泥的水灰比和水胶比有关。其中，水灰比是指每立方米混凝土中水与水泥用量的比值，用符号 W/C 表示；水胶比是指每立方米混凝土中水与胶凝材料用量的比值，用符号 W/B 表示。

在水泥用量不变的情况下，水灰比愈小，水泥浆就愈稠，混凝土拌和物的流动性就愈差。当水灰比过小时，水泥浆干稠，混凝土拌和物的流动性过低，会使施工困难，且不能保证混凝土的密实性。增大水灰比会使流动性加大，但如果水灰比过大，又会造成混凝土拌和物的黏聚性和保水性不良，从而产生流浆、离析现象，严重影响混凝土的强度。因此，水灰比不能过大或过小，一般应根据混凝土强度和耐久性要求，合理地选用。

3）单位体积用水量

单位体积用水量决定了混凝土拌和物的流动性。当骨料和单位体积混凝土的用水量一定时，如果单位体积混凝土中水泥用量增减不超过 50～100 kg，那么混凝土拌和物的坍落度大体可保持不变。如果单纯加大用水量会降低混凝土的强度和耐久性。因此，在调整混凝土拌和物流动性时，应在保证水灰比不变的条件下，调整水泥浆的用量。

4）砂率

砂率是指混凝土中砂的用量占砂石总用量的百分率。砂率的变动，会使骨料的空隙率和总表面积有明显改变，从而对混凝土拌和物的和易性产生显著影响。

砂率过大时，骨料的总表面积及空隙率都会增大，在水灰比及水泥用量不变的情况下，混凝土拌和物显得干稠，其流动性显著变差。如果砂率过小，不能保证粗骨料之间有足够的砂浆层，也会使混凝土拌和物的流动性变差，并严重影响其黏聚性和保水性，容易造成离析、流浆。

合理砂率是指在水灰比及水泥用量一定的情况下，能使混凝土拌和物获得最大的流动性，并保持良好的黏聚性和保水性，如图 4-1 所示，即采用合理砂率时，能使混凝土拌和物获得所要求的流动性及良好的黏聚性与保水性，而水泥用量为最少，如图 4-2 示。

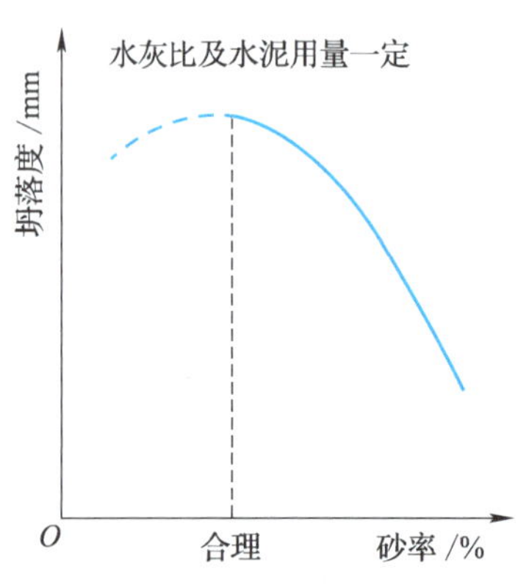

图 4-1　砂率与坍落度的关系

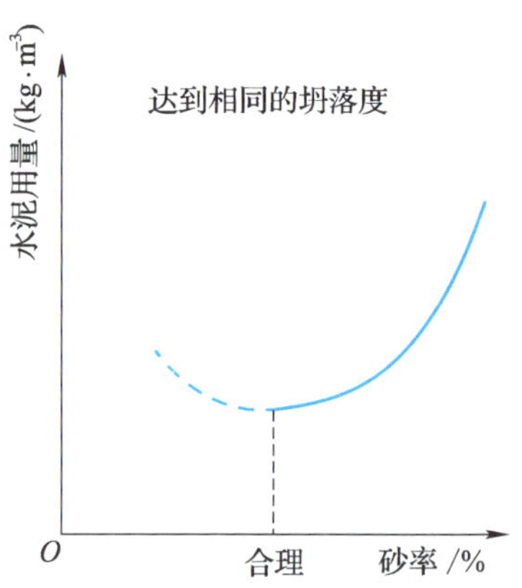

图 4-2　砂率与水泥用量的关系

5）水泥品种和骨料的性质

水泥品种对混凝土拌和物和易性的影响主要表现在不同水泥的需水量上。需水量大的水泥品种，达到相同的坍落度，需要较多的用水量。例如，矿渣硅酸盐水泥的需水量小，在加水量相同条件下，使用矿渣硅酸盐水泥配制的混凝土拌和物的流动性较好，但黏聚性差，易泌水；火山灰质硅酸盐水泥的需水量大，在加水量相同条件下，用火山灰质硅酸盐水泥配制的混凝土拌和物流动性显著降低，但黏聚性和保水性较好。

骨料的性质对混凝土拌和物的和易性影响较大。颗粒级配良好的骨料，空隙率小，在水泥浆用量相同的情况下，骨料表面包裹的水泥浆较厚，和易性好。碎石表面比卵石粗糙，用碎石配制的混凝土拌和物的流动性比用卵石配制的混凝土拌和物差。细砂的比表面积大，用细砂配制的混凝土拌和物比用中、粗砂配制的混凝土拌和物的流动性小。

6）外加剂

外加剂（如减水剂、引气剂等）对混凝土拌和物的和易性有很大的影响，在拌制混凝土时，加入少量的外加剂能使混凝土拌和物在不增加水泥用量的条件下，获得良好的和易性。掺入外加剂的混凝土，其流动性不仅显著增加，其黏聚性和保水性还能有效地改善，且在混凝土配合比不改变的情况下，能提高混凝土的强度和耐久性。

7）时间和温度

混凝土拌和物的和易性受时间影响。搅拌后的混凝土拌和物，随着时间的延长会逐渐变得干稠，坍落度降低，流动性变差，这种现象称为坍落度损失。

此外，混凝土拌和物的和易性也受温度影响。当混凝土拌和物所处的环境温度升高时，水分蒸发及水化反应加快，就会使和易性变差。因此，施工中为保证一定的和易性，应根据环境温度的变化，及时采取有效措施。

4. 改善混凝土拌和物和易性的措施

根据经验，改善混凝土拌和物的和易性，一般应先调整其黏聚性和保水性，然后再调

整其流动性，且在调整流动性时，必须保证其黏聚性和保水性符合要求。

1）调整黏聚性和保水性的措施

调整混凝土拌和物黏聚性和保水性的主要措施有以下几种。

（1）适当调整砂率，必要时经试验确定合理砂率。

（2）选用颗粒级配良好的砂、石骨料，并且选用连续级配。

（3）适当限制粗骨料的最大粒径，且避免选用较粗的砂、石骨料。

（4）掺入合适的外加剂和矿物掺合料，以极大地改善其黏聚性和保水性。

2）调整流动性的措施

调整混凝土拌和物流动性的主要措施有以下几种。

（1）最有效的措施是掺入外加剂，如减水剂、引气剂等。

（2）当混凝土拌和物坍落度太小时，保持水灰比不变，增加适量的水泥用量和用水量；当混凝土拌和物坍落度太大时，保持砂率不变，增加适量的砂石用量。

（3）尽可能选用较粗大的砂、石骨料。

（4）砂率不能太大，必要时经试验确定合理砂率。

（5）骨料含泥量要少，且颗粒级配合格。

4.2.2 混凝土的强度

混凝土拌和物经硬化后，应达到规定的强度要求。按照我国现行国家标准《混凝土物理力学性能试验方法标准》（GB/T 50081—2019）规定，混凝土强度有抗压强度、轴心抗压强度、劈裂抗拉强度、抗折强度等，通常以混凝土的抗压强度作为其力学性能的总指标。因此，一般情况下，混凝土的强度常指混凝土的抗压强度。

1. 混凝土的抗压强度与强度等级

1）混凝土的抗压强度

混凝土的抗压强度，是指混凝土标准试件在压力作用下直到破坏时单位面积所能承受的最大压力。它是结构设计、混凝土配合比设计和质量评定的重要依据。

国家标准《混凝土物理力学性能试验方法标准》（GB/T 50081—2019）中规定，混凝土抗压强度的试验方法为：先制作 150 mm×150 mm×150 mm 的标准立方体试件，在标准条件（温度为20℃±2℃、相对湿度为 95%以上的标准养护室，或在温度为20℃±2℃的不流动的 $Ca(OH)_2$ 饱和溶液中）下养护 28 d，所测得的抗压强度即为混凝土立方体试件抗压强度，简称立方体抗压强度，其计算公式为

$$f_{cc}=\frac{F}{A} \tag{4-1}$$

式中：

f_{cc}——立方体抗压强度（MPa），计算结果精确到 0.1 MPa；

F——试件破坏载荷（N）；

A——试件承压面积（mm^2）。

此外，测定立方体抗压强度可以按粗骨料的最大粒径尺寸选用不同的试件尺寸。但是在计算时，应乘以换算系数，以得到相当于标准试件的试验结果。

经验传承

在实际混凝土工程中，其养护条件（如温度、湿度）不可能与标准养护条件完全相同，为了能说明实际工程中混凝土实际达到的强度，往往将混凝土试件放在与实际工程相同的条件下养护，并按所需要的龄期测得其立方体抗压强度，以作为混凝土质量控制的依据。

2）混凝土的强度等级

为了正确进行结构设计和工程质量控制，根据立方体抗压强度标准值（以 $f_{cu,k}$ 表示），将混凝土划分为不同的强度等级。立方体抗压强度标准值是指按标准方法制作、养护的边长为 150 mm 的立方体试件，在养护 28 d 或设计规定龄期后，以标准试验方法测得的具有 95%保证率的立方体抗压强度值。

混凝土强度等级采用符号 C 与其立方体抗压强度标准值（以 MPa 计）表示。按照国家标准《混凝土结构设计规范》（GB 50010—2010）规定，混凝土强度可划分成 C15、C20、C25、C30、C35、C40、C45、C50、C55、C60、C65、C70、C75、C80 这 14 个等级。例如，C40 表示立方体抗压强度标准值 $f_{cu,k} = 40$ MPa。

为了保证工程质量并节约水泥用量，设计时必须根据建筑构件所处部位及承受载荷的性质，选用不同强度等级的混凝土，一般情况下可根据以下原则进行选择。

（1）强度等级为 C15～C20 的混凝土，可用于垫层、基础、地坪及受力不大的构件。

（2）强度等级为 C30～C40 的混凝土，可用于工业与民用建筑的普通钢筋混凝土结构中的梁、板、柱、楼梯、屋架等部位。

（3）强度等级为 C40 以上的混凝土，可用于吊车梁、预应力混凝土、大跨度结构及特种结构。

知识链接

确定混凝土强度等级采用立方体试件，但实际工程中的钢筋混凝土构件大部分是棱柱形或圆柱形。为了使测得的混凝土强度更接近混凝土构件的实际情况，在钢筋混凝土结构中，计算轴心受压构件（如柱子、桁架的腹杆等）时，都采用混凝土的轴心抗压强度 f_{cp} 作为依据。

混凝土的抗拉强度只有立方体抗压强度的 1/20～1/10，并且这个比值随着混凝土强度等级的提高而降低。但混凝土抗拉强度对于混凝土抗裂性具有重要作用，它是结构设计中确定混凝土抗裂度的主要指标，有时也用它来间接衡量混凝土与钢筋间的黏结强度，并预测由于干湿变化和温度变化而产生裂缝的情况。

关于混凝土的轴心抗压强度 f_{cp} 和劈裂抗拉强度 f_{ts} 的试验方法，读者可查阅国家标准《混凝土物理力学性能试验方法标准》（GB/T 50081—2019）中的相关规定。

2. 混凝土与钢筋的黏结强度

在钢筋混凝土结构中，为使钢筋和混凝土能有效协同工作，钢筋和混凝土之间必须要有适当的黏结强度。黏结强度主要来源于钢筋和混凝土之间的摩擦力、钢筋与水泥之间的黏结力，以及变形钢筋表面的机械啮合力。黏结强度与混凝土质量有关，并与混凝土立方体抗压强度成正比。

此外，黏结强度还受其他诸多因素的影响，如钢筋尺寸、变形钢筋种类、钢筋在混凝土中的位置、钢筋的受力情况（受拉或受压），以及干湿变化、温度变化等。

3. 影响混凝土强度的因素

硬化后的混凝土在未受到外力作用之前，水泥水化造成的化学收缩和物理收缩会引起砂浆体积的变化，在粗骨料与砂浆界面上产生分布极不均匀的拉应力，从而导致界面上形成了许多微细的裂缝。

另外，强度试验证实，正常配比的混凝土发生破坏主要是骨料与水泥的黏结界面发生破坏。这是因为混凝土成型时，粗骨料颗粒会阻止水分上升，这些水分聚集在粗骨料的下缘，就成为混凝土硬化后的界面裂缝。当混凝土受力时，这些预存的界面裂缝会逐渐扩大、延长并汇合连通起来，形成可见的裂缝，进而破坏混凝土的强度。

由此可见，混凝土的强度主要取决于水泥的强度及骨料与水泥的黏结强度，而黏结强度又与水泥强度等级、水灰比及骨料的性质有密切关系。此外，混凝土的强度还受施工质量、养护条件（温度和湿度）、龄期及试验条件的影响。

1）水泥强度等级和水灰比

水泥强度等级和水灰比是决定混凝土强度的最主要因素，也是决定性因素。

在水灰比不变的条件下，水泥强度等级愈高，它对骨料的黏结力就愈大，配制成的混凝土强度也就愈高。

在水泥强度等级相同的条件下，混凝土的强度主要取决于水灰比。

理论上，水泥水化时所需的水一般只占水泥质量的 23%左右，但在拌制混凝土拌和物时，为了获得施工所要求的流动性，常需多加一些水，如常用的塑性混凝土，其水灰比为 0.4～0.8。当混凝土硬化后，多余的水分就残留在混凝土中或蒸发后形成气孔、通道等，大大减小了混凝土抵抗载荷的有效断面，还可能在孔隙周围引起应力集中。

因此，在水泥强度等级相同的条件下，水灰比愈小，水泥与骨料的黏结力愈大，混凝土强度也愈高。但是，如果水灰比过小，混凝土拌和物过于干稠，在一定的施工振捣条件下，混凝土不能被振捣密实，这将导致混凝土的强度严重下降。混凝土强度与水灰比的关系如图 4-3 所示。

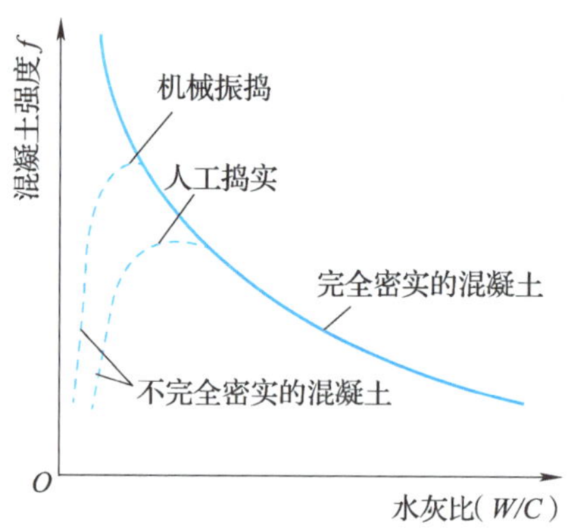

图 4-3　混凝土强度与水灰比的关系

根据工程实践的经验资料统计，混凝土的立方体抗压强度与水灰比、水泥强度等因素之间的线性经验公式为

$$f_{cu}=\alpha_a f_{ce}\left(\frac{C}{W}-\alpha_b\right) \tag{4-2}$$

式中：

f_{cu} ——混凝土 28 d 龄期的立方体抗压强度（MPa）；

C ——每立方米混凝土中的水泥用量（kg）；

W ——每立方米混凝土中水的用量（kg），$\frac{C}{W}$ 为水灰比的倒数；

f_{ce} ——水泥的实际强度（MPa），水泥厂为保证水泥出厂强度，所生产水泥的实际强度要高于其强度的标准值（$f_{ce,k}$），在无法取得水泥实际强度 f_{ce} 时，可按 $f_{ce}=\gamma_c\cdot f_{ce,k}$ 计算，其中 γ_c 为水泥强度的富余系数，可按各地区统计资料选取；

α_a、α_b ——回归系数，与骨料品种及水泥品种等因素有关，其数值通过试验求得，若无试验资料，则可取用《普通混凝土配合比设计规程》(JGJ 55—2011) 提供的 α_a、α_b 系数，即碎石取 $\alpha_a=0.53$ 和 $\alpha_b=0.20$，卵石取 $\alpha_a=0.49$ 和 $\alpha_b=0.13$。

上述经验公式一般只适用于流动性混凝土，对于干硬性混凝土则不适用。

2）骨料的性质

骨料的强度影响混凝土的强度。一般情况下，骨料强度越高，所配制的混凝土强度越

高，这一特点在低水灰比时和配制高强混凝土时尤为明显。骨料颗粒以三维长度相等或相近的球体或立方体为佳，若混凝土中含有较多扁平或细长的骨料颗粒，则会增加其孔隙率，扩大混凝土中骨料的表面积，增加混凝土的薄弱环节，导致混凝土的强度下降。

此外，由于碎石表面粗糙有棱角，提高了骨料与水泥砂浆之间的机械啮合力和黏结力，所以在原材料、坍落度相同的条件下，用碎石拌制的混凝土比用卵石拌制的混凝土的强度要高。

3）养护条件（温度和湿度）

混凝土强度是一个渐进发展的过程，其发展程度和速度取决于水泥的水化状况，而温度和湿度是影响水泥水化的重要因素。因此，混凝土成型后，必须在一定时间内保持适当的温度和足够的湿度，以使水泥充分水化，即对混凝土进行合理养护。如果养护温度高，水泥水化速度加快，混凝土的强度发展也快；反之，在低温下混凝土强度发展迟缓。养护温度对混凝土强度的影响如图 4-4 所示。

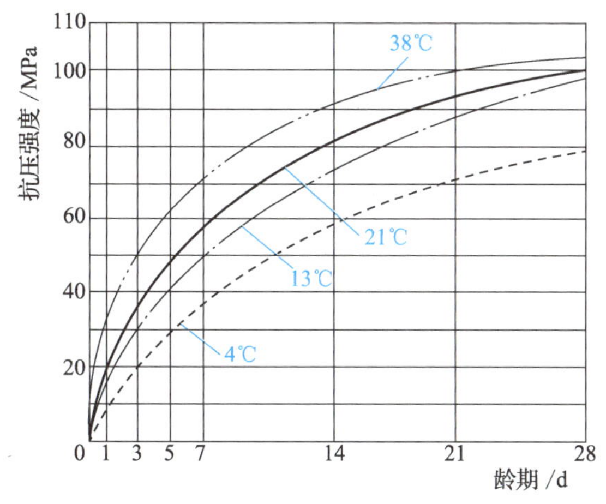

图 4-4 养护温度对混凝土强度的影响

当温度降至冰点以下时，水泥停止水化，混凝土强度停止发展，且由于混凝土孔隙中的水分结冰产生体积膨胀（约 9%），体积膨胀会对孔壁产生相当大的压应力（可达 100 MPa），从而使硬化中的混凝土结构遭到破坏，导致混凝土已获得的强度受到损失。

由于水是水泥水化反应的必要条件，只有周围环境湿度适当，水泥水化反应才能顺利进行，从而使混凝土的强度得到充分发展。如果湿度不够，水泥水化反应不能正常进行，甚至会停止水化，严重降低混凝土强度。

如果水泥水化不充分，或水化作用未完成，还会使混凝土结构疏松，形成干缩裂缝，增大其渗水性，从而影响混凝土的耐久性。为此，施工规范规定，在混凝土浇筑成型后，必须保证足够的湿度，且应在 12 h 内进行覆盖，以防止水分蒸发。在夏季施工的混凝土，要特别注意浇水保湿。使用硅酸盐水泥、普通硅酸盐水泥和矿渣硅酸盐水泥配制的混凝土，其保湿养护时间应不少于 7 d；使用火山灰质硅酸盐水泥、粉煤灰硅酸盐水泥、缓凝型外加剂配制的混凝土，以及混凝土有抗渗要求时，其保湿养护时间应不少于 14 d。

4）龄期

龄期是指混凝土在正常养护条件下所经历的时间。在正常养护条件下，混凝土的强度将随龄期的增长而不断发展，最初 7～14 d 内发展较快，以后逐渐缓慢，28 d 达到设计强度。28 d 后强度仍在发展，其增长过程可延续数十年之久，混凝土强度与龄期的关系也可从图 4-4 中看出。

普通硅酸盐水泥制成的混凝土在标准养护条件下，其强度的发展及龄期可用式（4-3）推算。

$$\frac{f_{\mathrm{n}}}{f_{28}}=\frac{\lg n}{\lg 28} \tag{4-3}$$

式中：

f_{n} —— n d 龄期混凝土的立方体抗压强度（MPa）；

f_{28} —— 28 d 龄期混凝土的立方体抗压强度（MPa）；

n —— 养护龄期（d），$n \geqslant 3$。

根据式（4-3），可以由所测混凝土的早期强度，估算其 28 d 龄期的强度，或者由混凝土的 28 d 强度，推算 28 d 前混凝土达到某一强度需要养护的天数，以确定混凝土拆模、构件起吊、放松预应力钢筋、制品养护、出厂等日期。由于影响混凝土强度的因素很多，故按此式计算的结果只能作为参考。

5）试验条件

试验条件是指试件的尺寸、形状、受压面状态及加荷速度等。试验条件不同，会影响混凝土强度的试验值。

（1）试件尺寸。

相同的混凝土，试件尺寸越小，测得的强度越高。试件尺寸影响强度的主要原因是当试件尺寸较大时，其内部孔隙等出现的概率也较大，导致有效受力面积减小，应力集中，从而使强度降低。我国标准规定，采用 150 mm × 150 mm × 150 mm 的立方体试件作为标准试件，当采用非标准的其他尺寸试件时，所测得的立方体抗压强度应乘以换算系数，如表 4-3 所示。试件尺寸的大小取决于骨料的最大粒径，如表 4-4 所示。

表 4-3 不同尺寸试件的强度换算系数

强度种类	标准试件尺寸/mm	非标准试件尺寸/mm	换算系数
立方体抗压强度	150 × 150 × 150	100 × 100 × 100	0.95
		200 × 200 × 200	1.05
轴心抗压强度	150 × 150 × 300	100 × 100 × 300	0.95
		200 × 200 × 400	1.05

（续表）

强度种类	标准试件尺寸/mm	非标准试件尺寸/mm	换算系数
劈裂抗拉强度	150×150×150	100×100×100	0.85
抗折强度	150×150×600（或 550）	100×100×400	0.85

注：当混凝土强度等级≥C60 时，宜采用标准试件，若使用非标准试件，则尺寸换算系数应由试验确定。

表 4-4　试件尺寸选用表

试件横截面尺寸/mm	骨料最大粒径/mm	
	劈裂抗拉强度试验	其他试验
100×100	20	31.5
150×150	40	40
200×200	—	63

（2）试件形状。

当试件受压面积（$a \times a$）相同，而高度（h）不同时，高宽比（h/a）越大，立方体抗压强度越小。这是由于试件受压时，试件受压面与试件承压板之间的摩擦力对试件相对于承压板的横向膨胀起着约束作用，该约束作用有利于抗压强度的提高。愈接近试件的端面，这种约束作用就愈大，在距端面约 $\frac{\sqrt{3}}{2}a$ 的范围以外，约束作用才消失，通常称这种约束作用为环箍效应。

（3）试件受压面状态。

试件受压面的状态也是影响混凝土强度的重要因素。当试件受压面上有油脂类润滑剂时，试件受压时的环箍效应将大大减小，试件将出现直裂破坏，测出的强度也较低，如图 4-5 所示。

图 4-5　试件受压面有润滑剂时的破坏情况

（4）加荷速度。

加荷速度越快，测得的混凝土强度也越大，当加荷速度超过 1.0 MPa/s 时，这种趋势更加显著。因此，我国标准规定，当混凝土强度等级＜C30 时，加荷速度取每秒钟 0.3～

0.5 MPa；当混凝土强度等级≥C30 且＜C60 时，加荷速度取每秒钟 0.5～0.8 MPa；当混凝土强度等级≥C60 时，加荷速度取每秒钟 0.8～1.0 MPa，且应连续均匀地进行加荷。

4. 提高混凝土强度的措施

1）采用高强度等级水泥或早强型水泥

在混凝土配合比相同的情况下，水泥的强度等级越高，混凝土的强度越高。采用早强型水泥可提高混凝土的早期强度，有利于加快施工进度。

2）采用低水灰比的水泥

采用低水灰比水泥的混凝土拌和物的游离水分少，硬化后留下的孔隙少，使混凝土密实度高，强度可显著提高。因此，降低水灰比是提高混凝土强度的有效途径。但如果水灰比过小，将影响混凝土拌和物的流动性，造成施工困难。一般采取掺入减水剂的方法，使混凝土拌和物在低水灰比下仍具有良好的和易性。

3）采用湿热处理养护混凝土

采用湿热处理养护混凝土包括蒸汽养护和蒸压养护两种方法，水泥混凝土一般采用蒸汽养护。蒸汽养护是将混凝土放在温度低于 100℃的常压蒸汽中进行养护。混凝土经过 16～20 h 的蒸汽养护，其强度可达正常条件下养护 28 d 强度的 70%～80%。

蒸汽养护适用于由掺入活性混合材料的矿渣硅酸盐水泥、火山灰质硅酸盐水泥及粉煤灰硅酸盐水泥配制的混凝土，这是因为蒸汽养护可加速活性混合材料内的活性 SiO_2、活性 Al_2O_3 与水泥水化析出的 $Ca(OH)_2$ 反应，从而提高混凝土的早期强度，其 28 d 强度可提高 10%～20%。

为由普通硅酸盐水泥和硅酸盐水泥配制的混凝土进行蒸汽养护，其早期强度也能得到提高，但因水泥颗粒表面过早形成水化产物——凝胶膜层，凝胶膜层阻碍水分继续深入水泥颗粒内部，故使混凝土后期强度的增长速度减缓，其 28 d 强度比标准养护 28 d 的强度低 10%～15%。

4）采用机械搅拌和振捣

机械搅拌与人工搅拌相比，它能使混凝土拌和物更均匀，特别是在搅拌低流动性混凝土拌和物时效果显著。

机械振捣可使混凝土拌和物的颗粒产生振动，暂时破坏水泥浆的凝聚结构，降低水泥浆的黏度和骨料间的摩擦阻力，提高混凝土拌和物的流动性，使混凝土拌和物能很好地充满模型，以减少混凝土内部的孔隙，使其密实度和强度大大提高。振捣方法对混凝土强度的影响如图 4-6 所示。

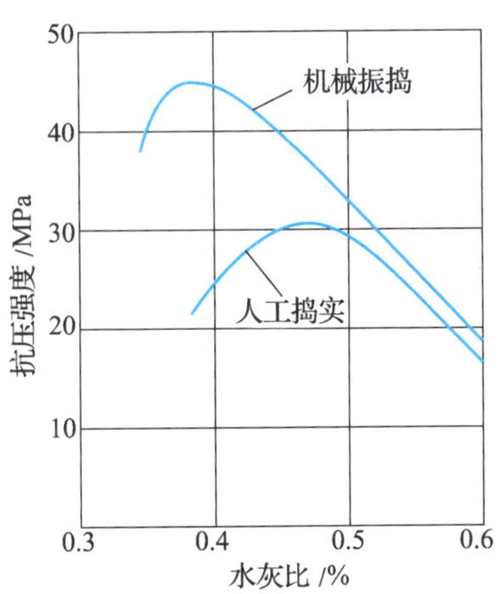

图 4-6　振捣方法对混凝土强度的影响

5）掺入混凝土外加剂、矿物掺合料

在混凝土中掺入早强剂可提高混凝土的早期强度；掺入减水剂可减少水分，降低水灰比，提高混凝土的强度。此外，若在混凝土中掺入高效减水剂的同时，掺入磨细的矿物掺合料（如硅灰、优质粉煤灰、超细磨矿渣等），可显著提高混凝土的强度，配制出强度等级为 C60～C100 的高强混凝土。

4.2.3　混凝土的耐久性

混凝土的耐久性是指混凝土在所处环境及使用条件下经久耐用的能力。为使混凝土结构或构件长期发挥其功效，且能正常工作，除了要求混凝土具有设计的强度外，还应在所处的环境及使用条件下，具有相应的耐久性。例如，与水接触且遭受冰冻作用的混凝土，其应具有抗渗性和抗冻性；受海水或酸式盐类、强碱作用的混凝土，其应具有相应的抗侵蚀性；受温度、干湿变化等作用的混凝土，其应具有抗风化性等。

知行合一

通常在混凝土结构设计中，往往忽视环境对混凝土结构的作用，导致许多混凝土结构的耐久性较差。混凝土结构在未达到预定的设计使用期限前，就会出现钢筋锈蚀、混凝土劣化剥落等现象，往往需要投入大量资源进行修复，甚至拆除重建。近年来，混凝土结构的耐久性设计受到普遍关注。同时，我国的混凝土结构设计规范把混凝土结构的耐久性设计作为一项重要内容。

因此，在进行混凝土结构设计时，应考虑环境因素，并依据规范，以精益求精的态度进行设计。

混凝土的耐久性是一个综合性概念，它包含的内容很多，如抗渗性、抗冻性、抗侵蚀性、抗碳化性、抗碱-骨料反应等。

1. 混凝土的抗渗性

混凝土的抗渗性是指混凝土抵抗有压介质（如水、油等）渗透作用的能力。抗渗性是决定混凝土耐久性最基本的因素，若混凝土的抗渗性差，则不仅其内部易渗入水等液体物质，遭受冰冻或侵蚀作用而破坏；若为钢筋混凝土，则还会引起内部钢筋的锈蚀，并导致混凝土表面保护层开裂或剥落。因此，对于地下建筑、水坝、水池、港工、海工等工程的混凝土，必须要求其具有一定的抗渗性。

混凝土的抗渗性用抗渗等级表示。抗渗等级是以 28 d 龄期的标准试件，在标准试验方法下进行试验，以每组 6 个试件中，4 个试件未出现渗水时所承受的最大静水压力来表示。国家标准《混凝土质量控制标准》（GB 50164—2011）将混凝土抗渗性划分为 P4、P6、P8、

P10、P12 及 > P12 六个等级，以表示混凝土能承受的最大静水压力为 0.4 MPa、0.6 MPa、0.8 MPa、1.0 MPa、1.2 MPa 和 > 1.2 MPa。

混凝土渗水的主要原因是混凝土内部存在孔隙和毛细管通路，以及蜂窝、孔洞等结构。实践证明，混凝土的水灰比小时抗渗性强，反之则弱；但当水灰比大于 0.6 时，其抗渗性显著恶化。此外，粗骨料最大粒径、养护方法、外加剂、水泥品种等对混凝土的抗渗性也有影响。

提高混凝土抗渗性的主要措施是提高混凝土的密实度和改善混凝土中的孔隙结构，减少连通孔隙。这些可通过降低水灰比、选择适合的骨料颗粒级配、充分振捣、合理养护、掺入引气剂等方法来实现。

2. 混凝土的抗冻性

混凝土的抗冻性是指混凝土在饱和水状态下，能经受多次冻融循环，同时其性能不严重降低的能力。在寒冷地区，特别是既接触水，温度又低的环境下的混凝土，应具有较高的抗冻性。

混凝土的抗冻性用抗冻等级或抗冻标号来表示。

（1）抗冻等级需要用快冻法试验来测量，抗冻等级包括 F50、F100、F150、F200、F250、F300、F350、F400 及 > F400。抗冻等级应以相对动弹性模量下降至不低于 60%或者质量损失率不超过 5%时的最大冻融循环次数来确定。

（2）抗冻标号需要用慢冻法试验来测量，抗冻标号包括 D50、D100、D150 及 > D300。抗冻标号应以立方体抗压强度损失率不超过 25%或者质量损失率不超过 5%时的最大冻融循环次数来确定。

混凝土受冻融破坏的原因是混凝土内部孔隙中的水在负温下结冰后体积膨胀形成静水压力，当静水压力产生的内应力超过混凝土的抗拉强度时，混凝土就会产生裂缝，多次冻融循环使裂缝不断扩展直至混凝土被破坏。混凝土的密实度、孔隙率、孔隙构造及孔隙的充水程度，均为影响其抗冻性的主要因素。

密实的混凝土和具有封闭孔隙的混凝土（如引气混凝土），其抗冻性较高。掺入引气剂、减水剂和防冻剂，可有效提高混凝土的抗冻性。

3. 混凝土的抗侵蚀性

混凝土的侵蚀主要是混凝土中的水泥在外界侵蚀性介质作用下受到破坏所引起的，通常有软水侵蚀、硫酸盐侵蚀、镁盐侵蚀、碳酸侵蚀、一般酸侵蚀与强碱侵蚀等。随着混凝土在地下工程、海岸工程等恶劣环境中的大量应用，对混凝土的抗侵蚀性提出了更高的要求。

混凝土的抗侵蚀性与所用水泥的品种、混凝土的密实度和孔隙特征等有关。密实和孔隙封闭的混凝土不易被环境水侵入，抗侵蚀性较强。提高混凝土抗侵蚀性的主要措施是合

理选择水泥品种、降低水灰比，使混凝土的密实度提高、孔结构改善。

4. 混凝土的抗碳化性

混凝土的碳化是指混凝土内水泥石中的氢氧化钙与空气中的二氧化碳在湿度相宜时发生化学反应，生成碳酸钙和水的过程，又称混凝土的中性化。混凝土的碳化过程是二氧化碳由表及里地逐渐向混凝土内部扩散的过程。混凝土碳化深度随时间的延长而增大，但增大速度逐渐减慢。

1）碳化对混凝土性能的影响

碳化对混凝土来说弊多利少，它减弱了混凝土对钢筋的保护作用，增加了混凝土的收缩，使混凝土表面因拉应力而出现微细裂缝，从而降低混凝土的抗拉、抗折及抗渗能力。

但是，碳化对提高混凝土的立方体抗压强度是有利的，即碳化产生的碳酸钙填充了水泥石的孔隙，以及碳化时放出的水分有助于未水化水泥进行水化，从而可提高混凝土碳化层的密实度。例如，预制混凝土基桩就常常利用碳化来提高基桩的表面质量。

2）影响混凝土碳化速度的主要因素

（1）环境中二氧化碳的浓度。二氧化碳浓度越大，混凝土碳化速度越快。一般室内混凝土碳化速度较室外快，铸工车间建筑的混凝土碳化速度更快。

（2）环境湿度。当环境的相对湿度在 50%～75%时，混凝土碳化速度最快；当相对湿度小于 25%或达 100%时，碳化将停止进行，这是因为前者环境中水分太少，而后者环境使混凝土孔隙中充满水，二氧化碳难以渗入扩散。

（3）水泥品种。普通硅酸盐水泥水化产物的碱度较高，故其抗碳化性能优于矿渣硅酸盐水泥、火山灰质硅酸盐水泥及粉煤灰硅酸盐水泥。

（4）水灰比。水灰比愈小，混凝土愈密实，二氧化碳和水更不易渗入，故碳化速度愈慢。

（5）外加剂。混凝土中掺入减水剂、引气剂或引气减水剂时，由于可降低水灰比或引入封闭小气泡，故可使混凝土碳化速度明显减慢。

（6）施工质量。混凝土施工振捣不密实或养护不良，会使密实度较差而加快混凝土的碳化。经蒸汽养护的混凝土，其碳化速度较标准养护的混凝土碳化速度快些。

3）混凝土抗碳化的措施

（1）在可能的情况下，应尽量降低水灰比，可采用减水剂，以提高混凝土的密实度，这是混凝土抗碳化的最基本措施。

（2）根据环境和使用条件，优先选用普通硅酸盐水泥或硅酸盐水泥，而不宜选用矿渣硅酸盐水泥、火山灰质硅酸盐水泥及粉煤灰硅酸盐水泥。

（3）对于钢筋混凝土构件，必须保证有足够的混凝土保护层，以防碳化使钢筋锈蚀。

（4）在混凝土表面抹刷涂层（如抹聚合物砂浆、刷涂料等）或粘贴面层材料（如贴面砖等），以防二氧化碳渗入。

在设计钢筋混凝土结构，尤其是在确定采用钢丝网薄壁结构时，必须要考虑混凝土的

抗碳化问题。

5. 混凝土的抗碱-骨料反应

碱-骨料反应是指混凝土内水泥中的氧化钠、氧化钾等碱性氧化物，与骨料中的活性二氧化硅发生化学反应，生成碱-硅酸凝胶的过程。碱-硅酸凝胶吸水后体积会显著增大（体积增大可达 3 倍以上），从而导致混凝土开裂。

混凝土发生碱-骨料反应必须具备以下几个条件。

（1）水泥中碱含量高（即 $Na_2O+0.658K_2O$ 的总量大于骨料的 0.6%）。

（2）砂、石骨料中含有活性二氧化硅成分。

（3）有水存在。若在无水情况下，混凝土不可能发生碱-骨料反应。

因此，当工程中采用高碱水泥（含碱量大于 0.6%）时，应不同时采用含有活性二氧化硅的骨料，必要时应对骨料进行检验。若检验后确认骨料中含有活性二氧化硅，但又非用不可时，可采取以下措施预防碱-骨料反应。

（1）采用含碱量小于 0.6%的低碱水泥。

（2）在水泥中掺加火山灰质混合材料。因火山灰质混合材料可吸收溶液中的钠离子和钾离子，使反应产物早期能均匀分布在混凝土中，不致集中于骨料颗粒周围，从而减轻膨胀反应。

（3）在混凝土中掺入引气剂或引气减水剂，从而在混凝土中产生许多分散的微小气泡，使碱-骨料反应的产物可渗嵌到这些气泡中去，以降低膨胀破坏应力。

碱-骨料反应通常进行得较缓慢，因此由碱-骨料反应引起的破坏往往要经过若干年后才会出现，而且难以修复，故在混凝土施工前就要考虑这个问题。

6. 提高混凝土耐久性的措施

混凝土所处的环境和使用条件不同，对其耐久性的要求也不相同。影响混凝土耐久性的主要因素是混凝土的密实程度，其次是原材料的性质、施工质量等。提高混凝土耐久性的措施主要有以下几方面。

（1）根据混凝土工程的特点和所处的环境条件，合理选择水泥品种。

（2）选用质量良好、技术条件合格的砂石骨料。

（3）控制最大水胶比并保证足够的胶凝材料用量。

《混凝土结构设计规范》（GB 50010—2010）规定了混凝土结构暴露的环境类别，如表 4-5 所示。

表 4-5 混凝土结构暴露的环境类别（摘自 GB 50010—2010）

环境类别	条件
一	① 室内干燥环境； ② 无侵蚀性静水浸没环境
二 a	① 室内潮湿环境； ② 非严寒和非寒冷地区的露天环境； ③ 非严寒和非寒冷地区与无侵蚀性的水或土壤直接接触的环境； ④ 严寒和寒冷地区的冰冻线以下与无侵蚀性的水或土壤直接接触的环境
二 b	① 干湿交替环境； ② 水位频繁变动环境； ③ 严寒和寒冷地区的露天环境； ④ 严寒和寒冷地区的冰冻线以上与无侵蚀性的水或土壤直接接触的环境
三 a	① 严寒和寒冷地区冬季水位变动区环境； ② 受除冰盐影响环境； ③ 海风环境
三 b	① 盐渍土环境； ② 受除冰盐作用环境； ③ 海岸环境
四	海水环境
五	受人为或自然的侵蚀性物质影响的环境

注：1. 室内潮湿环境是指构件表面经常处于结露或湿润状态的环境。
2. 严寒和寒冷地区的划分应符合现行国家标准《民用建筑热工设计规范》（GB 50176—2016）的有关规定。
3. 海岸环境和海风环境宜根据当地情况，考虑主导风向及结构所处迎风、背风部位等因素的影响，由调查研究和工程经验确定。
4. 受除冰盐影响环境是指受到除冰盐盐雾影响的环境；受除冰盐作用环境是指被除冰盐溶液溅射的环境以及使用除冰盐地区的洗车房、停车楼等建筑。
5. 暴露的环境是指混凝土表面所处的环境。

设计使用年限为 50 年的混凝土结构，其混凝土应符合表 4-6 中的规定。

表 4-6 设计使用年限为 50 年的混凝土结构，其混凝土的基本要求（摘自 GB 50010—2010）

环境等级	最大水胶比	最低强度等级	最大氯离子含量/%	最大碱含量/（$kg \cdot m^{-3}$）
一	0.6	C20	0.30	不限制
二 a	0.55	C25	0.20	3.0
二 b	0.50（0.55）	C30（C25）	0.15	
三 a	0.45（0.50）	C35（C30）	0.15	
三 b	0.40	C40	0.10	

注：1. 氯离子含量系指其占胶凝材料总量的百分比。
2. 预应力混凝土中的最大氯离子含量为 0.06%，其最低混凝土强度等级宜按表中的规定提高两个等级。

3. 素混凝土构件的水胶比及最低强度等级的要求可适当放松。
4. 有可靠工程经验时，二类环境中的最低混凝土强度等级可降低一个等级。
5. 处于严寒和寒冷地区二 b、三 a 类环境中的混凝土应使用引气剂，并可采用括号中的有关参数。
6. 当使用非碱活性骨料时，对混凝土中的碱含量可不做限制。

《普通混凝土配合比设计规程》(JGJ 55—2011) 规定，除配制 C15 及其以下强度等级的混凝土外，混凝土的最小胶凝材料用量应符合表 4-7 中的规定。

表 4-7 混凝土的最小胶凝材料用量(摘自 JGJ 55—2011)

最大水胶比	最小胶凝材料用量/($kg \cdot m^{-3}$)		
	素混凝土	钢筋混凝土	预应力混凝土
0.60	250	280	300
0.55	280	300	300
0.50	320		
≤0.45	330		

4.3 普通混凝土的组成材料

普通混凝土的基本组成材料是水泥、水、骨料，另外还常掺入适量的矿物掺合料和外加剂。其中，骨料在混凝土中起骨架作用，包括砂、石等。混凝土原料拌和时，水泥和水形成水泥浆，包裹在砂粒表面并填充砂粒之间的空隙而形成水泥砂浆，水泥砂浆又包裹石子并填充石子间的空隙而形成混凝土，如图 4-7 所示。

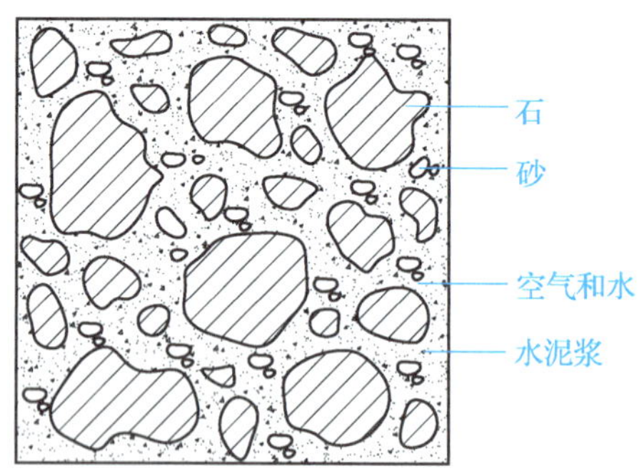

图 4-7 混凝土的结构

在混凝土硬化前，水泥浆起润滑作用，并赋予混凝土一定的流动性，便于施工。水泥浆硬化后，能将骨料胶结在一起，使其成为坚硬的人造石材，并具有力学性能。

知识链接

混凝土是一个宏观匀质、微观非匀质的堆聚结构，混凝土的质量和技术性能很大程度上是由原材料的性质及其相对含量所决定的，同时也与施工工艺（如搅拌、振捣成型、养护等）有关。

4.3.1　水泥的技术要求

水泥在混凝土中起胶结作用。正确、合理地选择水泥的品种和强度等级，是影响混凝土强度、耐久性及经济性的重要因素。

配制混凝土用的水泥品种，应当根据工程性质与特点、工程所处环境与施工条件，以及各种水泥的特性等合理选择。

水泥强度等级的选择应与混凝土的设计强度等级相适应。原则上，配制高强度等级的混凝土选用高强度等级的水泥，配制低强度等级的混凝土选用低强度等级的水泥。

知行合一

小刚作为一名实习生到一家混凝土厂实习。他是一名试验员，每天都需要配制一定量的混凝土来进行试验。一天，领导让小刚配制一些高强度等级的混凝土，并将各材料用量都记录下来。他配制好后，领导看了材料用量，发现水泥的用量太大了，便询问小刚。小刚查找了原因，发现是因为配制混凝土时使用的水泥强度等级太低了，才导致这样的后果。领导知道后批评了小刚，说："若用低强度等级的水泥配制高强度等级的混凝土，为满足混凝土的强度要求必然会使水泥用量过多，这不仅造成水泥浪费，还会使混凝土收缩和水化热增大。做试验要细心，不然会对试验结果造成很大的影响。"

经过大量试验和经验总结，现列出配制不同等级混凝土所用水泥的强度等级（见表 4-8），以供参考。

表 4-8　配制不同等级混凝土所用水泥强度等级

预配混凝土强度等级	所选水泥强度等级
C15～C25	32.5
C30	32.5，42.5
C35～C45	42.5
C50～C60	52.5
C65	52.5，62.5
C70～C80	62.5

4.3.2 骨料的技术要求

按粒径大小不同，骨料可分为细骨料和粗骨料。粒径在 0.15～4.75 mm 的岩石颗粒称为细骨料，通常为砂；粒径大于 4.75 mm 的岩石颗粒称为粗骨料，通常为石。粗细骨料的总体积占混凝土体积的 70%～80%，因此骨料的性能对所配制的混凝土性能有很大影响。为保证混凝土的质量，对骨料技术性能的要求主要有：① 有害杂质含量少；② 具有良好的颗粒形状，适宜的颗粒级配和细度；③ 与水泥黏结牢固；④ 性能稳定、坚固耐久等。

1. 细骨料

混凝土的细骨料主要采用天然砂中的河砂，有时也可采用机制砂（俗称人工砂）。

技术前沿

天然砂是自然生成的，经人工开采和筛分的粒径小于 4.75 mm 的岩石颗粒，包括河砂、湖砂、山砂、淡化海砂，但不包括软质、风化的岩石颗粒。河砂、湖砂和海砂由于长期受水流的冲刷作用，颗粒表面比较圆滑、洁净，且产源较广，但海砂中常含有贝壳、碎片及可溶盐等有害杂质。山砂颗粒多具棱角，表面粗糙，含泥及有机质等有害杂质较多。因此，建筑工程中一般采用河砂作为细骨料。

机制砂是经除土处理，由机械破碎、筛分制成的粒径小于 4.75 mm 的岩石、矿山尾矿或工业废渣颗粒，但不包括软质、风化的颗粒。

随着全国多地河道砂石资源逐渐枯竭，出于对环境和资源的保护，各级政府相继出台政策措施，严格限制或禁止开采天然砂。破解砂石供应难题迫在眉睫。

2020 年，河南省有色地矿局项目团队经过 8 个月的野外勘探作业和大规模分析区域地层沉积资料，发现黄河故道和黄泛区浅层赋存有大量第四系冲积砂，即河道改道前沉积于老河道低洼处、转弯处、水流变缓处，埋藏于地表浅部未固结的砂。其矿床分布广，埋藏浅，具有储量大、易开采、品质高等优点。这一研究成果在国内具有领先水平，已通过以中国工程院院士为组长的专家组评审，证实河南黄河流域第四系冲积砂作为新型建筑矿产，可以供应建筑市场，使破解砂石供应难题看到了希望。

此外，黄河流域要坚持生态优先、绿色发展的理念。第四系冲积砂的开发利用要与当地自然保护区划分、国土空间规划、脱贫攻坚、乡村振兴规划等有机结合，为整个黄河流域第四系冲积砂矿床进行总的开发、规划、布局和实施提供样本和借鉴。

资料来源：人民网（有改动）

砂按其技术要求分为Ⅰ，Ⅱ，Ⅲ三个类别。我国《建设用砂》（GB/T 14684—2022）对建筑工程中所采用的细骨料，提出了以下几个主要技术要求。

1）有害杂质含量

砂中不应混有草根、树叶、树枝、塑料、煤块、炉渣等杂物。砂中如含有云母、轻物质、有机物、硫化物及硫酸盐、氯化物、贝壳等，其含量应符合表 4-9 中的规定。

表 4-9 砂的有害杂质含量（摘自 GB/T 14684—2022）

类　别	I	II	III
云母（质量分数）①/%	≤1.0	≤2.0	
轻物质（质量分数）/%	≤1.0		
有机物	合格		
硫化物及硫酸盐（按 SiO_3 质量计）/%	≤0.5		
氯化物（按氯离子质量计）/%	≤0.01	≤0.02	≤0.06②
贝壳（质量分数）③/%	≤3.0	≤5.0	≤8.0

① 天然砂中如含有浮石、火山渣等天然轻骨料时，经试验验证后，该指标可不做要求。
② 对于钢筋混凝土用净化处理的海砂，其氯化物含量应小于或等于 0.02%。
③ 该指标仅适用于净化处理的海砂，其他砂种不做要求。

2）含泥量和泥块含量

含泥量是指砂中粒径小于 75 μm 的颗粒含量；泥块含量是指砂中原粒径大于 1.18 mm，经水浸泡、淘洗后小于 600 μm 的颗粒含量。天然砂的含泥量和泥块含量应符合表 4-10 中的规定。若采用机制砂时，其亚甲蓝（即 MB）值、石粉和泥块的含量，读者可查阅国家标准《建设用砂》（GB/T 14684—2022）。

表 4-10 天然砂的含泥量和泥块含量（摘自 GB/T 14684—2022）

类　别	I	II	III
含泥量（质量分数）/%	≤1.0	≤3.0	≤5.0
泥块含量（质量分数）/%	≤0.2	≤1.0	≤2.0

经验传承

当砂中有害杂质及含泥量多，又无合适砂源时，可将其过筛和用清水或石灰水（有机物含量多时）冲洗后使用，以符合就地取材原则。

3）粗细程度和颗粒级配

砂的粗细程度是指不同粒径的砂粒混合在一起后的粗细程度。砂通常分为粗砂、中砂、细砂三种规格。同重量的同种砂，细砂的总表面积较大，粗砂的总表面积较小。

砂粒表面需要用水泥浆包裹才能具有流动性和黏结强度，砂的总表面积愈大，则所需要的包裹砂粒表面的水泥浆就愈多。因此，配制混凝土时，用粗砂比用细砂所需要的水泥量要少。

砂的颗粒级配是指不同大小颗粒的砂的分级与组合情况。混凝土中，砂粒之间的空隙是由水泥浆填充的，为了达到节约水泥和提高强度的目的，应尽量减小砂粒间的空隙。要减小砂粒间的空隙，最简单的方法是多种粒径的砂配合使用，如图 4-8 所示。

（a）同样粒径的砂

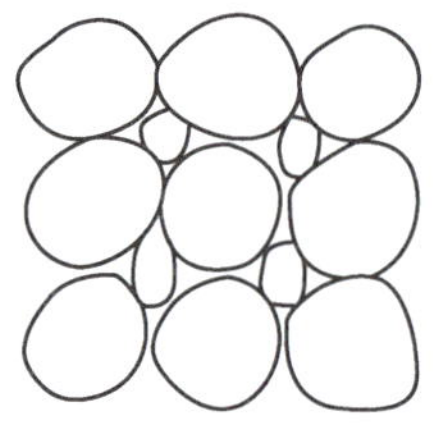
（b）两种粒径的砂

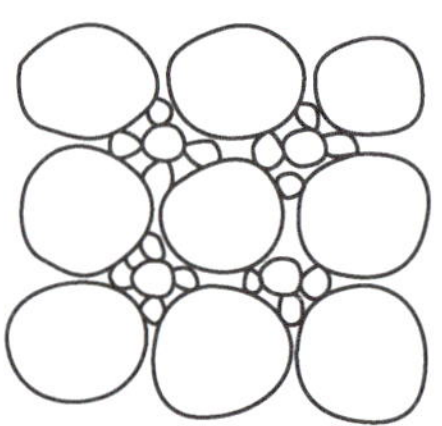
（c）三种粒径的砂

图 4-8　多种粒径砂的配合

在拌制混凝土时，应同时考虑砂的粗细和颗粒级配。含有较多粗颗粒、适量中颗粒及少量细颗粒配合的砂，其空隙率及总表面积均较小。此外，使用这种颗粒级配的砂来配制混凝土，不仅水泥用量少，还可以提高混凝土的密实度与强度。

砂的粗细程度和颗粒级配，常用筛分法进行测定，其测定方法为：用一套孔径（净尺寸）为 0.15 mm、0.30 mm、0.60 mm、1.18 mm、2.36 mm、4.75 mm 的 6 个标准方孔筛，将 500 g 干砂试样由粗到细依次过筛，然后称余留在各筛上的砂量，并计算出各筛上的分计筛余百分率 α_1、α_2、α_3、α_4、α_5、α_6 和累计筛余百分率 A_1、A_2、A_3、A_4、A_5、A_6。

其中，分计筛余百分率是指每个筛子上的筛余量占砂样总质量的百分率；某一筛的累计筛余百分率是指某一筛的筛余百分率和比该筛筛孔大一号筛的筛余百分率之和。分计筛余百分率与累计筛余百分率的关系如表 4-11 所示。

表 4-11　分计筛余百分率与累计筛余百分率的关系

方筛孔孔径/mm	分计筛余百分率/%	累计筛余百分率/%
4.75	α_1	$A_1=\alpha_1$
2.36	α_2	$A_2=\alpha_1+\alpha_2$
1.18	α_3	$A_3=\alpha_1+\alpha_2+\alpha_3$
0.60	α_4	$A_4=\alpha_1+\alpha_2+\alpha_3+\alpha_4$
0.30	α_5	$A_5=\alpha_1+\alpha_2+\alpha_3+\alpha_4+\alpha_5$
0.15	α_6	$A_6=\alpha_1+\alpha_2+\alpha_3+\alpha_4+\alpha_5+\alpha_6$

砂的粗细程度用细度模数 M_X 表示，其计算公式为

$$M_X=\frac{(A_2+A_3+A_4+A_5+A_6)-5A_1}{100-A_1} \tag{4-4}$$

经验传承

在代入式（4-4）中的 A_1，A_2，…等时，应只代入数值，不代入“%”。

细度模数 M_X 愈大，表示砂愈粗。普通混凝土用砂的细度模数范围为 1.6～3.7，其中 M_X 在 3.1～3.7 的为粗砂，M_X 在 2.3～3.0 的为中砂，M_X 在 1.6～2.2 的为细砂。

混凝土用砂的颗粒级配应处在表 4-12 或图 4-9 所示的某一级配区内。表 4-12 和图 4-9 中的 1 区砂子粗，宜用于配制水泥用量较多的富混凝土和低塑性混凝土；2 区砂属于常用级配砂，通常认为 2 区砂粗细适中，颗粒级配良好；3 区砂较细，研制成的混凝土拌和物黏聚性大。

表 4-12　砂颗粒级配区（摘自 GB/T 14684—2022）

砂的分类	天然砂			机制砂、混合砂		
级配区	1 区	2 区	3 区	1 区	2 区	3 区
方筛孔孔径/mm	累计筛余/%					
4.75	10～0	10～0	10～0	5～0	5～0	5～0
2.36	35～5	25～0	15～0	35～5	25～0	15～0
1.18	65～35	50～10	25～0	65～35	50～10	25～0
0.60	85～71	70～41	40～16	85～71	70～41	40～16
0.30	95～80	92～70	85～55	95～80	92～70	85～55
0.15	100～90	100～90	100～90	97～85	94～80	94～75

注：对于砂浆用砂，4.75 mm 筛孔的累计筛余量应为 0。砂的实际颗粒级配除 4.75 mm 和 0.60 mm 筛孔外，可以略有超出，但各级累计筛余超出值总和应不大于 5%。

以累计筛余百分率为纵坐标，以筛孔尺寸为横坐标，根据表 4-12 中的数值可以画出天然砂 1、2、3 三个级配区的筛分曲线，如图 4-9 所示。通过观察所计算的砂的筛分曲线是否完全落在三个级配区的任一区内，即可判定该砂颗粒级配的合理性。同时，也可根据筛分曲线偏向情况大致判断砂的粗细程度。当筛分曲线偏向右下方时，表示砂较粗；筛分曲线偏向左上方时，表示砂较细。

经验传承

配制混凝土时宜优先选用 2 区砂。当采用 1 区砂时，应适当提高混凝土的含砂率，并保证足够的水泥用量，以满足混凝土拌和物的和易性；当采用 3 区砂时，宜适当降低混凝土的含砂率，以保证混凝土的强度。

在实际工程中，若砂的颗粒级配不合适，可采用人工掺配的方法来改善，即将粗、细砂按适当的比例进行掺和；或将砂过筛，筛除过粗或过细颗粒。

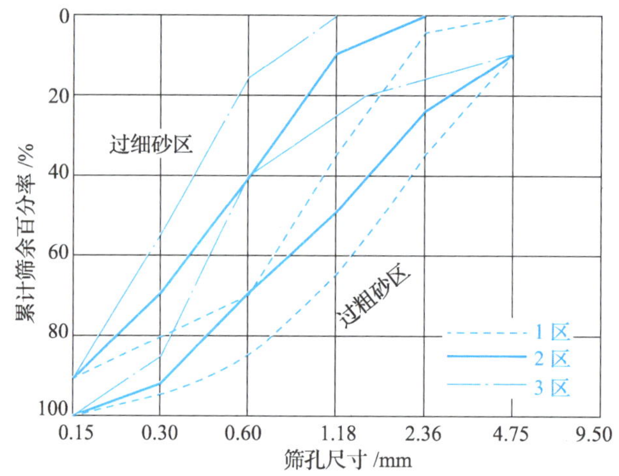

图 4-9　天然砂筛分曲线

【例 4-1】某建材试验室进行砂子筛析试验，取烘干砂样 500 g，按规定步骤进行筛分，其筛分结果如表 4-13 所示。试根据标准评定此砂的粗细程度，并按表 4-12 判断此砂的颗粒级配是否合格。

表 4-13　砂的筛分结果

方筛孔孔径/mm	4.75	2.36	1.18	0.60	0.30	0.15	筛底
筛余量/g	28	41	48	190	101	84	6

解：需分以下几步进行计算。

（1）计算筛分后砂的总质量。

总质量为 $28+41+48+190+101+84+6=498$ g，校核值为 $(500-498)/500\times100\%=0.4\%<1\%$，故可按表 4-12 所示的标准进行颗粒级配评定。

（2）计算分计筛余百分率。

各分计筛余百分率计算结果如下。

$$\alpha_1=m_1/500\times100\%=28/500\times100\%=5.6\%$$

$$\alpha_2=m_2/500\times100\%=41/500\times100\%=8.2\%$$

$$\alpha_3=m_3/500\times100\%=48/500\times100\%=9.6\%$$

$$\alpha_4=m_4/500\times100\%=190/500\times100\%=38.0\%$$

$$\alpha_5=m_5/500\times100\%=101/500\times100\%=20.2\%$$

$$\alpha_6=m_6/500\times100\%=84/500\times100\%=16.8\%$$

（3）计算累计筛余百分率。

各累计筛余百分率计算结果如下：

$$A_1=\alpha_1=5.6\%$$

$$A_2 = \alpha_1 + \alpha_2 = 5.6\% + 8.2\% = 13.8\%$$

$$A_3 = \alpha_1 + \alpha_2 + \alpha_3 = 5.6\% + 8.2\% + 9.6\% = 23.4\%$$

$$A_4 = \alpha_1 + \alpha_2 + \alpha_3 + \alpha_4 = 5.6\% + 8.2\% + 9.6\% + 38.0\% = 61.4\%$$

$$A_5 = \alpha_1 + \alpha_2 + \alpha_3 + \alpha_4 + \alpha_5 = 5.6\% + 8.2\% + 9.6\% + 38.0\% + 20.2\% = 81.6\%$$

$$A_6 = \alpha_1 + \alpha_2 + \alpha_3 + \alpha_4 + \alpha_5 + \alpha_6 = 5.6\% + 8.2\% + 9.6\% + 38.0\% + 20.2\% + 16.8\% = 98.4\%$$

（4）计算细度模数 M_X。

$$M_X = \frac{(A_2 + A_3 + A_4 + A_5 + A_6) - 5A_1}{100 - A_1}$$

$$= \frac{(13.8 + 23.4 + 61.4 + 81.6 + 98.4) - 5 \times 5.6}{100 - 5.6} \approx 2.65$$

（5）评定粗细程度。

因为细度模数 $M_X = 2.65$，细度模数在 2.3～3.0 内，所以此砂的粗细程度为中砂。

（6）判断颗粒级配情况。

画出砂样的筛分曲线，如图 4-10 所示。该砂的累计筛余百分率落在 2 区，故该砂的颗粒级配合格。

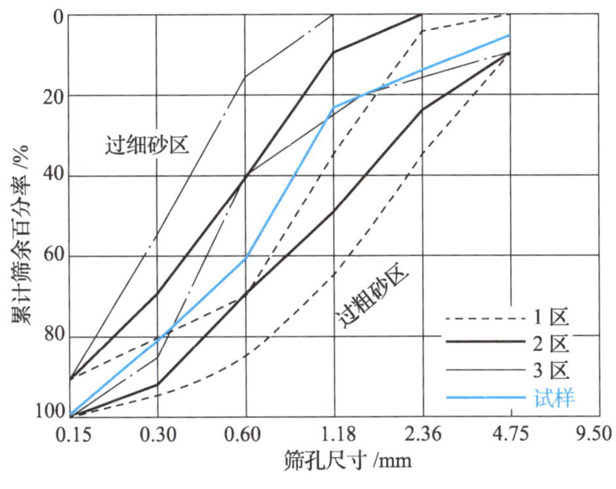

图 4-10 砂样筛分曲线

4）坚固性

砂的坚固性是指砂在自然风化和其他外界物理、化学等因素作用下抵抗破裂的能力。

（1）天然砂采用硫酸钠溶液法进行试验，砂样经 5 次循环后其质量损失应符合表 4-14 中的规定。硫酸钠溶液法的试验方法可参阅国家标准《建筑用砂》（GB/T 14684—2022）。

表 4-14 砂的坚固性指标（摘自 GB/T 14684—2022）

类 别	I	II	III
质量损失/%	≤8		≤10

（2）机制砂除了要满足表 4-14 的规定外，还应满足表 4-15 所示的压碎指标。

表 4-15　砂的压碎指标（摘自 GB/T 14684—2022）

类　别	I	II	III
单级最大压碎指标/%	≤20	≤25	≤30

压碎指标试验，是将一定质量（通常为 330 g）烘干状态下的单粒级（0.30～0.60 mm，0.60～1.18 mm，1.18～2.36 mm 及 2.36～4.75 mm 四个粒级）砂装入受压钢模内，以每秒钟 500 N 的速度加荷，加荷至 25 kN 时稳荷 5 s，然后以同样速度卸荷，卸荷后用该粒级的下限筛（如粒级为 4.75～2.36 mm 时，则用下限筛孔径为 2.36 mm 的筛）进行筛分，称出试样的筛余量 G_1 和通过量 G_2，则第 i 单级砂样的压碎指标 Y_i 可按下式计算：

$$Y_i = \frac{G_2}{G_1 + G_2} \times 100\% \tag{4-5}$$

压碎指标越小，表示砂抵抗受压破坏的能力越强，砂越坚固。

5）表观密度、空隙率及碱-骨料反应

建筑工程中混凝土及其制品用砂中，砂的表观密度不小于 2 500 kg/m^3，空隙率不大于 44%。此外，经碱-骨料反应试验后，试件应无裂缝、酥裂、胶体外溢等现象，且在规定的试验龄期内其膨胀率应小于 0.10%。

6）含水状态和堆积密度

骨料的含水状态可分为干燥状态、气干状态、饱和面干状态和湿润状态四种，如图 4-11 所示，图中阴影部分表示含水。其中，干燥状态骨料的含水率等于或接近于零；气干状态的骨料表面干燥，内部孔隙中部分含水，其含水率与大气湿度相平衡，但含水未达到饱和；饱和面干状态的骨料，其内部孔隙含水达到饱和而表面干燥；湿润状态的骨料不仅内部孔隙含水达到饱和，表面还附着一部分自由水。

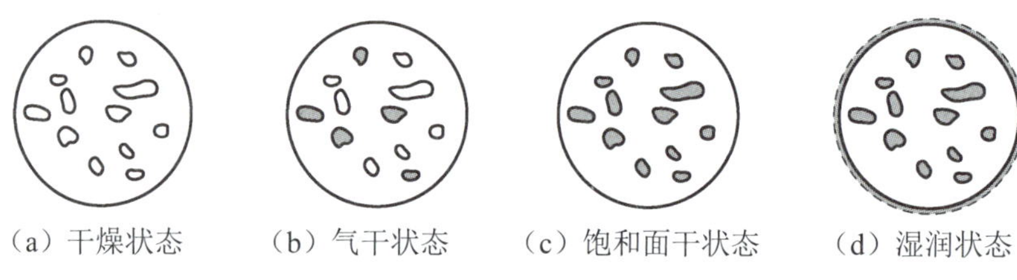

图 4-11　骨料的含水状态

计算普通混凝土配合比时，一般以干燥状态的骨料为基准，而一些大型水利工程常以饱和面干状态的骨料为基准。

骨料的含水状态常随外界气候条件变化而变化，尤其是细骨料含水率的变化更大，即使在同一料场的不同部位，骨料的含水状态也不一样。为保证混凝土质量的均匀性，在拌制混凝土时，必须经常测定骨料的含水率，并调整混凝土组成材料的用量比例。

细骨料的堆积密度和体积与其含水状态关系极大。对于潮湿的砂，由于其颗粒表面存

在吸附水膜，因此砂粒互相黏附，导致其结构疏松，体积显著增加。一般当砂的含水率为 5%～8%时，其堆积密度最小而体积最大，这种现象称为湿胀。

当砂的含水率继续增大，砂表面水膜不断增厚，使水的自重超过砂粒表面的吸附力而发生流动，并迁移至砂粒间的空隙中去，此时砂粒相互间不能黏附，其流动性重新恢复，所以体积反而缩小。当含水率为 20%左右时，湿砂的体积与干砂相近。含水率继续增加，颗粒互相挤紧，湿砂的体积小于干砂，如图 4-12 所示。

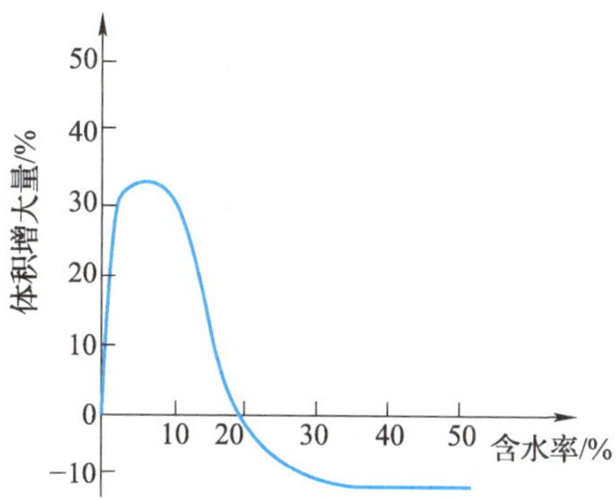

图 4-12　砂的体积增大量与含水率的关系

由此可见，砂的用量应以重量来控制较为准确。此外，在配制混凝土或丈量砂方时，应特别注意砂的含水情况。

2. 粗骨料

普通混凝土常用的粗骨料有卵石（砾石）和碎石。卵石是由自然风化、水流搬运和分选、堆积形成的粒径大于 4.75 mm 的岩石颗粒，按其产源可分为河卵石、海卵石、山卵石等几种，其中河卵石应用较多。碎石是由天然岩石、卵石或矿山废石经机械破碎、筛分制成的粒径大于 4.75 mm 的岩石颗粒。

国家标准《建设用卵石、碎石》（GB/T 14685—2022）中规定，根据卵石和碎石的技术要求不同，粗骨料可分为 I，II，III三个类别，并对其提出了以下几个主要技术要求。

1）有害杂质、泥及泥块含量

粗骨料中常含有一些有害杂质，如硫化物、硫酸盐、氯化物和有机物等，它们的危害作用与其在细骨料中的危害相同，这些有害杂质、泥及泥块的含量要求，读者可查阅国家标准《建设用卵石、碎石》（GB/T 14685—2022）。

2）强度

为保证混凝土的强度要求，粗骨料必须具有足够的强度。卵石和碎石的强度可通过岩石抗压强度和压碎指标来衡量，其测量方法如下。

（1）**岩石抗压强度的测量**：将轧制碎石的母岩制成边长为 5 cm 的立方体（或直径与高均为 5 cm 的圆柱体）试件，在水饱和状态下浸泡 48 h 后取出并擦干其表面，然后将其放在压力机上测量极限抗压强度。火成岩的抗压强度应不小于 80 MPa，变质岩应不小于 60 MPa，水成岩应不小于 30 MPa。

（2）压碎指标的测量：在气干状态下，将粒径为 9.50～19.0 mm 的一定质量的石 G_1 装入一标准圆筒内，并将其放在压力机上以 1 kN/s 的速度均匀为其加荷至 200 kN 并稳荷 5 s，然后卸荷，用孔径为 2.36 mm 的筛筛除被压碎的细粒，称出留在筛上试样的质量 G_2，则压碎指标 Q_e 为

$$Q_e = \frac{G_1 - G_2}{G_1} \times 100\% \tag{4-6}$$

压碎指标 Q_e 值愈小，表示粗骨料抵抗压碎破坏的能力愈强。建筑工程中水泥混凝土及其制品中，卵石和碎石的压碎指标如表 4-16 所示。

表 4-16　卵石和碎石的压碎指标（摘自 GB/T 14685—2022）

类　别	I	II	III
碎石压碎指标/%	≤ 10	≤ 20	≤ 30
卵石压碎指标/%	≤ 12	≤ 14	≤ 16

经验传承

压碎指标的测量简单方便，通常通过压碎指标来衡量卵石和碎石的强度，但在对粗骨料抗压强度要求严格，或对所选用的石场及质量有争议时，宜通过抗压强度来衡量其强度。

3）颗粒形状及表面特征

为提高混凝土强度和减小骨料间的空隙，粗骨料比较理想的颗粒形状应是尺寸相等或相近的球形或立方体形颗粒，这是因为针、片状颗粒不仅本身受力时容易折断，影响混凝土的强度，而且会增大骨料的空隙，使混凝土拌和物的和易性变差。

若卵石、碎石颗粒的长度，大于该颗粒所属相应粒级平均粒径的 2.4 倍，则其为针状颗粒；若卵石、碎石颗粒的厚度小于平均粒径的 0.4 倍，则其为片状颗粒。卵石、碎石的针、片状颗粒的含量应符合表 4-17 的要求。

表 4-17　针、片状颗粒的含量要求（摘自 GB/T 14685—2022）

类　别	I	II	III
针、片状颗粒总质量（质量分数）/%	≤ 5	≤ 8	≤ 15

粗骨料表面特征主要是指粗骨料表面的粗糙程度及孔隙特征等，它主要影响粗骨料与水泥之间的黏结能力，进而影响混凝土的强度。碎石表面粗糙，且其孔隙能被水泥浆填充，所以它与水泥的黏结能力较强；卵石表面光滑且棱角少，与水泥的黏结能力较差，但拌和

时其和易性较好。在相同条件下，碎石混凝土比卵石混凝土的强度高 10%左右。

4）最大粒径及颗粒级配

（1）最大粒径。

粗骨料公称粒级的上限称为该粒级的最大粒径，用 D_{max} 表示。重量一定的粗骨料，其粒径越大，孔隙率和表面积越小，因而包裹其表面所需的水泥浆量越少。实践证明，当 D_{max} 在 80～150 mm 或以下变动时，D_{max} 增大，水泥用量显著减少，节约水泥效果明显；当 D_{max} 超过 150 mm 时，D_{max} 增大，水泥用量不再显著减少。

此外，对于水泥用量较少的中、低强度混凝土，当 D_{max} 增大时，混凝土的强度也增大；对于水泥用量较多的高强混凝土，当 D_{max} 由 20 mm 增至 40 mm 时，混凝土的强度增大，但当 D_{max} 超过 40 mm 时并没有好处。这是因为 D_{max} 增大时，因水泥用量减少而造成的黏结面积减小，以及大粒径骨料造成的不均匀性，对混凝土都有不利影响。

（2）颗粒级配。

与细骨料相同，粗骨料也要求有良好的颗粒级配，以减小空隙率，增强密实性，并在保证混凝土拌和物的和易性及强度的前提下节约水泥用量。配制高强混凝土时，粗骨料颗粒级配尤其重要。

粗骨料的颗粒级配有连续级配和间断级配（单粒粒级）两种。

连续级配是指从最大粒径开始，由大到小各粒级相连，每一粒级都占有适当的比例。这种颗粒级配的混凝土拌和物和易性好，不易发生离析，在工程中被广泛采用。

间断级配是指粒级不相连，即抽去中间某一级或两级。若人为抽去某些中间粒级颗粒，则大颗粒的空隙由比它小得多的颗粒去填充，故空隙率小，节约水泥用量。但间断级配容易使混凝土拌和物产生离析现象，增加施工困难，因此工程中应用较少。

依据国家标准《建设用卵石、碎石》（GB/T 14685—2022），粗骨料的颗粒级配可通过筛析试验来确定，其标准筛的孔径有表 4-18 所示的 12 种，普通混凝土中卵石及碎石的颗粒级配范围应符合该表中的规定。分计筛余百分率及累计筛余百分率的计算方法与砂相同。

表 4-18　卵石、碎石的颗粒级配（摘自 GB/T 14685—2022）

公称粒级/mm		累计筛余/%											
		方孔筛/mm											
		2.36	4.75	9.50	16.0	19.0	26.5	31.5	37.5	53.0	63.0	75.0	90
连续粒级	5～16	95～100	85～100	30～60	0～10	0	—	—	—	—	—	—	—
	5～20	95～100	90～100	40～80	—	0～10	0	—	—	—	—	—	—
	5～25	95～100	90～100	—	30～70	—	0～5	0	—	—	—	—	—
	5～31.5	95～100	90～100	70～90	—	15～45	—	0～5	0	—	—	—	—
	5～40	—	95～100	70～90	—	30～65	—	—	0～5	0	—	—	—

（续表）

公称粒级/mm		累计筛余/%											
		方孔筛/mm											
		2.36	4.75	9.50	16.0	19.0	26.5	31.5	37.5	53.0	63.0	75.0	90
单粒粒级	5～10	95～100	80～100	0～15	0	—	—	—	—	—	—	—	—
	10～16	—	95～100	80～100	0～15	0	—	—	—	—	—	—	—
	10～20	—	95～100	85～100	—	0～15	0	—	—	—	—	—	—
	16～25	—	—	95～100	55～70	25～40	0～10	0	—	—	—	—	—
	16～31.5	—	95～100	—	85～100	—	—	0～10	0	—	—	—	—
	20～40	—	—	95～100	—	80～100	—	—	0～10	0	—	—	—
	25～31.5	—	—	—	95～100	—	80～100	0～10	0	—	—	—	—
	40～80	—	—	—	—	95～100	—	—	70～100	—	30～60	0～10	0

注：“—”表示该孔径的颗粒级配不做要求，“0”表示该孔径的颗粒级配为0。

5）坚固性

当粗骨料由于干湿循环或冻融交替等风化作用，发生体积变化而导致混凝土被破坏时，可认为其坚固性不良。实践发现，由某些页岩、砂岩等配制的混凝土较易遭受冰冻及粗骨料内盐类结晶的破坏。密实性好、强度高、吸水率小的粗骨料，其坚固性较好；而结构疏松、矿物成分较复杂且不均匀的粗骨料，其坚固性较差。

国家标准《建设用卵石、碎石》（GB/T 14685—2022）规定，采用硫酸钠溶液法检测粗骨料的坚固性。建筑用卵石和碎石的坚固性指标，读者可查阅该标准。

6）表观密度、堆积密度、空隙率、吸水率及碱-骨料反应

建设用卵石、碎石的表观密度不小于2 600 kg/m^3，连续级配堆积密度、空隙率、吸水率和碱-骨料反应的要求，读者可查阅国家标准《建设用卵石、碎石》（GB/T 14685—2022）。

4.3.3 拌制及养护用水的技术要求

水是混凝土的主要组分之一，混凝土用水应符合行业标准《混凝土用水标准》（JGJ 63—2006）中各项技术指标的规定。

拌制混凝土所用水，应满足以下要求。

（1）不影响混凝土的凝结和硬化。

（2）不破坏混凝土的强度发展及耐久性。

（3）不加快钢筋锈蚀。

（4）不引起预应力钢筋脆断。

（5）不污染混凝土表面。

一般情况下，凡可饮用的水，均可用于拌制和养护混凝土。未经处理的工业废水、污水及沼泽水，则不能直接作为混凝土用水。

值得注意的是，在缺乏淡水的地区，素混凝土允许使用海水拌制，但应加强对混凝土强度的检验，以符合设计要求。由于海水中含有较多硫酸盐和氯盐，影响混凝土的耐久性，并加速混凝土中钢筋的锈蚀，因此不得采用海水拌制钢筋混凝土和预应力混凝土。另外，也不得采用海水拌制有饰面要求的混凝土，以免因表面产生盐析而影响装饰效果。

生活污水的水质比较复杂，不能用于拌制混凝土。

对拌制及养护混凝土的用水水质有怀疑时，应将待检验水与蒸馏水分别做水泥凝结时间和砂浆（或混凝土）强度的对比试验。如果试验测得的水泥初凝时间差和终凝时间差均不超过 30 min，且其初凝及终凝时间符合国家水泥标准的规定，同时被检验水样配制的水泥胶砂 3 d 和 28 d 强度均不低于饮用水配制的水泥胶砂 3 d 和 28 d 强度的 90%，则该水可作为拌制及养护混凝土用水，否则，不能使用该水。

4.3.4　矿物掺合料的选用

为了节约水泥用量，改善混凝土的性能，在混凝土拌制时掺入的掺量大于水泥质量 5%的矿物粉末，称为混凝土的矿物掺合料。常用的混凝土矿物掺合料有粉煤灰、粒化高炉矿渣、硅灰、沸石粉及其他工业废料，尤其是磨细 I 级粉煤灰、硅灰和磨细粒化高炉矿渣的应用最为广泛。

1. 粉煤灰

粉煤灰是从燃煤热电厂的煤粉炉中排出的烟气中收集到的颗粒粉末。我国火电厂粉煤灰的主要氧化物有 SiO_2，Al_2O_3，Fe_2O_3，CaO，MgO，SO_3，Na_2O，K_2O，FeO 等。

根据粉煤灰的化学特征、几何特征和物理特征，可将粉煤灰在水泥混凝土中的作用与机理归结为以下 3 方面。

1）形态效应

通过显微镜可以看到，粉煤灰中含有 70%以上的玻璃微珠，玻璃微珠粒形完整，表面光滑，质地致密。这种形态对混凝土而言，无疑能起到减水、致密和匀质作用，促进初期水泥水化的解絮作用，改变混凝土拌和物的流变性质、初始结构以及硬化后的多种性能，尤其对泵送混凝土，能起到良好的润滑作用。所谓解絮作用，是指水泥之间易形成絮状结构，而粉煤灰有解开絮状结构的作用。

2）活性效应

粉煤灰的化学成分中含有大量活性 SiO_2 和 Al_2O_3，在潮湿的环境中能与 $Ca(OH)_2$ 等碱性物质发生反应，生成水化硅酸钙、水化铝酸钙等胶凝物质，从而堵塞混凝土中毛细组织，提高混凝土的强度和抗腐蚀能力。

3）微骨料效应

粉煤灰中粒径很小的微珠和碎屑，在水泥石中可充当未水化的水泥颗粒，极细小的微珠还可充当活泼的纳米材料，能明显提升混凝土及粉煤灰制品的结构强度，提高其匀质性和致密性。

在上述粉煤灰作用的 3 大效应中，形态效应是物理效应，活性效应是化学效应，而微骨料效应既有物理效应又有化学效应。这 3 种效应相互关联，互为补充。粉煤灰的品质越高，效应越大。因此，在应用粉煤灰时，应根据水泥和混凝土的特点及要求，选用适宜和适量的粉煤灰。

用于混凝土中的粉煤灰，按质量指标可分为Ⅰ，Ⅱ，Ⅲ三个等级，如表 4-19 所示。商品混凝土中多采用Ⅰ级和Ⅱ级粉煤灰。

表 4-19　拌制混凝土用粉煤灰的质量指标等级（摘自 GB/T 1596—2017）

等　级	细度（45 μm 方孔筛筛余）/%	烧失量/%	需水量比/%	SO_3 /%
Ⅰ	≤ 12.0	≤ 5.0	≤ 95	≤ 3.0
Ⅱ	≤ 30.0	≤ 8.0	≤ 105	≤ 3.0
Ⅲ	≤ 45.0	≤ 10.0	≤ 115	≤ 3.0

注：代替细骨料或用以改善和易性的粉煤灰可不受此规定的限制。

2. 硅灰

硅灰是硅铁合金厂和硅单质厂在冶炼时通过收尘装置收集的随气体从烟道排出的极细粉末。硅灰的外观为青灰色或灰白色，耐火度大于 1 600℃，其主要化学组成是 SiO_2，此外还含有极少量的氧化铁、氧化钙等。

硅灰颗粒主要为非晶态的球形颗粒，颗粒表面较为光滑。硅灰颗粒主要是粒径 0.5 μm 以下的颗粒，平均粒径大约为 0.1～0.2 μm，远比水泥和粉煤灰颗粒小得多，一般采用比表面积表示细度。硅灰的比表面积约为水泥的 80～100 倍，约为粉煤灰的 50～70 倍。

硅灰属于火山灰质材料，其在混凝土中的主要作用有以下几点。

（1）显著提高混凝土的抗压、抗折、抗渗、防腐、抗冲击及耐磨性能。

（2）具有保水、防止离析与泌水、大幅降低混凝土泵送阻力的作用。

（3）显著延长混凝土的使用寿命，特别是在氯盐侵蚀、硫酸盐侵蚀、高湿度等恶劣环境下，可使混凝土的耐久性提高一倍甚至数倍。

此外，硅灰是高强混凝土和高性能混凝土中必不可少的成分，在强度等级 C100 以上的混凝土中应用较多。

3. 粒化高炉矿渣粉

在高炉中冶炼生铁时，所得到的以硅酸盐与硅铝酸盐为主要成分的熔融物，经淬冷成粒后成为粒化高炉矿渣。粒化高炉矿渣经超细粉磨即为粒化高炉矿渣粉（简称矿渣粉）。矿渣粉常作为超细微粒矿物掺合料，来配制高强、超高强混凝土。

矿渣粉具有很高的活性，可以弥补硅粉资源的不足，满足配制不同性能要求的高性能混凝土的需求。掺入矿渣粉的混凝土，具有以下几个特点。

（1）生产矿渣硅酸盐水泥时，可用矿渣粉取代部分硅酸盐水泥熟料，从而有效降低水泥的成本，增加产量，扩大水泥的使用范围。

（2）所配制出的混凝土干缩率大大减小，抗冻和抗渗性能提高，耐久性也显著提高。

（3）混凝土拌和物的和易性明显改善，可配制出流动性好且不离析的泵送混凝土。

（4）矿渣粉和粉煤灰双掺，对混凝土后期强度发展具有增强作用，还可提高混凝土的耐久性。

知识链接

国家标准《用于水泥、砂浆和混凝土中的粒化高炉矿渣粉》(GB/T 18046—2017)中，对矿渣粉的技术要求有密度、比表面积、活性指数、流动度比、初凝时间比和含水量等，各指标的具体参数可查阅该标准。

矿渣粉的生产成本低于水泥，使用它作为混凝土的矿物掺合料可以获得显著的经济效益。根据国内外经验，使用矿渣粉配制高强或超高强混凝土是行之有效的、比较经济实用的技术途径，是当今混凝土技术发展的趋势之一。

4.3.5 外加剂的选用

混凝土外加剂，是指在混凝土拌和过程中掺入的用以改善混凝土性能的物质。除特殊情况外，外加剂掺量一般不超过水泥用量的 5%。

外加剂的使用是混凝土技术的重大突破。随着混凝土工程技术的发展，对混凝土性能提出了许多新的要求。例如，对泵送混凝土，要求其具有高的流动性；冬季施工，要求混凝土具有高的早期强度；对高层建筑和海洋结构，要求混凝土具有高强度、高耐久性。这些性能的实现，离不开高性能外加剂。目前，不少国家使用掺外加剂的混凝土已占混凝土总用量的 60%～90%。因此，外加剂逐渐成为混凝土的主要成分。

1. 混凝土外加剂的分类

混凝土外加剂的种类繁多。根据国家标准，根据其主要功能不同，混凝土外加剂通常可分为以下四类。

（1）改善混凝土拌和物流动性的外加剂，如各种减水剂、泵送剂、引气剂等。

（2）调节混凝土凝结时间和硬化性能的外加剂，如早强剂、缓凝剂、速凝剂等。

（3）改善混凝土耐久性的外加剂，如引气剂、防水剂、防冻剂和阻锈剂等。

（4）改善混凝土其他特殊性能的外加剂，如保水剂、缩减剂、膨胀剂、防冻剂、着色剂等。

2. 常用混凝土外加剂

1）减水剂

能保持混凝土工作性能不变而显著减少其拌和水量的外加剂称为减水剂。根据其作用效果及功能情况不同，减水剂可分为普通减水剂、高效减水剂、早强减水剂、缓凝减水剂、缓凝高效减水剂及引气减水剂等。

（1）减水剂的使用效果。

在混凝土中加入减水剂后，一般可取得以下效果。

① 改善流动性。减水剂多为表面活性物质，这些表面活性物质加入水泥浆后，定向吸附在水泥颗粒表面，加大了水泥颗粒间的静电斥力，使水泥颗粒充分分散。泵送混凝土或其他流动性好的混凝土均应掺入高效减水剂。

② 提高混凝土强度。在保持流动性及水泥用量不变的条件下，可减少拌和水量 10%～15%，从而降低水灰比，使混凝土强度提高 15%～20%，特别是早期强度提高更为显著。掺入高效减水剂是制备早强、高强、高性能混凝土的技术措施之一。

③ 节约水泥用量。在保持流动性及水灰比不变的条件下，可在减少拌和水量的同时减少水泥用量，即在保持混凝土强度不变时，可节约水泥用量 10%～15%，有利于降低工程成本。

④ 改善混凝土的耐久性。由于减水剂的掺入，显著降低了混凝土的孔隙率，使混凝土的密实度提高，透水性降低，从而可提高其抗渗性和抗冻性。

此外，掺用减水剂后，还可以改善混凝土拌和物的泌水、离析现象，延缓混凝土拌和物的凝结时间，减慢水泥水化放热速度，防止因内外温差大而引起的裂缝现象。

（2）常用减水剂。

减水剂种类很多，常用的有木质素磺酸盐系减水剂、萘磺酸盐系减水剂、水溶性树脂类减水剂和聚羧酸高性能减水剂等。

① 木质素磺酸盐系减水剂。

木质素磺酸盐系减水剂包括木质素磺酸钙（木钙）、木质素磺酸钠（木钠）、木质素醋酸镁（木镁）等几种类型的减水剂。其中，木钙减水剂（又称 M 型减水剂）使用较多。

木钙减水剂的适宜掺量一般为水泥质量的 0.2%～0.3%。木钙减水剂对混凝土有缓凝作用，一般缓凝 1～3 h。如果掺量较多或在低温下，其缓凝作用更为显著，而且还可能使混凝土强度降低，使用时应注意。

木钙减水剂可用于一般混凝土工程，尤其适用于大体积浇筑、滑模施工、泵送混凝土及夏季施工等。木钙减水剂不宜单独用于冬季施工，在日最低气温低于 5℃时，应与早强剂或防冻剂复合使用。木钙减水剂也不宜单独用于蒸养混凝土。

② 萘磺酸盐系减水剂。

萘磺酸盐系减水剂（萘系减水剂）是用萘或萘的同系物经磺化和甲醛缩合而成，一般呈棕色粉末。

萘系减水剂的适宜掺量为水泥质量的 0.5%～1.0%，减水率为 10%～25%，混凝土 28 d 强度提高 20%以上。在保持混凝土强度和坍落度相近时，可节约水泥用量 10%～20%。掺入萘系减水剂后，混凝土的其他力学性能以及抗渗性、耐久性等均有所改善，且对钢筋无锈蚀作用。

萘系减水剂的减水增强效果好，对不同品种水泥的适应性较强，适用于配制早强、高强、流态、蒸养混凝土，也适用于最低气温 0℃以上施工的混凝土，低于此温时宜与早强剂复合使用。

③ 水溶性树脂类减水剂。

水溶性树脂类减水剂是以一些水溶性树脂（如三聚氰胺树脂、古玛隆树脂等）为主要原料制成的减水剂。这类减水剂增强效果显著，为高效减水剂，有“减水剂之王”之称。

技术前沿

我国生产的有 SM 高效减水剂。SM 高效减水剂掺量为水泥质量的 0.5%～2.0%，SM 高效减水剂减水率为 15%～27%，混凝土 3 d 强度提高 30%～100%，28 d 强度可提高 20%～30%。同时，能提高混凝土的抗渗性和抗冻性，但其价格昂贵，适于配制高强、早强、流态及蒸养混凝土等。

④ 聚羧酸高性能减水剂。

聚羧酸高性能减水剂是由含有羧基的不饱和单体和其他单体共聚而成，使混凝土在减水、保坍、增强、收缩及环保等方面具有优良性能的系列减水剂。掺有聚羧酸高性能减水剂的混凝土，其强度增长十分明显。

与传统高效减水剂相比，聚羧酸高性能减水剂生产工艺简单，生产过程中不涉及甲醛、苯酚等有毒物质，也不涉及硫酸等强腐蚀性物质，对环境无污染。萘系减水剂与聚羧酸高性能减水剂性能对比如表 4-20 所示。

表 4-20 萘系减水剂与聚羧酸高性能减水剂性能对比

高效减水剂种类	萘系减水剂	聚羧酸高性能减水剂
掺　量	0.5%～1.0%	0.1%～0.4%
减水率	10%～25%	最高可达 45%

（续表）

保坍性能	坍损大	90 min 基本不坍损
强度变化	120%～145%	140%～250%
收缩变化	120%～135%	80%～90%
环保特性	污染环境	清洁无污染
结构可调性	不可调	可调性大，高性能化潜力大

2）早强剂

早强剂是加速混凝土早期强度发展，并对后期强度无显著影响的外加剂。早强剂能加速水泥的水化和硬化，缩短养护期，从而达到尽早拆模、提高模板周转率、加快施工速度的目的。早强剂可以在常温、低温和负温（不低于 –5℃）条件下加速混凝土的硬化过程，多用于冬季施工和抢修工程。

早强剂主要有无机盐类（氯盐类、硫酸盐类）、有机胺类及有机–无机的复合物三大类。

（1）氯盐类早强剂。

氯盐类早强剂主要是氯化钙。氯化钙可加速水泥的凝结硬化，因此又称促凝剂。氯化钙促进混凝土早强的机理是：$CaCl_2$ 不仅能与水泥中的 C_3A 作用，生成几乎不溶于水的水化氯铝酸钙（$3CaO \cdot Al_2O_3 \cdot 3CaCl_2 \cdot 32H_2O$），还能与水泥中的 $Ca(OH)_2$ 反应生成溶解度极小的氧氯化钙［$3CaCl_2 \cdot 3Ca(OH)_2 \cdot 12H_2O$］。由于水化氯铝酸钙和氧氯化钙固相早期析出，从而加速水泥浆的形成。同时，由于水泥浆中 $Ca(OH)_2$ 浓度降低，有利于 C_3A 水化反应的进行，因此混凝土早期强度得以提高。

氯化钙的掺量一般为水泥质量的 0.5%～1%，混凝土 3 d 强度可提高 40%～100%，7 d 强度可提高 25%。氯化钙早强剂的缺点是溶液中存在 Cl^-，易使钢筋锈蚀，为了抑制氯化钙对钢筋的锈蚀作用，常将氯化钙与阻锈剂亚硝酸钠复合使用。

（2）硫酸盐类早强剂。

硫酸盐类早强剂主要有硫酸钠、硫代硫酸钠、硫酸钙、硫酸铝、硫酸铝钾等，其中硫酸钠应用较多。

硫酸钠分无水硫酸钠（白色粉末）和有水硫酸钠（白色晶粒）。硫酸钠的适宜掺量为水泥质量的 0.5%～2%，当掺量为 1%～1.5%时，可将混凝土达到 70%设计强度的时间缩短一半左右。

硫酸钠对钢筋无锈蚀作用，适用于不允许掺用氯盐的混凝土。但为了防止它与 $Ca(OH)_2$ 作用生成强碱 NaOH 这一“碱–骨料反应”，硫酸钠严禁用于含有活性骨料的混凝土。此外，硫酸钠不得用于与镀锌钢材或铝铁相接触部位的混凝土、无防护措施的外露钢筋预埋件、使用电气化运输设施的钢筋混凝土结构，以及使用直流电源的工厂。

硫酸钠早强剂应注意不能超量掺加，以免导致混凝土后期膨胀开裂，或使混凝土表面

产生“白霜”现象。硫酸钠掺量限值如表 4-21 所示。

表 4-21 硫酸钠掺量限值

混凝土种类	使用环境	掺量限值（胶凝材料质量百分数）/%
预应力混凝土	干燥环境	≤1.0
钢筋混凝土	干燥环境	≤2.0
	潮湿环境	≤1.5
有饰面要求的混凝土	—	≤0.8
素混凝土	—	≤3.0

（3）有机胺类早强剂。

有机胺类早强剂主要有三乙醇胺、三异丙醇胺等，其中以三乙醇胺的早强效果最佳。三乙醇胺不改变水泥水化生成物，但能加速水泥水化速度，在水泥水化过程中起催化作用。

三乙醇胺为无色或淡黄色油状液体，呈碱性，能溶于水，无毒，不燃。三乙醇胺掺量极少，一般掺量为水泥质量的 0.02%～0.05%。如果掺量过多，会造成混凝土严重缓凝和混凝土后期强度下降，掺量越大，混凝土的强度下降越大，故应严格控制三乙醇胺的掺量。

三乙醇胺单独使用时，早强效果不明显，若与其他外加剂（如氯化钠、氯化钙、硫酸钠等）复合使用，效果更加显著，故一般复合使用。

3）缓凝剂

缓凝剂是指能延缓混凝土凝结时间，并对混凝土后期强度发展无不利影响的外加剂。缓凝剂主要有以下五类。

（1）糖类，如糖蜜。

（2）木质素磺酸盐类，如木钙、木钠。

（3）羟基羧酸及其盐类，如柠檬酸、酒石酸。

（4）无机盐类，如锌盐、硼酸盐。

（5）其他，如胺盐及其衍生物、纤维素醚。

常用的缓凝剂是木钙和糖蜜，其中糖蜜的缓凝效果最好。

糖蜜是制糖下脚料经石灰处理而成的，属于表面活性剂，掺入混凝土拌和物中可吸附在水泥颗粒表面，形成同种电荷的亲水膜，使水泥颗粒相互排斥，并阻碍水泥水化，从而起到缓凝作用。糖蜜的适宜掺量为 0.1%～0.3%，混凝土凝结时间可延长 2～4 h，掺量每增加 0.1%，可延长 1 h。掺量如大于 1%，会使混凝土长期酥松不硬，强度严重下降。

缓凝剂具有缓凝、减水、降低水化热和增强作用，对钢筋也无锈蚀作用，主要适用于大体积混凝土和用于在炎热气候下施工的混凝土、泵送混凝土、用于滑模施工的混凝土，以及需要长时间停放或长距离运输的混凝土。缓凝剂不宜用于在日最低气温 5℃以下的条件下施工的混凝土，也不宜单独用于有早强要求的混凝土及蒸养混凝土。

4）引气剂

引气剂是指在混凝土搅拌过程中，能引入大量分布均匀的微小气泡，以减少混凝土拌和物的泌水和离析，改善和易性，并能显著提高硬化混凝土的抗冻性和耐久性的外加剂。目前，应用较多的引气剂为松香热聚物、松香皂、烷基苯磺酸盐等。

松香热聚物是松香与苯酚、硫酸、氢氧化钠以一定配比经加热缩聚而成的，其适宜掺量为水泥质量的0.005%～0.02%，使混凝土的含气量为3%～5%，减水率为8%左右。

引气剂属憎水性表面活性剂，其表面活性作用类似减水剂，区别在于减水剂的活性作用主要发生在液—固界面，而引气剂的活性作用主要发生在气—液界面。引气剂可用于抗渗混凝土、抗冻混凝土、抗硫酸盐侵蚀混凝土、泌水严重的混凝土、贫混凝土、轻混凝土，以及对饰面有要求的混凝土等，但不宜用于蒸养混凝土及预应力混凝土。

5）防冻剂

防冻剂是能使混凝土在负温下硬化，并在规定养护条件下达到预期防冻强度的外加剂。我国常用的防冻剂是由各组分复合而成的，其主要组分有防冻组分、早强组分、减水组分、引气组分等。

防冻组分可以是氯盐类、氯盐阻锈类和无氯盐类。① 氯盐类常为氯化钠与氯化钙的复合物，其含量为$NaCl:CaCl_2=1:2$，适用于无筋混凝土。② 氯盐阻锈类常为氯盐与阻锈剂的复合物，可用于钢筋混凝土，阻锈剂广泛采用亚硝酸钠。③ 无氯盐类包括硝酸盐、亚硝酸盐、碳酸盐、尿素等，可用于钢筋混凝土工程和预应力钢筋混凝土工程。

此外，硝酸盐、亚硝酸盐、碳酸盐易引起钢筋的应力腐蚀，故不适用于预应力混凝土以及与镀锌钢材相接触部位的混凝土。含有六价铬盐、亚硝酸盐等有毒成分的防冻剂，严禁用于饮水工程及与仪器接触部位的混凝土。

不同类别的防冻剂性能具有差异，合理的选用十分重要。防冻剂的掺量应根据施工环境温度，通过试验确定。目前，国产防冻剂品种适用于－20～0℃的气温，当在更低气温下施工时，应增加其他混凝土冬季施工措施，如暖棚法、原料（砂、石、水）预热法等。

6）速凝剂

速凝剂是指能使混凝土迅速凝结硬化的外加剂。速凝剂主要有无机盐类和有机物类两种。我国常用的速凝剂是无机盐类，主要有红星Ⅰ型、711型、728型、8604型等。在满足施工要求的前提下，以最小掺量为宜。

速凝剂掺入混凝土后，能使混凝土在5 min内初凝，10 min内终凝，1 h后就能产生强度，1 d强度提高2～3倍，但后期强度会下降，28 d强度约为不掺时的80%～90%。

速凝剂主要用于矿山井巷、铁路隧道、引水涵洞、地下工程中的混凝土，以及喷锚支护时的喷射混凝土。

7）减缩剂

混凝土很大的一个缺点是在干燥条件下产生收缩，这种收缩导致了硬化混凝土的开裂

和其他缺陷的形成和发展，使混凝土的使用寿命大大下降。在混凝土中加入减缩剂，能大大降低混凝土的干燥收缩，一般能使混凝土的 28 d 强度的收缩值减少 50%～80%，最终收缩值减少 25%～50%。

减缩剂减少混凝土收缩的机理主要是能降低混凝土中的毛细管张力。从本质上讲，减缩剂是表面活性物质，有些种类的减缩剂还是表面活性剂。当混凝土干燥时，混凝土的毛细管中会形成毛细管张力而使混凝土收缩，减缩剂可使毛细管张力下降，从而使得混凝土的宏观收缩值降低。

8）膨胀剂

膨胀剂是能使混凝土产生一定体积膨胀的外加剂。工程中常用的膨胀剂有硫铝酸钙类、硫铝酸钙—氧化钙类、氧化钙类等。

硫铝酸钙类膨胀剂加入混凝土后，膨胀剂组分参与水泥矿物的水化或与水泥水化产物反应，生成钙矾石，使混凝土固相体积增加，从而导致其体积膨胀。氧化钙类膨胀剂的膨胀主要由氧化钙晶体水化生成氢氧化钙晶体时的体积增大所致。

膨胀剂主要用来补偿收缩混凝土，适用于自应力混凝土、填充混凝土和有较高抗裂防渗要求的混凝土工程。膨胀剂的掺量与应用对象和水泥及矿物掺合料的活性有关，一般为水泥、矿物掺合料和膨胀剂总量的 8%～25%，并应通过试验确定。使用膨胀剂的混凝土应加强养护（最好是水中养护）和限制膨胀变形，否则可能会出现更多裂缝。

3. 外加剂的掺入方法

外加剂的掺量很少，必须保证其均匀分散，一般不能直接加入混凝土搅拌机内。外加剂的掺入方法因外加剂不同而异，其效果也会因掺入方法不同而存在差异，操作时应严格按产品技术说明操作。

例如，减水剂有同掺法、后掺法和分掺法三种。同掺法为减水剂在混凝土搅拌时掺入；后掺法是搅拌好混凝土后间隔一定时间，然后再掺入；分掺法是一部分减水剂在混凝土搅拌时掺入，另一部分在搅拌好混凝土后间隔一段时间再掺入。

4. 外加剂的储存和运输

混凝土外加剂大多为表面活性物质或电解质盐类，具有较强的反应能力，敏感性较高，对混凝土性能影响较大，因此在储存和运输中应加强管理。

失效的、不合格的、长期存放的和质量未经明确的混凝土外加剂，应禁止使用；不同品种类别的外加剂应分别储存和运输；有毒性的外加剂必须单独存放，有专人管理；强氧化性外加剂必须进行密封储存，同时还必须注意储存期不得超过外加剂的有效期。此外，在储存和运输外加剂时，还应注意防潮和防水。

4.4 普通混凝土配合比设计

混凝土配合比是指混凝土中各组成材料的用量比例。混凝土的配合比不同，配制出的混凝土的质量、强度、耐久性等均不同。

4.4.1 配合比设计的基本要求

配合比设计的任务是根据原材料的技术性能和施工条件，确定出能满足工程所要求的技术经济指标的各组成材料用量。混凝土配合比设计的基本要求有以下几点。

（1）所配制的混凝土应均匀密实，在满足施工所要求的和易性条件下，应采用较少的用水量。

（2）所配制的混凝土应达到混凝土结构设计的强度等级。

（3）应具有与建筑相适应的耐久性，并满足特殊条件下的抗冻、抗渗、耐侵蚀、耐磨等要求。

（4）从经济性考虑，水泥用量在满足耐久性和施工和易性要求的条件下应尽量少一些。同理，粗骨料的最大粒径，在适应构件尺寸、钢筋间距和施工要求的条件下，应尽可能大一些。

知行合一

为了保证混凝土的质量，除了必须选择适宜的原材料和恰当的配合比外，还必须对施工过程中的各环节，如搅拌、浇筑、振捣、养护等加以严格控制。实际工程中，由于原材料、施工条件及试验条件等许多复杂因素的影响，必然造成混凝土质量的波动。引起混凝土质量波动的因素有很多，归纳起来可分为以下两种。

（1）正常因素又称偶然因素或随机因素，是指施工中不可避免的正常变化因素，如砂、石质量的波动，称量时的微小误差，操作人员技术上的微小差异等，这些因素是不可避免和不易克服的，属于正常波动。如果我们把注意力集中在解决这些问题上，对于提高混凝土质量的收效甚微。

（2）异常因素是指施工中出现的不正常情况，如搅拌混凝土时不控制水灰比而随意加水，混凝土组成材料称量错误等。这些因素对混凝土的质量影响很大，它们是可以避免的。

因此，在配制混凝土时应认真细致，避免异常因素的出现，提高混凝土的质量。

4.4.2 混凝土配合比设计前的基本工作

在设计混凝土配合比之前，必须通过调查研究，预先做好以下准备工作。

（1）了解工程设计要求的混凝土强度等级，以便确定所配制混凝土的强度。

（2）了解工程所处环境对混凝土耐久性的要求，以便确定所配制混凝土的最大水胶比和最小胶凝材料用量。

（3）了解结构构件的断面尺寸及钢筋配置情况，以便确定所配制混凝土骨料的最大粒径。

（4）了解混凝土施工方法及管理水平，以便确定所配制混凝土拌和物的坍落度及骨料的最大粒径。

（5）掌握原材料的性能指标，包括：水泥的品种、强度等级、密度；砂、石骨料的种类、表观密度、颗粒级配、最大粒径；拌和用水的水质情况；外加剂的品种、性能、适宜掺量。

此外，还需要了解混凝土配合比设计中，水胶比、单位用水量、矿物掺合料掺量、外加剂掺量和砂率等参数的概念。

4.4.3 配合比的设计方法

1. 配合比的计算

1）确定试配强度

（1）当混凝土的设计强度等级小于 C60 时，试配强度为

$$f_{cu,0} \geqslant f_{cu,k}+1.645\sigma \tag{4-7}$$

式中：

$f_{cu,0}$ ——混凝土试配强度（MPa）；

$f_{cu,k}$ ——混凝土立方体抗压强度标准值（MPa），这里取混凝土的设计强度等级值；

σ ——混凝土强度标准差（MPa）。

（2）当设计强度等级不小于 C60 时，试配强度为

$$f_{cu,0} \geqslant 1.15 f_{cu,k} \tag{4-8}$$

（3）混凝土强度标准差应按下列规定确定。

① 当具有近 1～3 个月的同一品种、同一强度等级混凝土的强度资料，且试件组数不小于 30 时，其混凝土强度标准差 σ 的计算公式为

$$\sigma=\sqrt{\frac{\sum_{i=1}^{n} f_{cu,i}^2-n\overline{f}_{cu}^2}{n-1}} \tag{4-9}$$

式中：

$f_{cu,i}$ ——第 i 组试件的强度值（MPa）；

$\overline{f}_{cu}$ ——n 组试件强度的平均值（MPa）；

n ——混凝土试件的组数。

经验传承

对于强度等级不大于 C30 的混凝土，当混凝土强度标准差计算值不小于 3.0 MPa 时，应按式（4-9）计算结果取值；当混凝土强度标准差计算值小于 3.0 MPa 时，应取 3.0 MPa。

对于强度等级大于 C30 且小于 C60 的混凝土，当混凝土强度标准差计算值不小于 4.0 MPa 时，应按式（4-9）计算结果取值；当混凝土强度标准差计算值小于 4.0 MPa 时，应取 4.0 MPa。

② 当没有近期的同一品种、同一强度等级混凝土的强度资料时，其强度标准差 σ 可按表 4-22 取值。

表 4-22　混凝土强度标准差 σ 取值（摘自 JGJ 55—2011）

混凝土强度标准值	≤C20	C25～C45	C50～C55
σ /MPa	4.0	5.0	6.0

2）确定水胶比

（1）当混凝土强度等级小于 C60 时，混凝土水胶比的计算公式为

$$W/B=\frac{\alpha_a\cdot f_b}{f_{cu,0}+\alpha_a\cdot\alpha_b\cdot f_b} \tag{4-10}$$

式中：

W/B ——混凝土水胶比；

f_b ——胶凝材料 28 d 胶砂的抗压强度（MPa），可通过试验测得，且试验方法应按现行国家标准《水泥胶砂强度检验方法（ISO 法）》（GB/T 17671—2021）执行，也可按式（4-11）确定；

α_a、α_b ——回归系数。

（2）当胶凝材料 28 d 胶砂的抗压强度值 f_b 无试验实测值时，f_b 的计算公式为

$$f_b=\gamma_f\gamma_s f_{ce} \tag{4-11}$$

式中：

γ_f、γ_s——粉煤灰影响系数和粒化高炉矿渣粉影响系数，可按表 4-23 选用；

f_{ce}——水泥 28 d 胶砂抗压强度（MPa），可通过试验测得，也可按式（4-12）确定。

表 4-23　粉煤灰影响系数（γ_f）和粒化高炉矿渣粉影响系数（γ_s）（摘自 JGJ 55—2011）

掺量/%	粉煤灰影响系数（γ_f）	粒化高炉矿渣粉影响系数（γ_s）
0	1.00	1.00
10	0.85～0.95	1.00
20	0.75～0.85	0.95～1.00
30	0.65～0.75	0.90～1.00
40	0.55～0.65	0.80～0.90
50	—	0.70～0.85

注：1. 采用 Ⅰ 级、Ⅱ 级粉煤灰宜取上限值。
2. 采用 S75 级粒化高炉矿渣粉宜取下限值，采用 S95 级粒化高炉矿渣粉宜取上限值，采用 S105 级粒化高炉矿渣粉可取上限值加 0.05。
3. 当超出表中的掺量时，粉煤灰和粒化高炉矿渣粉影响系数应经试验确定。

（3）当水泥 28 d 胶砂抗压强度 f_{ce} 无试验实测值时，f_{ce} 的计算公式为

$$f_{ce}=\gamma_c \cdot f_{ce,g} \tag{4-12}$$

式中：

γ_c——水泥强度等级值的富余系数，可按实际统计资料确定；当缺乏实际统计资料时，也可按表 4-24 选用；

$f_{ce,g}$——水泥强度等级值（MPa）。

表 4-24　水泥强度等级值的富余系数（γ_c）（摘自 JGJ 55—2011）

水泥强度等级值/MPa	32.5	42.5	52.5
富余系数	1.12	1.16	1.10

3）确定用水量

（1）当混凝土水胶比在 0.40～0.80 范围时，每立方米干硬性或塑性混凝土的用水量 m_{w0} 可按表 4-25 和 4-26 选取；当混凝土水胶比小于 0.40 时，可通过试验确定 m_{w0}。

表 4-25　干硬性混凝土的用水量（$kg \cdot m^{-3}$）（摘自 JGJ 55—2011）

混凝土拌和物稠度		卵石最大公称粒径/mm			碎石最大公称粒径/mm		
项　目	指　标	10.0	20.0	40.0	16.0	20.0	40.0
维勃稠度/s	16～20	175	160	145	180	170	155
	11～15	180	165	150	185	175	160
	5～10	185	170	155	190	180	165

表 4-26　塑性混凝土的用水量（$kg\cdot m^{-3}$）（摘自 JGJ 55—2011）

混凝土拌和物稠度		卵石最大公称粒径/mm				碎石最大公称粒径/mm			
项　目	指　标	10.0	20.0	31.5	40.0	16.0	20.0	31.5	40.0
坍落度/mm	10～30	190	170	160	150	200	185	175	165
	35～50	200	180	170	160	210	195	185	175
	55～70	210	190	180	170	220	205	195	185
	75～90	215	195	185	175	230	215	205	195

注：1. 本表用水量系采用中砂时的取值。采用细砂时，每立方米混凝土用水量可增加 5～10 kg；采用粗砂时，则可减少 5～10 kg。
2. 掺用外加剂或矿物掺合料时，用水量应相应调整。

（2）掺外加剂时，每立方米流动性或大流动性混凝土的用水量 m_{w0} 为

$$m_{w0}=m'_{w0}(1-\beta) \tag{4-13}$$

式中：

m_{w0}——计算配合比每立方米混凝土的用水量（kg/m^3）；

m'_{w0}——未掺外加剂时推定的满足实际坍落度要求的，每立方米混凝土的用水量（kg/m^3），以 90 mm 坍落度的用水量为基础，按每增大 20 mm 坍落度相应增加 5 kg/m^3 用水量来计算，当坍落度增大到 180 mm 以上时，随坍落度相应增加的用水量可减少；

β——外加剂的减水率（%），应经混凝土试验确定。

4）确定胶凝材料、矿物掺合料和水泥用量

（1）每立方米混凝土中，胶凝材料用量 m_{b0} 应按式（4-14）计算，并应进行试拌调整，在混凝土拌和物性能满足的情况下，取经济合理的胶凝材料用量。

$$m_{b0}=\frac{m_{w0}}{W/B} \tag{4-14}$$

式中：

m_{b0}——计算配合比每立方米混凝土胶凝材料用量（kg/m^3）。

（2）每立方米混凝土中，矿物掺合料用量 m_{f0} 为

$$m_{f0}=m_{b0}\beta_f \tag{4-15}$$

式中：

m_{f0}——计算配合比每立方米混凝土中矿物掺合料用量（kg/m^3）；

β_f——计算配合比矿物掺合料掺量（%），掺量应符合以下规定。

矿物掺合料在混凝土中的掺量应通过试验确定。采用硅酸盐水泥或普通硅酸盐水泥时，钢筋混凝土中矿物掺合料最大掺量宜符合表 4-27 中的规定，预应力混凝土中矿物掺合料最大掺量宜符合表 4-28 中的规定。对基础大体积混凝土，其粉煤灰、粒化高炉矿渣粉和

复合掺合料的最大掺量可增加 5%。采用掺量大于 30%的 C 类粉煤灰的混凝土，应以实际使用的水泥和粉煤灰掺量进行安定性检验。

表 4-27　钢筋混凝土中矿物掺合料最大掺量（摘自 JGJ 55—2011）

矿物掺合料种类	水胶比	最大掺量/%	
		采用硅酸盐水泥时	采用普通硅酸盐水泥时
粉煤灰	≤0.40	45	35
	>0.40	40	30
粒化高炉矿渣粉	≤0.40	65	55
	>0.40	55	45
钢渣粉	—	30	20
磷渣粉	—	30	20
硅灰	—	10	10
复合掺合料	≤0.40	65	55
	>0.40	55	45

注：1. 采用其他通用硅酸盐水泥时，宜将水泥混合材料掺量 20%以上的混合材料量计入矿物掺合料。
2. 复合掺合料各组分的掺量不宜超过单掺时的最大掺量。
3. 在混合使用两种或两种以上矿物掺合料时，矿物掺合料总掺量应符合表中复合掺合料的规定。

表 4-28　预应力混凝土中矿物掺合料最大掺量（摘自 JGJ 55—2011）

矿物掺合料种类	水胶比	最大掺量/%	
		采用硅酸盐水泥时	采用普通硅酸盐水泥时
粉煤灰	≤0.40	35	30
	>0.40	25	20
粒化高炉矿渣粉	≤0.40	55	45
	>0.40	45	35
钢渣粉	—	20	10
磷渣粉	—	20	10
硅灰	—	10	10
复合掺合料	≤0.40	55	45
	>0.40	45	35

注：同表 4-27。

（3）每立方米混凝土中，水泥用量 m_{c0} 应为

$$m_{c0} = m_{b0} - m_{f0} \tag{4-16}$$

式中：

m_{c0}——计算配合比每立方米混凝土中水泥用量（kg/m^3）。

5）确定外加剂用量

每立方米混凝土中，外加剂用量 m_{a0} 应为

$$m_{a0}=m_{b0}\beta_a \tag{4-17}$$

式中：

m_{a0} ——计算配合比每立方米混凝土中外加剂用量（kg/m^3）；

β_a ——计算配合比外加剂掺量（%），应经混凝土试验确定。

6）确定砂率

砂率 β_s 应根据骨料的技术指标、混凝土拌和物性能和施工要求，参考既有历史资料确定。当缺乏砂率的历史资料时，混凝土砂率的确定应符合下列规定。

（1）坍落度小于 10 mm 的混凝土，其砂率应经试验确定。

（2）坍落度为 10～60 mm 的混凝土，其砂率可根据粗骨料品种、最大公称粒径及水胶比按表 4-29 选取。

（3）坍落度大于 60 mm 的混凝土，其砂率可经试验确定，也可在表 4-29 的基础上，按坍落度每增大 20 mm、砂率增大 1%的幅度予以调整。

表 4-29　混凝土的砂率（%）（摘自 JGJ 55—2011）

水胶比	卵石最大公称粒径/mm			碎石最大公称粒径/mm		
	10.0	20.0	40.0	16.0	20.0	40.0
0.40	26～32	25～31	24～30	30～35	29～34	27～32
0.50	30～35	29～34	28～33	33～38	32～37	30～35
0.60	33～38	32～37	31～36	36～41	35～40	33～38
0.70	36～41	35～40	34～39	39～44	38～43	36～41

注：1. 本表数值系中砂的选用砂率，对细砂或粗砂可相应地减少或增大砂率。
2. 采用机制砂配制混凝土时，砂率可适当增大。
3. 只用一个单粒级粗骨料配制混凝土时，砂率应适当增大。

7）确定粗、细骨料的用量

粗、细骨料的用量可用质量法或体积法求得。

（1）质量法。

如果原材料情况比较稳定，所配制的混凝土拌和物的表观密度将接近一个固定值。因此，可先假设每立方米混凝土拌和物的质量值，故有

$$m_{cp}=m_{f0}+m_{c0}+m_{g0}+m_{s0}+m_{w0} \tag{4-18}$$

$$\beta_s=\frac{m_{s0}}{m_{g0}+m_{s0}}\times 100\% \tag{4-19}$$

式中：

m_{cp} ——每立方米混凝土拌和物的假定质量（kg），其值可取 2 350～2 450 kg/m^3；

m_{g0} ——计算配合比每立方米混凝土中粗骨料的计算用量（kg/m^3）；

m_{s0}——计算配合比每立方米混凝土中细骨料的计算用量（kg/m³）；

β_s——砂率（%）。

式（4-18）和（4-19）结合，即可求出 m_{g0} 和 m_{s0}。

（2）体积法。

假定混凝土拌和物的体积等于各组成材料的绝对密实体积和混凝土拌和物中所含空气体积之和。因此，在计算每立方米混凝土拌和物的各材料用量时，可列出

$$\frac{m_{c0}}{\rho_c}+\frac{m_{f0}}{\rho_f}+\frac{m_{g0}}{\rho_g}+\frac{m_{s0}}{\rho_s}+\frac{m_{w0}}{\rho_w}+0.01\alpha=1 \tag{4-20}$$

$$\beta_s=\frac{m_{s0}}{m_{g0}+m_{s0}}\times100\% \tag{4-21}$$

式中：

ρ_c——水泥密度（kg/m³），可按现行国家标准《水泥密度测定方法》（GB/T 208—2014）测定，也可取 2 900～3 100 kg/m³；

ρ_f——矿物掺合料密度（kg/m³），可按现行国家标准《水泥密度测定方法》（GB/T 208—2014）测定；

ρ_g——粗骨料的表观密度（kg/m³），应按现行行业标准《普通混凝土用砂、石质量及检验方法标准》（JGJ 52—2006）测定；

ρ_s——细骨料的表观密度（kg/m³），应按现行行业标准《普通混凝土用砂、石质量及检验方法标准》（JGJ 52—2006）测定；

ρ_w——水的密度（kg/m³），可取 1 000 kg/m³；

α——混凝土的含气量百分数，在不使用引气型外加剂时，可取 1。

式（4-20）和（4-21）结合，即可求出 m_{g0} 和 m_{s0}。

通过以上 7 个步骤，便可将水、胶凝材料、矿物掺合料、水泥、外加剂、砂和石的用量全部求出，供试配用。

经验传承

上述混凝土配合比计算公式和表格，均以干燥状态骨料（系指含水率小于 0.5%的细骨料或含水率小于 0.2%的粗骨料）为基准。当以饱和面干骨料为基准进行计算时，则应进行相应的修正。

2. 配合比的试配、调整及确定

1）配合比的试配

试配时应采用工程实际使用的原材料，且混凝土的搅拌方法宜与施工使用的方法相同。此外，试配时，还应注意以下几点。

（1）试配时，试验室的成型条件应符合现行国家标准《普通混凝土拌和物性能试验方法标准》（GB/T 50080—2016）的规定。每盘混凝土试配的最小搅拌量应符合表 4-30 中的规定。

表 4-30　混凝土试配的最小搅拌量（摘自 JGJ 55—2011）

粗骨料最大公称粒径/mm	混凝土拌和物数量/L
≤31.5	20
40.0	25

（2）应采用满足性能要求的初步配合比进行试拌。宜在水胶比不变，且胶凝材料和外加剂用量合理的原则下，调整胶凝材料用量、外加剂用量和砂率等，直到混凝土拌和物性能符合设计和施工要求，以得到试拌配合比。

（3）应在试拌配合比的基础上，进行混凝土强度试验，并应符合下列规定。

① 试验时至少应采用三个不同的配合比，其中一个为已确定的试拌配合比，另外两个配合比的水胶比，宜较该试拌配合比分别增加和减少 0.05，用水量与试拌配合比基本相同，砂率可分别增加和减少 1%。

② 进行混凝土强度试验时，应保证混凝土拌和物性能符合设计和施工要求。

③ 进行混凝土强度试验时，每个配合比至少应制作一组试件，并应标准养护到 28 d（或设计规定龄期）时试压。

2）配合比的调整

（1）调整原则。

配合比的调整应符合以下规定。

① 根据混凝土强度试验结果，绘制强度与胶水比的线性关系图，然后用图解法或插值法确定略大于配制强度对应的胶水比。

② 在试拌配合比的基础上，用水量 m_w 和外加剂用量 m_a 应根据确定的水胶比做调整。

③ 胶凝材料用量 m_b 应以用水量乘以图解法或插值法确定的胶水比计算得出。

④ 粗骨料用量 m_g 和细骨料用量 m_s，应根据用水量和胶凝材料用量进行调整。

（2）调整方法。

当混凝土坍落度小时，可保持水胶比不变，适当增加水和胶凝材料用量，在砂率不变的前提下减少砂石用量；当混凝土坍落度过大时，可保持砂率不变，增加砂石用量，减少

水和胶凝材料用量；当黏聚性和保水性不好时，可在砂石总用量不变的前提下，提高砂率。在进行上述调整的同时，适当增减外加剂用量，可使调整过程更为便捷。例如，若混凝土出现离析和泌水现象，宜采用减少外加剂用量、更换外加剂品种或提高砂率等措施。

3）配合比的确定

根据调整后的配合比所确定的材料用量，按式（4-22）计算混凝土的表观密度$\rho_{c,c}$，并测定调整后的混凝土的表观密度$\rho_{c,t}$。

$$\rho_{c,c}=m_c+m_f+m_g+m_s+m_w \tag{4-22}$$

式中：

m_c、m_f、m_g、m_s、m_w——每立方米混凝土拌和物的水泥用量、矿物掺合料用量、粗骨料用量、细骨料用量、水用量（kg/m^3）。

计算混凝土配合比校正系数δ，即

$$\delta=\frac{\rho_{c,t}}{\rho_{c,c}} \tag{4-23}$$

式中：

$\rho_{c,t}$——混凝土拌和物表观密度实测值（kg/m^3）；

$\rho_{c,c}$——混凝土拌和物表观密度计算值（kg/m^3）。

当混凝土拌和物表观密度实测值与计算值之差的绝对值不超过计算值的 2%时，调整后的配合比即为设计配合比；当两者之差的绝对值超过 2%时，应将配合比中每项材料用量均乘以修正系数δ进行配合比修正，修正后的配合比即为设计配合比。

当设计混凝土有耐久性、水溶性氯离子含量等要求时，应进行相应的试验，并以符合要求的配合比作为设计配合比。

3. 配合比的实际修正

设计配合比是以干燥材料为基准的，而工地存放的砂、石中往往含有一定水分，而且随着气候的变化，含水情况也经常变化。因此，现场材料的实际称量应按工地砂、石的含水情况进行修正，修正后的配合比称为施工配合比。

假定工地存放砂的含水率为a（%），石的含水率为b（%），则将设计配合比换算为施工配合比，其材料称量（kg/m^3）为

$$m_c'=m_c \tag{4-24}$$

$$m_s'=m_s(1+0.01a) \tag{4-25}$$

$$m_g'=m_g(1+0.01b) \tag{4-26}$$

$$m_w'=m_w-0.01am_s-0.01bm_g \tag{4-27}$$

式中：

m_c'、m_s'、m_g'、m_w'——每立方米混凝土拌和物中，施工用的水泥、砂、石、水量（kg/m^3）。

4.4.4 普通混凝土配合比设计实例

【例 4-2】某办公楼的主体为钢筋混凝土结构，混凝土的设计强度等级为 C30，采用泵送施工，要求到施工现场的混凝土拌和物的坍落度为（160±30）mm。该工程所用原材料的技术指标如下。

（1）水泥：42.5 级普通硅酸盐水泥，密度 $\rho_c = 3\,100\ \text{kg/m}^3$，28 d 实测强度 $f_{ce} = 48.0\ \text{MPa}$。

（2）粉煤灰：Ⅱ级，表观密度 $\rho_f = 2\,200\ \text{kg/m}^3$，掺量为 10%。

（3）砂：中砂，Ⅱ区颗粒级配，表观密度 $\rho_s = 2\,650\ \text{kg/m}^3$。

（4）碎石：5～31.5 mm 连续级配，$\rho_g = 2\,700\ \text{kg/m}^3$。

（5）外加剂：萘系减水剂，掺量为 1%，减水率为 24%。

（6）水：饮用水。

试设计混凝土配合比（按干燥材料计算）。此外，如果施工现场砂的含水率为 6.5%，碎石的含水率为 0.1%，试求出混凝土的施工配合比。

解：（1）确定计算配合比。

① 确定试配强度。

由混凝土的设计强度等级为 C30 可知 $f_{cu,k} = 30\ \text{MPa}$，由于无历史统计资料，故混凝土强度的标准差 σ 查表 4-22 取 $\sigma = 5.0\ \text{MPa}$，因此有

$$f_{cu,0} \geqslant f_{cu,k} + 1.645\sigma = 30 + 1.645 \times 5.0 \approx 38.2\ (\text{MPa})$$

② 确定相应的水胶比。

已知混凝土的试配强度 $f_{cu,0} = 38.2\ \text{MPa}$，水泥 28 d 实测强度 $f_{ce} = 48.0\ \text{MPa}$，如果Ⅱ级粉煤灰的掺量为 10%，由表 4-23 可知，粉煤灰影响系数 $\gamma_f = 0.95$，粒化高炉矿渣粉影响系数 $\gamma_s = 1.00$，由于无试验实测值，因此

$$f_b = \gamma_f \gamma_s f_{ce} = 0.95 \times 1.00 \times 48 = 45.6\ (\text{MPa})$$

本工程采用碎石，其回归系数 $\alpha_a = 0.53$，$\alpha_b = 0.20$，则

$$W/B = \frac{\alpha_a \cdot f_b}{f_{cu,0} + \alpha_a \cdot \alpha_b \cdot f_b} = \frac{0.53 \times 45.6}{38.2 + 0.53 \times 0.20 \times 45.6} \approx 0.56$$

实践证明，当混凝土的水灰比大于 0.6 时，其抗渗性显著恶化。本工程中，由于框架结构处于干燥环境，故可取 $W/B = 0.56$。

③ 确定用水量。

已知混凝土拌和物要求坍落度为 160 mm 左右，碎石最大粒径为 31.5 mm。查表 4-26 可知，不掺外加剂时，坍落度为 90 mm 的混凝土的用水量为 205 kg/m³；按每增大 20 mm 坍落度相应增加 5 kg/m³ 用水量来计算，则未掺外加剂时的用水量 m'_{w0} 为

$$m'_{w0} = 205 + \frac{160 - 90}{20} \times 5 = 222.5\ (kg/m^3)$$

如果掺减水率β为 24%的高效减水剂，则混凝土拌和物坍落度达 160 mm 时的用水量 m_{w0} 为

$$m_{w0} = m'_{w0}(1 - \beta) = 222.5 \times (1 - 24\%) = 169.1\ (kg/m^3)$$

④ 确定胶凝材料、粉煤灰、水泥及外加剂的用量。

a．胶凝材料用量 m_{b0} 为

$$m_{b0} = \frac{m_{w0}}{W/B} = \frac{169.1}{0.56} \approx 302\ (kg/m^3)$$

查表 4-7 可知，最小胶凝材料用量为 300 kg/m³，故可取 $m_{b0} = 302\ kg/m^3$。

b．粉煤灰掺量为 10%，则粉煤灰用量 m_{f0} 为

$$m_{f0} = m_{b0}\beta_f = 302 \times 10\% \approx 30.2\ (kg/m^3)$$

c．水泥用量 m_{c0} 为

$$m_{c0} = m_{b0} - m_{f0} = 302 - 30.2 \approx 271.8\ (kg/m^3)$$

d．外加剂掺量为 1%，则外加剂掺量 m_{a0} 为

$$m_{a0} = m_{b0}\beta_a = 302 \times 1\% \approx 3.0\ (kg/m^3)$$

⑤ 确定砂率。

本例中的混凝土采用泵送施工，其砂率宜控制在 35%～45%范围内。砂为中砂（细度模数 $M_X = 2.6$），根据历史经验砂率可采用 42%。

⑥ 计算粗、细骨料的用量。

a．按质量法计算。假定每立方米混凝土的质量为 2 400 kg，即 $m_{cp} = 2\ 400\ kg/m^3$，则由式（4-18）和（4-19）可知：

$$2\ 400 = 30.2 + 271.8 + m_{g0} + m_{s0} + 169.1$$

$$\beta_s = \frac{m_{s0}}{m_{s0} + m_{g0}} \times 100\% = 42\%$$

由此可解得：$m_{g0} = 1\ 118.8\ kg/m^3$，$m_{s0} = 810.1\ kg/m^3$。

综合上述，可得出按质量法求得的混凝土的计算配合比，如表 4-31 所示。

表 4-31 按质量法得到的各材料的计算配合比　　单位：kg/m^3

m_{c0}	m_{f0}	m_{w0}	m_{a0}	m_{s0}	m_{g0}
271.8	30.2	169.1	3.0	810.1	1 118.8

b．按体积法计算。将前面计算所得到的 m_{c0}，m_{f0} 和 m_{w0}，以及已知条件中各材料的表观密度代入式（4-20）和（4-21），取 $\alpha=1$，则

$$\frac{271.8}{3\,100}+\frac{30.2}{2\,200}+\frac{m_{g0}}{2\,700}+\frac{m_{s0}}{2\,650}+\frac{169.1}{1\,000}+0.01\times 1=1$$

$$\beta_s=\frac{m_{s0}}{m_{s0}+m_{g0}}\times 100\%=42\%$$

由此解得：$m_{g0}=1117.8\ kg/m^3$，$m_{s0}=809.5\ kg/m^3$。

按体积法求得的计算配合比如表 4-32 所示。

表 4-32 按体积法得到的各材料的计算配合比　　单位：kg/m^3

m_{c0}	m_{f0}	m_{w0}	m_{a0}	m_{s0}	m_{g0}
271.8	30.2	169.1	3.0	809.5	1 117.8

由表 4-31 和表 4-32 中的数据可以看出，用质量法和体积法计算得到的结果相近。

（2）试拌。

由表 4-31 可知，本例中按质量法计算的配合比为

$$m_{c0}:m_{f0}:m_{w0}:m_{s0}:m_{g0}:m_{a0}=271.8:30.2:169.1:810.1:1118.8:3.0$$

① 根据表 4-31，混凝土试拌量取 20 L，各组成材料用量如下。

a．水泥：$271.8\times 0.02\approx 5.44\ (kg)$。

b．粉煤灰：$30.2\times 0.02\approx 0.6\ (kg)$。

c．水：$169.1\times 0.02\approx 3.38\ (kg)$。

d．外加剂：$3.1\times 0.02=0.06\ (kg)=60\ (g)$。

e．砂：$810.1\times 0.02=16.2\ (kg)$。

f．碎石：$1\,118.8\times 0.02\approx 22.38\ (kg)$。

② 检验并调整混凝土拌和物的和易性。按上述计算的材料用量进行试拌，测得坍落度为 120 mm 时，无法满足施工要求，因此在保持水胶比不变的情况下，增加 2%水泥浆量（也可掺入一定量的外加剂来调整）。经重新搅拌后的混凝土拌和物的坍落度为 160 mm，黏聚性、保水性良好，满足施工要求。试拌配合比的各组成材料用量如下。

a．水泥：$271.8\times(1+0.02)\approx 277.2\ (kg/m^3)$。

b．粉煤灰：$30.2\times(1+0.02)\approx 30.8\ (kg/m^3)$。

c．水：$169.1\times(1+0.02)\approx 172.5\ (kg/m^3)$。

d．外加剂：$3.0 \times (1+0.02) \approx 3.1\,(\text{kg/m}^3)$。

此时的试拌配合比为

$$m_{c0} : m_{f0} : m_{w0} : m_{s0} : m_{g0} : m_{a0} = 277.2 : 30.8 : 172.5 : 810.1 : 1118.8 : 3.1$$

（3）配合比的试配、调整与确定。

① 混凝土强度检验与混凝土拌和物性能检验。

由前面计算可知，水胶比 $W/B = 0.56$，则胶凝材料用量 $m_b = \dfrac{m_{w0}}{W/B} = \dfrac{172.5}{0.56} \approx 308\,(\text{kg/m}^3)$。按照同样的方法，分别计算出水胶比较试拌配合比增加和减少 0.05 条件下的胶凝材料的用量，然后按用水量与确定的试拌配合比相同，砂率分别增加和减少 1%，计算出每个配合比均拌制 20 L 混凝土时，材料的用量及其试验结果，如表 4-33 至表 4-35 所示。

表 4-33　各配合比拌制 20 L 混凝土的材料用量　　单位：kg

水胶比（W/B）	水	水　泥	粉煤灰	外加剂	砂	石
0.56	3.45	5.54	0.62	0.062	16.20	22.38
0.61	3.45	5.09	0.57	0.056	16.72	22.17
0.51	3.45	6.09	0.68	0.068	15.49	22.29

表 4-34　混凝土拌和物的坍落度、表观密度实测结果

水胶比（W/B）	坍落度/mm	空桶质量 m/kg	桶容积 V/m^3	桶与混凝土总质量/kg	表观密度/（$\text{kg}\cdot\text{m}^{-3}$）
0.56	170	2.25	0.005	14.23	2 400
0.61	165	2.25	0.005	14.15	2 380
0.51	185	2.25	0.005	14.31	2 410

表 4-35　混凝土强度检测结果　　单位：Mpa

水胶比（W/B）	3 d	7 d	28 d	60 d
0.56	21.2	27.6	39.5	49.6
0.61	15.1	22.0	32.0	39.5
0.51	23.3	29.5	46.0	57.2

根据表 4-35 中混凝土 28 d 强度检测结果，计算（或作图）得出混凝土配制强度 $f_{cu,0}$（38.2 MPa）对应的水胶比为 0.57。

② 确定混凝土设计配合比。

a．根据强度试验结果，确定混凝土的材料用量：用水量 $m_w = 172.5\ \text{kg/m}^3$，胶凝材料用量 $m_b = \dfrac{172.5}{0.57} = 302.6\ \text{kg/m}^3$。

胶凝材料中，粉煤灰用量 $m_f = 302.6 \times 10\% \approx 30.3\ \text{kg/m}^3$；水泥用量 $m_c = 302.6 - 30.3 = 272.3\text{kg/m}^3$，外加剂用量 $m_a = 302.6 \times 1\% \approx 3.0\ \text{kg/m}^3$，砂、石用量按质量法求得，为 $m_s = 808.5\ \text{kg/m}^3$，$m_g = 1116.4\ \text{kg/m}^3$。

按混凝土试验结果，其设计配合比（以干料计）为

$$m_c : m_f : m_w : m_s : m_g : m_a = 272.3 : 30.3 : 172.5 : 808.5 : 1116.4 : 3.0$$

b．经强度检验确定后的配合比，还应按混凝土拌和物表观密度进行校正，校正方法如下。

按上述混凝土配合比拌制 20 L 混凝土，其拌和物的实测表观密度为 $\rho_{c,t} = 2\,413\ \text{kg/m}^3$。

计算校正系数 δ，即

$$\delta = \frac{\rho_{c,t}}{\rho_{c,c}} = \frac{2\,413}{2\,400} = 1.005$$

实测值与计算值之差的绝对值为 $2\,413 - 2\,400 = 13\ (\text{kg/m}^3)$，该绝对值小于计算值 $2\,400\ \text{kg/m}^3$ 的 2%，因此可不用校正系数调整配合比。

最终确定的混凝土设计配合比如表 4-36 所示，砂率为 42%，坍落度为 170 mm。

表 4-36　混凝土的设计配合比

材　料	水泥	粉煤灰	水	外加剂	砂	石
材料用量/（$\text{kg}\cdot\text{m}^{-3}$）	272.2	30.3	172.5	3.0	808.5	1 116.4

（4）确定施工配合比。

在混凝土生产前，应检测其所使用骨料的含水率。本例中，现场砂的含水率为 6.5%，则 $a = 6.5$，碎石为 0.1%（可不计），故施工配合比计算如下。

① 水泥：$m'_c = 272.3\ \text{kg/m}^3$。

② 粉煤灰：$m'_f = 30.3\ \text{kg/m}^3$。

③ 外加剂：$m'_a = 3.0\ \text{kg/m}^3$。

④ 碎石：$m'_g = 1116.4\ \text{kg/m}^3$。

⑤ 砂：$m'_s = 808.5 \times (1 + 0.065) \approx 861.1\ (\text{kg/m}^3)$。

⑥ 水：$m'_w = 172.5 - 808.5 \times 0.065 \approx 120.0\ (\text{kg/m}^3)$。

本例的施工配合比为

$$m'_c : m'_f : m'_w : m'_s : m'_g : m'_a = 272.3 : 30.3 : 120.0 : 861.1 : 1116.4 : 3.0$$

4.5 其他混凝土

普通混凝土往往受强度、比强度、耐久性、凝结硬化、施工性能、资源与能耗等的限制。因此，实际应用中，对于一些特殊场合的建筑或构件，还需要使用具有特定性能的混凝土。除普通混凝土外，常用到的还有高性能混凝土、防水混凝土、轻骨料混凝土、聚合物混凝土、泵送混凝土、预拌混凝土等。

4.5.1 高性能混凝土

生活中，不少混凝土建筑在未达到其设计使用年限前往往会开裂损坏，甚至崩塌，以海港及桥梁工程尤为多见，它们损坏的原因往往不是强度不足，而是耐久性不够。因此，早在 20 世纪 30 年代水工混凝土就要求同时按强度和耐久性来设计配合比。由此可见，混凝土耐久性的重要性不亚于强度及其他性能。目前，高性能混凝土已成为国防土木工程研究的一个热点。

高性能混凝土的出现，将混凝土技术从经验技术转变为高科技。就目前的工程急需和研究热点来看，高性能混凝土综合了施工、结构、材料等诸多因素，其特点集中表现为流动性、耐久性、体积稳定性和工作性好，强度高。要使混凝土达到高性能，可采用以下几种方法。

（1）改善水泥的水化条件。

要改善水泥的水化条件，可利用以下两种方法来实现。

① 增加水泥中早强和高强矿物成分的含量。水泥中硅酸三钙、铝酸三钙和氟铝酸钙的含量增加时，混凝土的早强、高强性能都有一定程度的提高，特别是以铝酸钙为主要成分的水泥，其快凝、快硬效果显著，4 d 的立方体抗压强度可在 20 MPa 以上。

② 提高水泥的细度。提高水泥的细度可使水泥加速水化。一般认为水泥中 3～30 μm 的颗粒对其强度影响较大。其中，小于 10 μm 的颗粒主要影响水泥的早期强度，若含量过高，会影响水泥的流动性，其含量一般应小于 10%。

（2）掺加各种高性能混合料。

在混凝土中掺加水泥以外的其他混合料，这些混合料可以封闭混凝土中的孔隙，增强骨料和水泥的黏附性，改善水泥的工作性能，增加其后期强度，同时增加混凝土的韧性。

（3）掺加高效外加剂。

掺加高效外加剂以降低水灰比，从而有效地提高混凝土的强度，这也是目前配制高性能混凝土最主要的技术途径。

（4）增加混凝土的密实度。

随着混凝土密实度的增加，混凝土的强度也随之提高，同时其他一系列力学性能也得到改善。此外，在混凝土中掺入适量纤维，可使混凝土的强度达到良好的高强效果。

技术前沿

综上所述，高性能水泥、高性能混合料、高效外加剂、优质的砂石骨料等，是高性能混凝土的基本要素。将高性能混凝土与生态、环境、可持续发展观结合起来，加入绿色理念，即可使其成为绿色高性能混凝土。

绿色高性能混凝土应该是节能型混凝土，所使用的水泥必须为绿色水泥。普通硅酸盐水泥生产过程中需要高温煅烧硅质原料和钙质原料，消耗大量的能源。如果采用无熟料水泥或免烧水泥等绿色水泥配制混凝土，就能显著降低能耗，达到节能的目的。

4.5.2 防水混凝土

普通混凝土之所以不能很好地防水，主要是因为混凝土内部存在渗水的毛细管。如果能使毛细管减少或将其堵塞，混凝土的渗水现象就会大大减少。因此，防水混凝土就出现了。

防水混凝土又称抗渗混凝土，是采用水泥、砂、石、少量外加剂、高分子聚合物等材料，通过调整配合比配制成抗渗压力大于 0.6 MPa，具有一定抗渗能力的刚性防水材料。采用防水混凝土可省去构件表面的水泥砂浆防水层、沥青或油毡防水层、金属防水层等，简化建筑构造。

常用的防水混凝土有普通防水混凝土、外加剂防水混凝土和膨胀水泥防水混凝土三种，如表 4-37 所示。

表 4-37 常用的防水混凝土

种类		配制方法	最高抗渗压力/MPa	特点	适用范围
普通防水混凝土		根据抗渗要求调整配合比	3.0	施工简便，材料来源广泛	适用于一般工业、民用建筑及公共建筑的地下防水工程
外加剂防水混凝土	引气剂防水混凝土	掺入适量引气剂	> 2.2	抗冻性好	适用于北方高寒地区、抗冻性要求较高的防水工程及一般防水工程，不适用于立方体抗压强度要求大于 20 MPa 或耐腐性要求较高的防水工程
	减水剂防水混凝土	掺入适量减水剂	> 2.2	混凝土拌和物流动性好	适用于钢筋密集或捣固困难的薄壁型防水建筑，也适用于对混凝土凝结时间和流动性有特殊要求的防水工程

（续表）

种类		配制方法	最高抗渗压力/MPa	特点	适用范围
外加剂防水混凝土	三乙醇胺防水混凝土	掺入适量三乙醇胺	>3.8	早期强度和抗渗等级高	适用于工期紧迫、要求早强及抗渗性较高的防水工程及一般防水工程
	氯化铁防水混凝土	掺入适量氯化铁	>3.8	抗渗等级高	适用于水中无筋或少筋、厚大的工程、用作防水结构的混凝土工程、一般地下防水工程及砂浆修补抹面工程，在接触直流电源、预应力混凝土及重要的薄壁结构上不宜使用
膨胀水泥防水混凝土		使用膨胀水泥	3.6	密实性和抗裂性好	适用于地下工程和地上防水建筑、山洞、非金属油罐及主要工程的后浇缝

配制普通防水混凝土时，各原料间的配合比应符合以下技术规定。

（1）粗骨料的最大粒径不宜大于 40 mm。

（2）当水泥强度等级为 32.5 以上时，水泥用量不得少于 300 kg/m^3；当水泥强度等级为 42.5 以上，并掺有活性粉细料时，水泥用量不得少于 280 kg/m^3，且每立方混凝土中的水泥和矿物掺合料的总量不宜小于 320 kg。

（3）砂率宜为 35%～45%。

（4）灰砂比宜为 1∶2.5～1∶2.0。

（5）水灰比宜在 0.55 以下。

（6）坍落度不宜大于 50 mm，以减少渗水率。对于不同种类的构件，其防水混凝土的坍落度要求如表 4-38 所示。

表 4-38 防水混凝土的坍落度要求

结构种类	坍落度/mm
厚度≥350 mm 结构	20～30
厚度<250 mm 或钢筋稠密结构	30～50
厚度大的少筋结构	<30
大体积混凝土或墙体	根据其高度逐渐减小坍落度

4.5.3 轻骨料混凝土

《轻骨料混凝土应用技术标准》（JGJ/T 12—2019）规定，用轻粗骨料、轻砂或普通砂、胶凝材料、外加剂和水配制而成的干表观密度不大于 1 950 kg/m^3 的混凝土称为轻骨料混凝土。

轻骨料混凝土是高层、大跨度建筑，以及高抗震区、软土地基地区建筑的重要建筑材料。目前，轻骨料混凝土已广泛应用于各种建筑，由此带来的良好效果也日益凸显。

1. 轻骨料混凝土的分类

根据在建筑工程中用途不同，轻骨料混凝土可分为以下三种。

（1）保温轻骨料混凝土主要用于保温的维护结构或者热工建筑。

（2）结构保温轻骨料混凝土主要用于不配筋或配筋的维护结构。

（3）结构轻骨料混凝土主要用于承重的配筋构件、预应力混凝土或建筑。

根据所用细骨料品种不同，轻骨料混凝土可分为全轻混凝土（细骨料采用轻砂）、砂轻混凝土（细骨料部分或全部采用轻砂）和无砂轻骨料混凝土（不含细骨料）。

知识链接

轻骨料可分为轻粗骨料和轻细骨料。其中，粒径大于 4.75 mm，堆积密度小于 1 100 kg/m^3 的轻骨料称为轻粗骨料；粒径不大于 4.75 mm，堆积密度小于 1 200 kg/m^3 的轻骨料称为轻细骨料。

一般情况下，轻粗骨料的堆积密度直接影响所配制的轻骨料混凝土的表观密度和性能，轻粗骨料按堆积密度分为 300、400、500、600、700、800、900 及 1 000 八个等级。轻粗骨料的强度对混凝土强度有很大影响，通常以筒压强度来间接反映轻粗骨料颗粒的强度。

此外，轻骨料主要以其干燥状态的吸水率作为评定其质量和确定混凝土拌和物附加水量的指标。国家标准中规定，除粉煤灰烧胀陶粒（24 h 吸水率）外，其他轻骨料取 1 h 吸水率作为附加水量的依据。轻骨料的吸水率一般不宜大于 22%。

2. 轻骨料混凝土的主要技术性能

1）轻骨料混凝土密度等级

轻骨料混凝土密度等级分为 600、700、800、900、1 000、1 100、1 200、1 300、1 400、1 500、1 600、1 700、1 800 及 1 900 十四个等级。

2）轻骨料混凝土拌和物的和易性

轻骨料混凝土拌和物的和易性主要取决于用水量。拌和时，一部分水被轻骨料吸收，这部分水称为附加用水，其余水称为净用水。净用水量可根据轻骨料混凝土的用途及要求的流动性来选择。这样，就可以保证轻骨料混凝土拌和物获得所需流动性，并保证水泥水化的进行。

3）轻骨料混凝土的强度

轻骨料混凝土的强度等级按立方体抗压强度标准值的不同，可划分为 LC5.0、LC7.5、

LC10、LC15、LC20、LC25、LC30、LC35、LC40、LC45、LC50、LC55、LC60 等。

由于轻骨料多为多孔结构，强度低，因此轻骨料的强度是决定轻骨料混凝土强度的主要因素。轻骨料用量越多，混凝土强度越低，其表观密度也越小。此外，每种骨料只能配制一定强度的混凝土。

3. 轻骨料混凝土施工技术特点

（1）确定轻骨料混凝土拌和用水量时，应考虑轻骨料 1 h 的吸水量，也可在拌和前，先将轻骨料预湿，待其饱和后再进行搅拌。

（2）轻骨料混凝土拌和物中轻骨料容易上浮，因此，应使用强制式搅拌机进行搅拌，且搅拌时间应略微延长。施工中最好采用加压振捣的方式，并掌握好振捣的时间。

（3）轻骨料混凝土拌和物的工作性比普通混凝土差，为获得相同的工作性，应适当增加水泥浆或砂浆的用量。搅拌轻骨料混凝土拌和物后，宜尽快浇灌，以防坍落度损失。

（4）轻骨料混凝土易产生干缩裂缝，必须加强早期养护。采用蒸汽养护时，应适当控制静停时间及升温速度。

4.5.4 聚合物混凝土

聚合物混凝土是一种有机、无机复合的新型材料。在聚合物混凝土中，用作胶凝材料的聚合物组分最终全部参与固化反应。聚合物混凝土中没有连通的毛细孔，使得聚合物混凝土的抗渗性比水泥混凝土好得多，因而聚合物混凝土具有优良的耐久性（包括耐水、抗冻、耐腐蚀等）。此外，聚合物混凝土的强度变化也比普通混凝土快得多，它可以在常温和低温下固化。一般来说，24 h 的强度可以达到最终强度的 80%，且抗拉、抗折和抗压强度都很高。

由此可见，与普通混凝土相比，聚合物混凝土具有抗拉性、抗折性、耐腐蚀性、耐水性和抗冻性好等特点。

按组成及制作工艺的不同，聚合物混凝土可分为聚合物水泥混凝土、聚合物浸渍混凝土和合成树脂混凝土三种。

1. 聚合物水泥混凝土

将聚合物乳液拌和物掺入普通混凝土中制成的混凝土，称为聚合物水泥混凝土。聚合物乳液拌和物能均匀分布于普通混凝土内，并填充水泥水化物和骨料之间的空隙，其硬化和水泥的水化同时进行，从而与水泥水化物结合成一个整体，改善普通混凝土的抗渗性、耐磨性及抗冲击性。

由于聚合物水泥混凝土制作简便，成本较低，因此实际应用较多，目前主要用于现场灌筑无缝地面、耐腐蚀性地面，修补混凝土路面、机场跑道面层，以及用作防水层等。

2. 聚合物浸渍混凝土

聚合物浸渍混凝土是将已硬化的混凝土作为基层材料，将其浸泡在有机单体中，然后再用加热或放射线照射的方法使有机单体聚合，与混凝土基层材料成为一个整体。常用有机单体有甲基丙烯酸甲酯、苯乙烯、聚酯一苯乙烯、环氧树脂一聚乙烯等。

在聚合物浸渍混凝土中，原有孔隙和微裂缝被聚合物填充，形成连续的空间网格，相互穿插，改善了水泥石与骨料的黏结，减少了由于孔隙而形成的应力集中，使应力分成均匀。浸渍后的混凝土，其立方体抗压强度一般可提高 2～4 倍，在 100 MPa 左右，其抗拉强度、防水性（几乎不吸水、不透水），以及抗冻性、抗冲击性、耐腐蚀性和耐磨性都有显著提高。

聚合物浸渍混凝土适用于要求高强度和高耐久性的特殊构件，特别适用于储运液体的有筋管、无筋管和坑道管。青藏铁路盐湖段采用了聚合物浸渍混凝土砌块作为涵管基础和桥洞翼墙，成功地解决了严寒冻害与盐碱腐蚀问题。

3. 合成树脂混凝土

合成树脂混凝土是一种以合成树脂为胶凝材料的聚合物混凝土。常用的合成树脂是环氧树脂、不饱和聚酯树脂等热固性树脂。合成树脂混凝土具有较高的强度，良好的抗渗性、抗冻性、耐腐蚀性及耐磨性，并且有很强的黏结力，缺点是硬化时收缩大，耐火性差。

合成树脂混凝土适用于机场跑道面层、耐腐蚀的化工结构，也常用作混凝土构件的修复、堵缝材料。目前，合成树脂混凝土的成本较高，限制了它在工程中的应用范围。

4.5.5 泵送混凝土

泵送混凝土是指其拌和物的坍落度不小于 80 mm，并用混凝土输送泵输送的混凝土，它具有施工速度快、质量好、节约劳动力等特点，因此广泛应用于一般房建结构、道路、高层建筑等工程。

泵送混凝土必须具有较好的可泵性。所谓可泵性，是指具有顺利通过管道、摩擦阻力小、不离析、不阻塞和黏聚性良好的性能。为了保证泵送混凝土有良好的可泵性，其原材料应满足以下各方面要求。

（1）水泥。应选用硅酸盐水泥、普通硅酸盐水泥、矿渣硅酸盐水泥、粉煤灰硅酸盐水泥，不宜采用火山灰质硅酸盐水泥。

（2）骨料。泵送混凝土所用粗骨料最大粒径与输送管径之比应满足的要求：当泵送高度在 50 m 以下时，碎石粒径与输送管径之比不宜大于 1∶3，卵石粒径与输送管径之比不宜大于 1∶2.5；当泵送高度在 50～100 m 时，碎石粒径与输送管径之比不宜大于 1∶4，卵石粒径与输送管径之比不宜大于 1∶3；当泵送高度在 100 m 以上时，碎石粒径与输送管

径之比不宜大于 1∶5，卵石粒径与输送管径之比不宜大于 1∶4。此外，粗骨料应采用连续级配，且针、片状颗粒含量不宜大于 10%；宜采用中砂，其通过 0.315 mm 筛孔的颗粒含量应不小于 15%，通过 0.160 mm 筛孔的颗粒含量应不小于 5%。

（3）矿物掺合料与外加剂。泵送混凝土应掺用泵送剂或减水剂，并宜掺用适量的粉煤灰或其他活性矿物掺合料，以改善泵送混凝土的可泵性。

4.5.6 预拌混凝土

在搅拌站生产的、通过运输设备送至使用地点的、交货时为拌和物的混凝土称为预拌混凝土。

预拌混凝土是现代混凝土与现代化施工工艺的结合体，其普及程度能代表一个国家或地区的混凝土施工水平和现代化程度。实践表明，采用预拌混凝土之后，劳动利用率可提高 200%～250%，节约水泥用量 10%～15%，降低生产成本超过 5%。

1. 预拌混凝土的分类

预拌混凝土可分为特制品和常规品。

1）特制品

特制品的代号为 B，其混凝土种类及代号如表 4-39 所示。

表 4-39 特制品的混凝土种类及代号（摘自 GB/T 14902—2012）

混凝土种类	高强混凝土	自密实混凝土	纤维混凝土	轻骨料混凝土	重混凝土
混凝土种类代号	H	S	F	L	W
强度等级代号	C	C	C（合成纤维混凝土），CF（钢纤维混凝土）	LC	C

2）常规品

常规品是指除特制品以外的普通混凝土，其代号为 A，强度等级代号为 C。

2. 预拌混凝土的标记

预拌混凝土的标记应遵循以下顺序。

（1）常规品或特制品的代号，其中常规品可不标记。

（2）特制品混凝土种类的代号，兼有多种类情况可同时标出。

（3）强度等级代号。

（4）坍落度控制目标值，在其后括号中附坍落度等级代号；自密实混凝土应采用扩展度控制目标值，在其后括号中附扩展度等级代号。

（5）耐久性能等级代号，对于抗氯离子渗透性能和抗碳化性能，在其后括号中附设计值。

（6）标准号。

示例 1：采用通用硅酸盐水泥、河砂、石、矿物掺合料、外加剂和水配制的普通混凝土，强度等级为 C50，坍落度为 180 mm，抗冻等级为 F250，抗氯离子渗透性能电通量 Q_s 为 1 000 C，其标记为 A-C50-180(S4)-F250 Q-III(1 000)-GB/T 14902。

示例 2：采用通用硅酸盐水泥、砂、陶粒、矿物掺合料、外加剂、合成纤维和水配制的轻骨料纤维混凝土，强度等级为 LC40，坍落度为 210 mm，抗渗等级为 P8，抗冻等级为 F150，其标记为 B-LF-LC40-210(S4)-P8F150-GB/T 14902。

4.6 混凝土用砂、石性能试验

混凝土原材料的性能试验，主要包括砂、石的颗粒级配试验、密度试验。通过混凝土原材料性能试验，以评定骨料的品质，为混凝土配合比设计提供资料。

4.6.1 砂、石取样原则与试验条件

为了获得骨料品质的可靠资料，必须选取具有代表性的试样，并应遵守《建设用砂》（GB/T 14684—2022）、《建设用卵石、碎石》（GB/T 14685—2022）和《水工混凝土砂石骨料试验规程》（DL/T 5151—2014）的试验规则。

1. 取样原则

砂、石在取样时，应注意以下几点。

（1）砂、石取样应按批进行。用大型工具（汽车、火车、货船等）运输的砂、石，以 400 m^3 或 600 t 为一验收批；用小型工具（马车、四轮车等）运输的砂、石，以 200 m^3 或 300 t 为一验收批，不足上述数量以一批论。

（2）从汽车、火车、货船上取样时，先从每验收批中抽取有代表性的若干单元（汽车为 4～8 辆、火车为 3 节车皮、货船为 2 艘），再从若干单元的不同部位和深度抽取大致相等的 8 份砂样（16 份石样），组成一组样品。

（3）取样前先将取样部位表面铲除，取样部位应均匀分布，在料堆上从 8 个不同部位抽取等量试样（每份 11 kg），然后用四分法缩至 20 kg。每组样品应再按四分法缩分至略多于试验所必需的最少质量。

（4）对于单项试验，每组样品的取样数量不少于规定的最少取样数量；对于多项试验，若能保证样品经一项试验后不影响另一项试验结果，可用同一组样品进行多项不同试验。

（5）砂、石的含水量、堆积密度试验，其所用试样可不经缩分，拌匀后直接进行试验。

（6）若检验不合格，应重新双倍取样复验，复验仍不满足标准要求，应按不合格处理。

2. 试验条件

（1）试验应在 20～25℃温度下进行。

（2）试验用水应是洁净的淡水，若有争议，可采用蒸馏水。

4.6.2　砂的颗粒级配试验

通过筛析试验测定不同粒径骨料的含量比例，评定砂的颗粒级配状况及粗细程度，为砂的合理选择提供技术依据。

1. 试验方法

通过由不同孔径的筛组成的套筛对砂样进行过筛，测定砂样中不同粒径的颗粒含量。

《建设用砂》（GB/T 14684—2022）规定砂的颗粒级配应符合三个级配区（即粗砂区、中砂区和细砂区）的要求，并根据细度模数规定了三种规格砂的范围，即粗砂模数为 3.1～3.7，中砂模数为 2.3～3.0，细砂模数为 1.6～2.2。

2. 主要仪器

（1）砂料标准筛：孔径分别为 0.15 mm、0.30 mm、0.60 mm、1.18 mm、2.36 mm、4.75 mm 及 9.50 mm 的方孔筛各一只，并附有筛底和筛盖。

（2）鼓风干燥箱：能使温度控制在（105±5）℃。

（3）天平：称量为 1 000 g，分度值为 1 g。

（4）摇筛机：如图 4-13 所示。

（5）搪瓷盘、毛刷等。

图 4-13　摇筛机

3. 试验步骤

（1）按规定取样，用孔径为 9.50 mm 的方孔筛筛除大于 9.50 mm 的颗粒，算出其筛余百分率，并将试样缩分至约 1 100 g，放入鼓风干燥箱内。试样于（105±5）℃下烘干至恒量，待冷却至室温后，分成大致相等的两份试样备用。

（2）称取试样 500 g（精确至 1 g），并将其倒入按孔径大小从上至下组合的套筛上。

（3）将放好试样的套筛安放在摇筛机上，摇筛 10 min 后取下套筛，按筛孔大小顺序依次逐个用手筛，筛至每分钟通过量小于试样总量的 0.1%为止。通过的试样并入下一号筛，并和下一号筛中的试样一起手筛，依次进行至各号筛全部筛完为止。

（4）称出各号筛的筛余量（精确至 1 g），试样在各号筛上的筛余量不得超过用一个筛过筛的筛余量。在一个筛上的筛余量为

$$G=\frac{A\times d^{1/2}}{200} \tag{4-28}$$

式中：

G ——用一个筛过筛的筛余量（g）；

A ——筛面面积（mm^2）；

d ——筛孔尺寸（mm）。

筛余量超过时，应按下列方法之一处理。值得注意的是，筛分后，若每号筛的筛余量与筛底的剩余量之和同原试样质量之差超过 1%，应重新进行试验。

（1）方法一：将该粒级试样分成少于按式（4-28）计算出的量（至少分成两份），分别筛分，并以筛余量之和作为该号筛的筛余量。

（2）方法二：将该粒级及以下各粒级的筛余混合均匀，称出其质量（精确至 1 g），再用四分法缩分为大致相等的两份，取其中一份，称出其质量（精确至 1 g），继续筛分，并根据缩分比例修正计算该粒级及以下各粒级的分计筛余量。

经验传承

（1）试样必须烘干至恒量。恒量是指试样在烘干 3 h 以上的情况下，其前后重量之差不大于该试验所要求的称量精度。

（2）试验前应检查筛孔是否畅通，若阻塞应清除。

（3）试验过程中防止颗粒遗漏。

4. 结果计算

（1）计算分计筛余百分率：各号筛的筛余量与试样总量之比（精确至 0.1%）。

（2）计算累计筛余百分率：该号筛的分计筛余百分率与该号筛以上各筛的分计筛余百分率之和（精确至 0.1%）。累计筛余百分率取两次试验结果的算术平均值（精确至 1%）。

（3）按式（4-4）计算细度模数 M_X。细度模数取两次试验结果的算术平均值（精确至 0.1）。当两次试验的细度模数之差超过 0.2 时，应重新试验。

（4）根据计算得到的累计筛余百分率，按标准要求的级配区判定颗粒级配是否符合标准要求。若不符合标准要求，应双倍取样复验。若复验符合标准要求，则判定该类砂合格，然后根据细度模数 M_X 的大小，按标准确定砂的规格；若复验不符合标准要求，则判定该类砂不合格。

4.6.3 砂的表观密度试验

通过测定砂的表观密度，可判断该砂是否符合标准要求，并为计算砂的空隙率和设计混凝土配合比提供依据。

1. 试验方法

通过测定砂处在不同状态下的有关质量，利用阿基米德原理（即砂排出水的体积为砂样体积）确定砂的近似密度体积，从而计算出砂的密度。砂的密度测定采用容量瓶法。

试验应符合标准《建设用砂》（GB/T 14684—2022）的要求，该标准规定砂的表观密度不小于 2 500 kg/m^3。

2. 主要仪器

（1）鼓风干燥箱：能使温度控制在（105±5）℃。

（2）天平：称量为 1 000 g，分度值为 0.1 g。

（3）容量瓶：500 mL。

（4）干燥器、搪瓷盘、滴管、毛刷、温度计等。

3. 试验步骤

（1）按规定方法取样，并将试样缩分至约 660 g，放在鼓风干燥箱中，于（105±5）℃下烘干至恒量。待试样冷却至室温后，将其分成大致相等的两份备用。

（2）称取试样 300 g，将其装入容量瓶，注入冷开水至接近 500 mL 刻度处，充分摇动，排除气泡，然后塞紧瓶塞并使试样静置 24 h。接着用滴管向容量瓶中注入冷开水至 500 mL 刻度处，塞紧瓶塞，擦干瓶外水分，称出其质量 G_1（精确至 1 g）。

（3）倒出瓶中的水和试样，洗净容量瓶，再向瓶中注入冷开水至 500 mL 刻度处，塞紧瓶塞，擦干瓶外水分，称出其质量 G_2（精确至 1 g）。

经验传承

试验过程中，应注意以下几点。

（1）应在整个试验过程中保持试验用水水温在 15～25℃，且变化不超过 2℃。

（2）称量容量瓶时必须擦干瓶外水分。

（3）用滴管加水至 500 mL 刻度处时，应当以弯液面最底处为准。

4. 结果计算

砂的表观密度为

$$\rho_0=\left(\frac{G_0}{G_0+G_2-G_1}-\alpha_t\right)\times\rho_{水} \tag{4-29}$$

式中：

ρ_0 ——砂的表观密度（kg/m^3）；

$\rho_{水}$——水的密度（1000 kg/m^3）；

G_0——烘干试样的质量（g）；

G_1——试样、水及容量瓶的总质量（g）；

G_2——水及容量瓶的总质量（g）；

α_t——水温对表观密度影响的修正系数，如表 4-40 所示。

表 4-40　不同水温对砂的表观密度影响的修正系数

水温/℃	15	16	17	18	19	20	21	22	23	24	25
α_t	0.002	0.003	0.003	0.004	0.004	0.005	0.005	0.006	0.006	0.007	0.008

砂的密度取两次试验结果的算术平均值，精确至10 kg/m^3。当两次试验之差大于20 kg/m^{3}时，应重新试验；当砂的密度测定值≤2 500 kg/m^{3}时，应重新选砂。

4.6.4　砂的堆积密度与空隙率试验

砂在松散状态下的堆积密度，可用于设计混凝土配合比，估计运输工具的数量或堆场的面积，计算砂的空隙率等。

1. 试验方法

通过测定装满容量筒的砂的质量和体积（自然状态下），计算其堆积密度及空隙率。

《建设用砂》（GB/T 14684—2022）规定，砂的堆积密度不小于1 400 kg/m^3，空隙率不大于 44%。

2. 主要仪器

（1）鼓风干燥箱：能使温度控制在（105±5）℃。

（2）容量筒：圆柱形金属筒，容积为 1 L。

（3）方孔筛：孔径为 4.75 mm 的筛一只。

（4）天平：称量为 10 kg，分度值为 1 g。

（5）垫棒：直径为 10 mm、长为 500 mm 的圆钢。

（6）直尺、漏斗或料勺、搪瓷盘、毛刷等。

3. 试验步骤

（1）按规定取样缩分后，称取试样约 3 L，将其放在鼓风干燥箱中，于（105±5）℃下烘干至恒量。待试样冷却至室温后，筛除大于 4.75 mm 的颗粒，并将其分成大致相等的两份备用。

（2）称出容量筒的质量 G_2。

（3）取试样一份，通过漏斗或料勺将试样从容量筒中心上方 50 mm 处，以自由落体徐徐倒入容量筒中。当容量筒上部试样呈锥体，且容量筒四周溢满时，立即停止加料。然后用直尺沿筒口中心向两边刮平，称出试样和容量筒的总质量 G_1（精确至 1 g）。

值得注意的是，试验过程中应不能振动装有试样的容量筒，以免砂料堆积密实。

4. 结果计算

（1）堆积密度。堆积密度应按下式计算，并取两次试验结果的算术平均值（精确至 10 kg/m³）。

$$\rho_0' = \frac{G_1 - G_2}{V_0'} \tag{4-30}$$

式中：

ρ_0' ——砂的堆积密度（kg/m³）；

G_1 ——容量筒和试样总质量（g）；

G_2 ——容量筒质量（g）；

V_0' ——容量筒体积（L）。

（2）空隙率。空隙率按下式计算，并取两次试验结果的算术平均值（精确至 1%）。

$$P' = \left(1 - \frac{\rho_0'}{\rho_0}\right) \times 100\% \tag{4-31}$$

式中：

P' ——空隙率（%）；

ρ_0'——砂的堆积密度（kg/m³）；

ρ_0——砂的表观密度（kg/m³）。

4.6.5 石的颗粒级配试验

通过筛析试验测定不同粒径石的含量比例，评定石的颗粒级配是否符合标准要求，为合理选择和使用粗骨料提供技术依据。

1. 试验方法

通过由不同孔径的筛组成的一套标准筛对石样进行筛析，测定石样中不同粒径的颗粒含量。建筑用卵石和碎石的颗粒级配应符合《建设用卵石、碎石》（GB/T 14685—2022）中的相关规定。

2. 主要仪器

（1）试验用方孔筛：孔径为 2.36 mm、4.75 mm、9.5 mm、16.0 mm、19.0 mm、26.5 mm、31.5 mm、37.5 mm、53.0 mm、63.0 mm、75.0 mm 及 90.0 mm 的筛各一只，并附有筛底和筛盖（筛框内径为 300 mm）。

（2）鼓风干燥箱：能使温度控制在（105±5）℃。

（3）天平：称量为 10 kg，分度值为 1 g。

（4）摇筛机。

（5）搪瓷盘、毛刷等。

3. 试验步骤

（1）按表 4-41 取样后，将试样缩分至略大于表 4-42 规定的质量，烘干或风干后备用。

表 4-41　单项试验取样质量

序　号	试验项目	最大粒径/mm							
		9.5	16.0	19.0	26.5	31.5	37.5	63.0	75.0
		最少取样质量/kg							
1	颗粒级配	9.5	16.0	19.0	25.0	31.5	37.5	63.0	80.0
2	针、片状颗粒含量	1.2	4.0	8.0	12.0	20.0	40.0	40.0	40.0
3	表观密度	8.0	8.0	8.0	8.0	12.0	16.0	24.0	24.0
4	堆积密度与空隙率	40.0	40.0	40.0	40.0	80.0	80.0	120.0	120.0

表 4-42　颗粒级配试验所需试样质量

最大粒径/mm	9.5	16.0	19.0	26.5	31.5	37.5	63.0	75.0
最少试样质量/kg	1.9	3.2	3.8	5.0	6.3	7.5	12.6	16.0

（2）根据试样的最大粒径，称取按表 4-42 规定质量的试样一份（精确至 1 g）。将试样倒入按孔径大小从上至下组合好的套筛上，然后放置于摇筛机上进行筛分。摇筛 10 min，取下套筛，按筛孔大小顺序依次进行手筛，筛至每分钟通过量小于试样总量的 0.1%为止。

（3）通过的颗粒并入下一号筛，并和下一号筛中的试样一起手筛，依此类推，直至各号筛全部筛完为止，称出各号筛筛余量（精确至 1 g）。

4. 结果计算

（1）计算分计筛余百分率：各号筛的筛余量与试样总质量之比（计算精确至 0.1%）。

（2）计算累计筛余百分率：该号筛及以上各筛的分计筛余百分率之和（精确至 1%）。

（3）筛分后，若每号筛的筛余量与筛底的筛余量之和同原试样质量之差超过 1%，须

重新试验。

（4）根据各号筛的累计筛余百分率，评定该试样的颗粒级配。若不符合标准要求，应双倍取样进行复验。若复验符合标准要求，则判定该试样合格；若复验不符合标准要求，则判定该试样不合格。

4.6.6　石的针、片状颗粒含量试验

混凝土粗骨料中，若针、片状颗粒的含量超过一定界限，不仅会使骨料的空隙增加，还会使混凝土拌和物的和易性变差，导致混凝土的强度降低。

1. 试验方法

通过针状规准仪和片状规准仪，可确定石子针、片状颗粒的含量。《建设用卵石、碎石》（GB/T 14685—2022）规定，卵石和碎石的针、片状颗粒含量（质量分数）应符合：Ⅰ类≤5，Ⅱ类≤10，Ⅲ类≤15。

2. 主要仪器

（1）针状规准仪与片状规准仪：如图 4-14 所示。

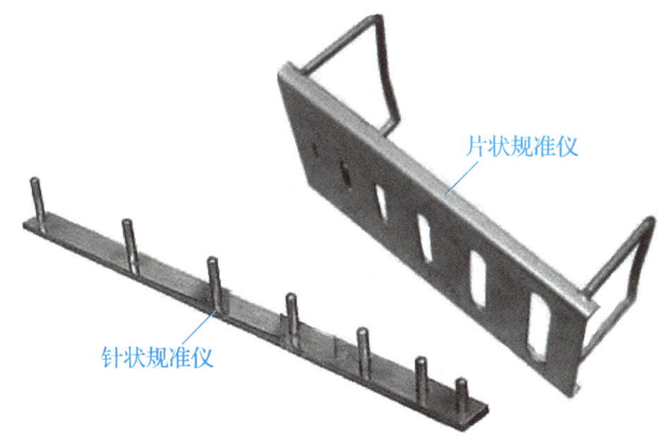

图 4-14　针状规准仪与片状规准仪

（2）天平：称量为 10 kg，分度值为 1 g；

（3）方孔筛：孔径为 4.75 mm、9.50 mm、16.0 mm、19.0 mm、26.5 mm、31.5 mm、37.5 mm、53.0 mm、63.0 mm、75.0 mm 及 90.0 mm 的筛各一只。

3. 试验步骤

（1）按表 4-41 取样，并将试样缩分至略大于表 4-43 定的质量，烘干或风干后备用。

表 4-43　针、片状颗粒含量试验所需试样质量

最大粒径/mm	9.5	16.0	19.0	26.5	31.5	37.5
最少试样质量/kg	0.3	1.0	2.0	3.0	5.0	10.0

（2）根据试样的最大粒径，称取按表 4-43 规定质量的试样一份（精确至 1 g），然后参照表 4-44 的粒级按规定方法进行筛分。

表 4-44　针、片状颗粒含量试验的粒级划分及其相应的规准仪孔宽或间距　　单位：mm

石子粒级	4.75～9.50	9.50～16.0	16.0～19.0	19.0～26.5	26.5～31.5	31.5～37.5
片状规准仪相对应孔宽	2.8	5.1	7.0	9.1	11.6	13.8
针状规准仪相对应间距	17.1	30.6	42.0	54.6	69.6	82.8

（3）按表 4-44 定的粒级分别用规准仪逐粒检验，凡颗粒长度大于针状规准仪上相应间距者，为针状颗粒；颗粒厚度小于片状规准仪上相应孔宽者，为片状颗粒，最后称出其总质量（精确至 1 g）。

4. 结果计算

针、片状颗粒含量的计算公式（精确至 1%）为

$$Q_c = \frac{G_2}{G_1} \times 100\% \tag{4-32}$$

式中：

Q_c——针、片状颗粒含量（%）；

G_1——试样的质量（g）；

G_2——试样中所含针、片状颗粒的总质量（g）。

4.7 混凝土性能试验

混凝土的性能试验主要包括坍落度试验、维勃稠度试验、表观密度试验及立方体抗压强度试验。通过混凝土性能试验，可以分析配制的混凝土是否便于施工，以及是否满足工程强度要求等。

4.7.1 坍落度试验

1. 试验方法

坍落度试验是通过测定混凝土拌和物坍落前后的高度差，来评定混凝土拌和物是否满足施工所要求的流动性、黏聚性和保水性。

《普通混凝土拌和物性能试验方法标准》（GB/T 50080—2016）规定，坍落度试验适用于测定骨料最大公称粒径不大于 40 mm、坍落度不小于 10 mm 的混凝土拌和物的坍落度。

2. 主要仪器

（1）坍落度仪：应符合现行行业标准《混凝土坍落度仪》（JG/T 248—2009）的规定。

（2）2 把钢尺：量程应不小于 300 mm，分度值应不大于 1 mm。

（3）底板：应采用平面尺寸不小于 1 500 mm×1 500 mm、厚度不小于 3 mm、最大挠度不大于 3 mm 的钢板。

3. 试验步骤

（1）润湿坍落度筒的内壁和底板，且保持无明水；底板应放置在坚实的水平面上，并把坍落度筒放在底板中心，然后用脚踩住两边的脚踏板。坍落度筒在装料时应保持在固定的位置。

（2）混凝土拌和物试样应分 3 层均匀地装入坍落度筒内，每装一层混凝土拌和物，应用捣棒由边缘到中心按螺旋形均匀插捣 25 次。捣实后的每层混凝土拌和物试样的高度约为筒高的 1/3。

（3）插捣底层时，捣棒应贯穿整个混凝土拌和物的深度。插捣第二层和顶层时，捣棒应插透本层，并与下一层表面接触。

（4）顶层的混凝土拌和物应高出筒口。插捣过程中，若混凝土拌和物低于筒口，则应随时添加混凝土拌和物。

（5）顶层插捣完毕后，取下装料漏斗，用抹刀将多余混凝土拌和物刮去，并沿筒口抹平。

（6）清除筒边底板上的混凝土后，垂直平稳地提起坍落度筒，并轻放于试样旁。当试样不再继续坍落或坍落时间达 30 s 时，用钢尺测量出筒高与坍落后混凝土试体最高点之间的高度差，作为该混凝土拌和物的坍落度值。

经验传承

坍落度筒的提离过程应在 3～7 s 内完成。从开始装料到提起坍落度筒的整个过程应连续进行，并应在 150 s 内完成。

坍落度筒提离后，若混凝土拌和物发生一边崩坍或剪坏现象，则应重新取样另行测定；若第二次试验仍出现上述现象，应记录说明。

4. 结果处理

混凝土锥体坍落前后的高度差即为坍落度，其以 mm 为单位（精确至 1 mm），且应修约至 5 mm。

4.7.2 维勃稠度试验

1. 试验方法

维勃稠度试验是通过测定混凝土拌和物在外力作用下由圆台状均匀摊平所需要的时间，来评定混凝土拌和物的流动性是否满足施工要求。

维勃稠度试验用来测定骨料最大公称粒径不大于 40 mm，维勃稠度在 5～30 s 之间的混凝土拌和物的维勃稠度。

2. 主要仪器

（1）维勃稠度仪：应符合现行行业标准《维勃稠度仪》JG/T 250—2009 的规定。维勃稠度仪的结构如图 4-15 所示。

（2）秒表：精度应不低于 0.1 s。

图 4-15　维勃稠度仪

3. 试验步骤

（1）将维勃稠度仪放置在坚实的水平面上，容器、坍落度筒内壁及其他用具应润湿

无明水。

（2）将料斗提到坍落度筒上方扣紧，校正容器位置，使其中心与料斗中心重合，然后拧紧固定螺钉。

（3）将按要求取得或配制的混凝土拌和物试样用小铲分 3 层经料斗均匀地装入坍落度筒内，装料及插捣的方法和坍落度试验相同。

（4）顶层插捣完后应将料斗转离，沿坍落度筒口刮平混凝土拌和物顶面，垂直地提起坍落度筒，不应使混凝土拌和物产生横向扭动。

（5）将圆盘转到混凝土圆台体顶面，放松测杆螺钉，降下圆盘，使其轻轻接触到混凝土的顶面。

（6）拧紧定位螺钉，同时开启振动台和秒表（试验前要检查秒表是否准确），当振动到圆盘的整个底面都被水泥浆布满的瞬间停止计时，并关闭振动台。

4. 结果处理

由秒表读出的时间，即为该混凝土拌和物的维勃稠度值（精确至 1 s）。值得注意的是，若维勃稠度值小于 5 s 或大于 30 s，则该混凝土所具有的稠度已超出仪器的适用范围。

4.7.3 表观密度试验

1. 试验方法

通过测定混凝土拌和物捣实后单位体积的质量，以修正和核实计算混凝土配合比中的材料用量。该试验的试验方法和操作步骤应符合《普通混凝土拌和物性能试验方法标准》（GB/T 50080—2016）中的相关规定。

2. 主要仪器

（1）容量筒：金属制成的圆筒，筒外壁应有提手。骨料最大公称粒径不大于 40 mm 的混凝土拌和物宜采用容积不小于 5 L 的容量筒，筒壁厚应不小于 3 mm；骨料最大公称粒径大于 40 mm 的混凝土拌和物应采用内径与内高均大于骨料最大公称粒径 4 倍的容量筒。容量筒上沿及内壁应光滑平整，顶面与底面应平行并应与圆柱体的轴垂直。

（2）电子天平：最大量程为 50 kg，分度值应不大于 10 g。

（3）振动台：应符合现行行业标准《混凝土试验用振动台》（JG/T 245—2009）的规定。

（4）捣棒：应符合现行行业标准《混凝土坍落度仪》（JG/T 248—2009）的规定。

3. 试验步骤

（1）先按下列步骤测定容量筒的容积：将干净容量筒与玻璃板一起称出重量 W_1；将容量筒装满水，缓慢将玻璃板从筒口一侧推到另一侧，容量筒内应注满水并且水中不应存在气泡，然后擦干容量筒外壁，再次称重；两次称重结果之差除以该温度下水的密度应为容量筒容积 V，常温下水的密度可取 1 kg/L。

（2）容量筒内外壁应擦干净，称出容量筒的质量 m_1（精确至 10 g）。

（3）混凝土的装料及捣实方法应视混凝土拌和物的稠度而定。一般来说，为使所测混凝土的密实状态更接近于实际施工，对于坍落度不大于 90 mm 的混凝土拌和物，宜用振动台捣实；对于坍落度大于 90 mm 的混凝土拌和物，宜用捣棒捣实。

① 采用振动台捣实：应一次性将混凝土拌和物装填至高出容量筒筒口，装料时可用捣棒稍加插捣，捣实过程中若混凝土拌和物高度沉落到筒口以下，则应随时添加混凝土拌和物。振动至混凝土拌和物表面出浆为止。

② 采用捣棒捣实：应根据容量筒的大小决定分层与插捣次数。一般情况下，用 5 L 容量筒时，混凝土拌和物分两层装入，每层插捣 25 次；用大于 5 L 容量筒时，每层混凝土拌和物的高度应不大于 100 mm，每层插捣次数应按每10 000 mm^2 截面不小于 12 次计算。

（4）用刮尺沿筒口将多余的混凝土拌和物刮去，表面如有凹陷应填平。将容量筒外壁擦净，称出混凝土拌和物试样与容量筒总质量 m_2（精确至 10 g）。

4. 结果计算

混凝土拌和物的表观密度为

$$\rho=\frac{m_2-m_1}{V}\times 1\,000 \tag{4-33}$$

式中：

ρ ——混凝土拌和物表观密度（kg/m^3），精确至10 kg/m^3；

m_1 ——容量筒质量（kg）；

m_2 ——容量筒和试样总质量（kg）；

V ——容量筒容积（L）。

4.7.4 立方体抗压强度试验

通过测定混凝土的立方体抗压强度，以检验混凝土的质量，确定、校核混凝土的配合比和强度等级，为控制施工质量提供依据。

1. 试验方法

将和易性符合施工要求的混凝土拌和物按规定成型，以制成标准的立方体试件（边长为 150 mm），经 28 d 标准养护后，测量其抗压破坏载荷，并计算其立方体抗压强度。混凝土立方体抗压强度试验方法应符合《混凝土物理力学性能试验方法标准》（GB/T 50081—

2019）中的相关规定。

2. 主要仪器

（1）振动台：振动频率应为（50±2）Hz，空载时其台面中心点的垂直振幅应为（0.5±0.02）mm，如图 4-16 所示。

（2）捣棒：直径应为（16±0.2）mm、长度应为（600±5）mm，端部应呈半球形。

（3）橡皮锤或木锤：锤头质量宜为 0.25～0.5 kg。

（4）压力试验机：试件破坏载荷应大于压力机全量程的 20%，且小于压力机全量程的 80%；示值的相对误差应为±1%；应具有加荷速度指示装置或加荷速度控制装置，并应能均匀、连续地加荷；球座应转动灵活，置于试件顶面，并凸面朝上，如图 4-17 所示。

图 4-16 振动台

图 4-17 压力试验机

3. 试验步骤

1）试件成型

（1）在试件成型前，应先检查试模的尺寸是否符合规定。应将试模擦拭干净，在其内壁均匀地涂刷一薄层矿物油或其他不与混凝土发生反应的隔离剂，隔离剂应均匀分布，不应有明显沉积。

（2）在混凝土拌和物入模前应保证其匀质性。

（3）振捣成型。采用振动台成型时，应将混凝土拌和物一次装入试模，装料时应用抹刀沿试模内壁插捣，并使混凝土拌和物高出试模上口。试模应附着或固定在振动台上，防止振动时试模在振动台上自由跳动，振动应持续到混凝土拌和物表面出浆且无明显大气泡溢出为止，不得过振。

（4）试件成型后，刮除试模上口多余的混凝土拌和物，待混凝土拌和物临近初凝时，用抹刀沿试模上口抹平。试件表面与试模边缘的高度差不得超过 0.5 mm。

2）试件的养护

试件的养护应符合以下规定。

（1）试件成型抹面后应立即用塑料薄膜覆盖表面，或采取其他保持试件表面湿度的方法。

（2）试件成型后应在温度为（20±5）℃、相对湿度大于50%的室内静置1～2 d。试件静置期间应避免受到振动和冲击，静置后编号标记、拆模。当试件有严重缺陷时，应按废弃处理。

（3）试件拆模后应立即放入温度为（20±2）℃、相对湿度为95%以上的标准养护室中养护，或在温度为（20±2）℃的不流动的$Ca(OH)_2$饱和溶液中养护。标准养护室内的试件应放在支架上，彼此间隔为10～20 mm。试件表面应保持潮湿，但不得用水直接冲淋试件。

（4）试件的养护龄期可分为1 d、3 d、7 d、28 d、56 d、60 d、84 d、90 d和180 d等，也可根据设计龄期或需要确定。龄期应从搅拌加水开始计时。

3）混凝土立方体抗压强度的测定

（1）试件到达试验龄期时，从养护地点取出后应及时进行试验，以免试件内部的温湿度发生显著变化。

（2）将试件表面与上、下承压板面擦拭干净。

（3）以试件成型时的侧面为承压面，将试件安放在压力试验机的下承压板上或垫板上，试件的中心应与压力试验机下压板中心对准。

（4）启动压力试验机，试件表面应与上、下承压板或垫板均匀接触。

（5）混凝土试件的试验应连续而均匀地加荷，加荷速度宜取0.3～1.0 MPa/s。当立方体抗压强度小于30 MPa时，加荷速度宜取0.3～0.5 MPa/s；当立方体抗压强度为30～60 MPa时，加荷速度宜取0.5～0.8 MPa/s；当立方体抗压强度不小于60 MPa时，加荷速度宜取0.8～1.0 MPa/s。

（6）当试件接近破坏而开始迅速变形时，应停止调整压力试验机，直到试件破坏，并记录破坏载荷。

经验传承

混凝土骨料的最大粒径应不大于试件最小边长的1/3。混凝土力学性能试验一般以3个试件为一组。每一组试件所用的混凝土拌和物应从同一盘或同一车运送的混凝土拌和物中取出，或在试验室内单独拌制，用以测试现浇混凝土工程或预制构件质量。试件分组及取样原则应按《混凝土结构工程施工质量验收规范》（GB 50204—2015）及其他有关规定执行。

所有试件应在取样后立即制作。确定混凝土设计特征值、强度等级或进行材料性

能研究时，试件的成型方法应视混凝土设备条件、现场施工方法和混凝土的稠度而定。试验所用混凝土试件的成型方法，应尽可能与实际施工采用的方法相同。

4. 结果计算

（1）混凝土立方体试件抗压强度（精确至 0.1 MPa）的计算公式为

$$f_{cc}=\frac{F}{A} \tag{4-34}$$

式中：

f_{cc} ——混凝土立方体试件抗压强度（MPa）；
F ——试件破坏载荷（N）；
A ——试件承压面积（mm^2）。

（2）以每组试件 3 个测定值的算术平均值作为该组试件的立方体抗压强度值。当 3 个测定值中的最大值或最小值中有一个与中间值的差值超过中间值的 15%时，则取中间值作为该组试件的立方体抗压强度值；若最大值、最小值与中间值的差值均超过中间值的 15%，则该组试件的试验结果无效。

（3）当混凝土强度等级小于 C60 时，用非标准试件测得的强度值均应乘以尺寸换算系数，对 200 mm×200 mm×200 mm 的试件可取尺寸换算系数为 1.05；对 100 mm×100 mm×100 mm 的试件可取尺寸换算系数为 0.95。

（4）当混凝土强度等级不小于 C60 时，宜采用标准试件。当使用非标准试件时，尺寸换算系数宜由试验确定，但当混凝土强度等级不大于 C100 时，且试件尺寸为 100 mm×100 mm×100 mm 时，尺寸换算系数可取 0.95。

姓名__________ 班级__________ 学号__________

试验工单——混凝土相关试验

<table>
<tr><td>试验名称</td><td colspan="5"></td></tr>
<tr><td rowspan="2">工单评价</td><td>获取信息准确（15 分）</td><td>操作步骤规范（50 分）</td><td>计算结果正确（25 分）</td><td>工单填写规范（10 分）</td><td>总计（100 分）</td></tr>
<tr><td></td><td></td><td></td><td></td><td></td></tr>
<tr><td>试验准备</td><td colspan="5">（1）普通混凝土的基本组成材料是__________、________、________，另外还常掺入适量的__________和___________。
（2）普通混凝土用细骨料是指____________________的岩石颗粒。砂有天然砂和_________________两类。
（3）粗骨料的颗粒级配分为___________________和___________________两种。
（4）混凝土拌和物的和易性包括__________________、_____________________和__________________三方面性能。
（5）混凝土的立方体抗压强度是将边长为_________mm 的立方体试件，在温度为____________℃，相对湿度为_________以上的潮湿条件下养护________ d，并用标准试验方法测定的抗压强度，单位为__________。</td></tr>
<tr><td>试验目的</td><td colspan="5"></td></tr>
<tr><td>仪器设备</td><td colspan="5"></td></tr>
<tr><td>试验步骤</td><td colspan="5"></td></tr>
</table>

姓名＿＿＿＿＿＿ 班级＿＿＿＿＿＿ 学号＿＿＿＿＿＿

（续表）

计算结果	
注意事项	
课堂小结	

模块测试

（1）普通混凝土用砂应选择（　　）较好。

A．空隙率小　　B．尽可能粗

C．越粗越好　　D．在空隙率小的条件下尽可能粗

（2）普通混凝土的设计指标为（　　）强度。

A．立方体抗压　　B．轴心抗压

C．抗折　　D．劈裂抗拉

（3）根据和易性试验结果调整得到的能满足和易性要求的配合比称为混凝土拌和物的（　　）配合比。

A．初步　　B．试拌　　C．设计　　D．施工配合比

（4）根据强度试验结果调整得到的能满足力学性要求的配合比称为水泥混凝土的（　　）配合比。

A．初步　　B．试拌

C．设计　　D．施工配合比

（5）简述混凝土的特点。

（6）影响混凝土拌和物和易性的主要因素有哪些？

（7）影响混凝土强度的主要因素有哪些？如何提高混凝土的强度？

（8）提高混凝土耐久性的措施有哪些？

（9）什么是减水剂？减水剂的作用效果如何？

（10）什么是混凝土配合比？如何表示配合比？配合比设计的基本要求有哪些？

（11）某一砂样经筛析试验，各筛上的筛余量如表 4-45 所示，试评定该砂的粗细程度及颗粒级配情况。

表 4-45　各筛上的筛余量

筛孔尺寸/mm	4.75	2.36	1.18	0.6	0.3	0.15	筛底
筛余量 m_i/g	25	35	90	140	115	70	25
分计筛余百分率 α_i/%							
累计筛余百分率 A_i/%							

（12）采用普通硅酸盐水泥、卵石和天然砂配制混凝土，水灰比为 0.52，制作一组尺寸为 150 mm×150 mm×150 mm 的试件，标准养护 28 d，测得的抗压破坏载荷分别为 510 kN，520 kN 和 650 kN。计算该组混凝土试件的立方体抗压强度。

（13）某混凝土，其设计配合比为 m_c ∶ m_s ∶ m_g=1 ∶ 2.10 ∶ 4.68，m_w/m_c=0.52。现场砂、石的含水率分别为 2%和 1%，堆积密度分别为 ρ'_{s0} =1 600 kg/m^3 和 ρ'_{g0} =1 500 kg/m^3。1 m^3 混凝土的用水量为 m_w=160 kg。求其施工配合比。

砂浆

某工程总建筑面积为 12 hm^2，其中，地下面积为 1.4 hm^2，地上面积为 10.6 hm^2。业主在验房过程中，发现该房内墙的砂浆涂抹方法与交房标准中不一致，可用手或硬物将部分房间内墙的砂浆剐蹭下来，且砂浆强度不足。后来统计有 100 余间房存在类似问题。这些业主便与开发商谈判、寻求索赔，并在网上进行了投诉。

想一想：砂浆的组成材料有哪些？有什么技术要求？

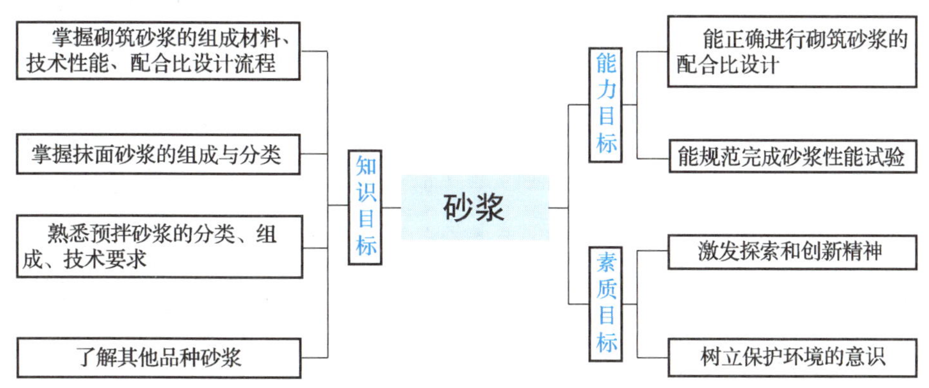

砂浆是由胶凝材料、细骨料、水，以及根据性能需要确定的外加剂和掺合料，按合适的比例配合，拌制并经硬化而成的工程材料。砂浆与混凝土的主要区别之一就是砂浆中没有粗骨料。因此，从某种意义上来说，也可以将砂浆看作是一种无粗骨料的混凝土。

在结构工程中，砂浆主要起黏结、衬垫和传递应力的作用，可以将散粒材料、块状材料和片状材料等胶结成整体结构。砂浆常用来修建各种建筑，如房屋、堤坝、桥涵等砖石建筑，同时砖墙的勾缝、墙板和楼板等的接缝也离不开砂浆。

在装饰工程中，砂浆可以起到装饰和保护主体材料的作用，例如，墙面、地面及梁柱结构等表面的抹灰，天然石材、人造石材、瓷砖、锦砖等的镶贴都要使用砂浆。此外，随着砂浆的日益多功能化，某些砂浆还具有防水、吸声、保温、防辐射和耐腐蚀等特殊功能。

砂浆有多种分类方法，具体如下。

（1）按用途不同分类：分为砌筑砂浆、抹面砂浆、吸声砂浆、保温砂浆等。建筑工程中使用最多的是砌筑砂浆和抹面砂浆。

（2）按胶凝材料不同分类：分为水泥砂浆、石灰砂浆、石膏砂浆、沥青砂浆、聚合物砂浆，以及由两种或两种以上胶凝材料组成的混合砂浆，如水泥混合砂浆、聚合物水泥砂浆等。

（3）按表观密度不同分类：分为重砂浆和轻砂浆。

（4）按来源不同分类：分为施工现场拌制的砂浆和由专业生产厂生产的预拌砂浆。

与砂浆有关的标准有《建筑砂浆基本性能试验方法标准》（JGJ/T 70—2009）、《砌筑砂浆配合比设计规程》（JGJ/T 98—2010）和《预拌砂浆》（GB/T 25181—2019）。

5.1 砌筑砂浆

砌筑砂浆能把砖、石、砌块等块材砌筑成砌体，也用于填充墙板、楼板等的接缝。砌筑砂浆主要起黏结、衬垫和传递应力的作用，以保证构件受力均匀。目前，在一些大型工程中，砌筑砂浆多为预拌砂浆，而在一些小型工程中，砌筑砂浆常需要现场配制。

5.1.1 砌筑砂浆的组成材料

砌筑砂浆的组成材料主要有水泥、掺合料、细骨料、水和外加剂等。为保证砌筑砂浆的质量，配制砌筑砂浆的各组成材料均应满足一定的技术要求。

砌筑砂浆的组成材料

1. 水泥

应根据工程所处的环境条件，在普通硅酸盐水泥、矿渣硅酸盐

水泥、粉煤灰硅酸盐水泥、火山灰质硅酸盐水泥、复合硅酸盐水泥和砌筑水泥中选用合适的水泥品种用作砌筑砂浆中的水泥。

水泥的强度等级应根据砌筑砂浆的品种和强度等级进行选择。选择时，应考虑水泥强度等级的经济合理性。一般在配制砌筑砂浆时，水泥的强度等级为砌筑砂浆强度等级的 4～5 倍。同时应注意，不同品种的水泥，不得混合使用。

2. 掺合料

为改善砌筑砂浆的和易性，节约水泥用量，常在其中掺入掺合料，如石灰膏、电石膏、粉煤灰、粒化高炉矿渣粉、硅灰和天然沸石粉等。

《砌筑砂浆配合比设计规程》（JGJ/T 98—2010）对砌筑砂浆中的掺合料有相关规定。其中，石灰膏、电石膏等膏类材料的稠度一般为（120 ± 5）mm。生石灰熟化成石灰膏时应用孔径不大于 3 mm × 3 mm 的网过滤，熟化时间不得少于 7 d。严禁使用脱水硬化的石灰膏，消石灰粉不得直接用于砌筑砂浆中。

此外，对于加入的粉煤灰、粒化高炉矿渣粉、硅灰和天然沸石粉等掺合料，应符合相关标准要求。

3. 细骨料

砂是砌筑砂浆常用的细骨料之一，与混凝土用砂的技术要求相同，即其技术指标应符合《普通混凝土用砂、石质量及检验方法标准》（JGJ 52—2006）中的规定，且应全部通过 4.75 mm 的筛孔。

由于砌筑砂浆层一般较薄，因此它对砂粒的最大粒径有所限制。通常情况下，砖砌体用砌筑砂浆宜选用中砂，并且砂应过筛，不得含有杂质，最大粒径不大于砌筑砂浆厚度的 1/4，一般以 2.5 mm 为宜；石砌体用砌筑砂浆宜选用粗砂，砂的最大粒径应不大于砌筑砂浆厚度的 1/5～1/4，一般以 5.0 mm 为宜；光滑的抹面及勾缝的砌筑砂浆宜采用细砂，砂的最大粒径宜不大于 1.2 mm。

课堂讨论

砌筑砂浆中砂的含泥量不宜过大，否则，不但会增加水泥用量，还可能因砌筑砂浆收缩造成强度和耐久性下降。砌筑砂浆用砂的含泥量不应超过 5%。

查阅标准，说一说其他砂浆中砂的含泥量是多少。

4. 水

配制砌筑砂浆所用水应不含有害杂质，一般与混凝土用水要求相同。

5. 外加剂

为使砌筑砂浆具有良好的施工性能，可根据砌筑砂浆的用途及所需性能，掺入必要的外加剂。砌筑砂浆中掺入的外加剂，应符合国家现行有关标准的规定，并经砂浆性能试验检验合格后，方可使用。此外，引气型外加剂还应具有完整的检验报告。

砌筑砂浆中掺入的外加剂与混凝土中的外加剂相似。例如，为改善砌筑砂浆的和易性，提高砌筑砂浆的抗裂性、抗冻性及保温性，可在其中掺入减水剂；为增强砌筑砂浆的防水性和抗渗性，可在其中掺入防水剂；为增强砌筑砂浆的保温性，除选用轻质细骨料外，还可在其中掺入引气剂。

5.1.2 砌筑砂浆的技术性能

为保证工程质量，砌筑砂浆应具有良好的和易性，硬化后的砌筑砂浆应具有需要的强度，以及规定的与基层的黏结力、耐久性和较小的变形等。

1. 砌筑砂浆的和易性

砌筑砂浆的和易性是指砌筑砂浆是否易于施工并保证质量的综合性质，它是反映砌筑砂浆施工难易程度及质量稳定的重要技术指标。和易性良好的砌筑砂浆质量均匀，易于施工，在运输和操作时不易出现分层和泌水现象，且能使砌筑材料黏结牢固，接缝饱满密实，从而使建筑获得较高的强度和整体性。和易性不良的砌筑砂浆难以铺成均匀密实的薄层，水分易被砖、石吸收而使砌筑砂浆很快变得干涩，导致接缝难以填实、砌筑材料黏结不牢固。

由于砌筑砂浆的施工多为人工操作，因此与混凝土相比，砌筑砂浆的和易性对工程质量的影响更大。砌筑砂浆的和易性可根据砌筑砂浆的稠度和保水性来评定。

1）稠度

稠度是指砂浆在自重或外力作用下产生流动的性能。砂浆的稠度用砂浆稠度仪测定，以试锥在砂浆中下沉的深度表示，单位为 mm。稠度越大，砂浆的流动性越大。

砂浆稠度的大小主要取决于用水量。此外，砂浆稠度还受水泥品种、用量，细骨料的种类、粗细程度、颗粒级配、含泥量，外加剂，砌体的种类，施工条件和气候条件等影响。实际工程所用砌筑砂浆的稠度可根据砌体种类、施工条件和气候条件等因素来决定。如表 5-1 所示为不同砌体种类采用的砌筑砂浆稠度。

表 5-1　砌筑砂浆的稠度（摘自 JGJ/T 98—2010）

砌体种类	稠度/mm
烧结普通砖砌体、粉煤灰砖砌体	70～90
混凝土砖砌体、普通混凝土小型空心砌块砌体、灰砂砖砌体	50～70

（续表）

砌体种类	稠度/mm
烧结多孔砖砌体、烧结空心砖砌体、轻骨料混凝土小型空心砌块砌体、蒸压加气混凝土砌块砌体	60～80
石砌体	30～50

2）保水性

保水性是指砂浆能够保持内部水分的能力。砌筑砂浆的保水性用保水率来表示。工程领域中砌筑砂浆的保水率应符合表 5-2 中的规定。

表 5-2　砌筑砂浆的保水率（摘自 JGJ/T 98—2010）

砌筑砂浆种类	保水率/%
水泥砂浆	⩾80
水泥混合砂浆	⩾84
预拌砌筑砂浆	⩾88

保水性不好的砌筑砂浆，在运输和存放过程中容易泌水、离析，使用前必须重新搅拌；在涂抹过程中，水分容易被砖、石吸收，使得砌筑砂浆过于干稠，涂抹不平。要使砌筑砂浆容易涂抹，可在砌筑砂浆中掺入石灰膏、黏土、粉煤灰等，以改善其保水性。

2. 砌筑砂浆的强度及强度等级

砌筑砂浆的强度一般用抗压试验测得的抗压强度值来确定。《建筑砂浆基本性能试验方法标准》（JGJ/T 70—2009）规定，砌筑砂浆的抗压试验采用 70.7 mm×70.7 mm×70.7 mm 的带底试模和试件，每组为 3 个，且在标准养护条件下将其养护至 28 d，然后测定出其抗压强度的平均值（MPa）。

砌筑砂浆压强度与基层材料是否吸水有关，可采用下列公式进行估算。

1）不吸水基层（致密石材）

对于不吸水基层，砌筑砂浆强度的影响因素与混凝土相似，主要取决于水泥强度和灰水比，其计算公式为

$$f_{m,0}=\alpha f_{ce}\left(\frac{C}{W}-\beta\right) \tag{5-1}$$

式中：

$f_{m,0}$——砌筑砂浆强度（MPa）；

f_{ce}——水泥强度（MPa）；

$\frac{C}{W}$——灰水比；

α、β——经验系数，用普通硅酸盐水泥时，$\alpha=0.29$，$\beta=0.4$。

2）吸水基层（砖和其他多孔材料）

用于吸水基层时，砌筑砂浆中的水会被基层材料吸收一部分。此时，砌筑砂浆中保留水分的多少主要取决于砌筑砂浆自身的保水性，与灰水比关系不大。因此，吸水基层的砌筑砂浆强度主要决定于水泥强度及水泥用量，其计算公式为

$$f_{m,0}=\alpha\frac{f_{ce}Q_c}{1\,000}+\beta \tag{5-2}$$

式中：

Q_c ——每立方米砌筑砂浆中水泥用量（kg）；

α、β——经验系数，用水泥混合砂浆时，$\alpha=3.03$，$\beta=-15.09$。

在无法取得水泥的实测强度值时，可按式（5-3）计算 f_{ce}。

$$f_{ce}=\gamma_c\cdot f_{ce,k} \tag{5-3}$$

式中：

$f_{ce,k}$——水泥强度等级值（MPa）；

γ_c ——水泥强度等级的富余系数，该值宜按实际统计资料确定；无统计资料时取 1.0。

砌筑砂浆的强度通常用强度等级来表示。水泥砂浆及预拌砂浆的强度等级分为 M5、M7.5、M10、M15、M20、M25、M30 七个等级。水泥混合砂浆的强度等级有 M5、M7.5、M10 和 M15 四个等级。对特别重要的砌体和有较高耐久性要求的工程，宜采用 M20 以上的砌筑砂浆。

经验传承

各地区也可用本地区试验资料确定α、β值。

3. 砌筑砂浆的黏结性

砌体中的砖、石、砌块等材料是靠砌筑砂浆黏结成一个坚固的整体并传递载荷的。砌筑砂浆与砌体黏结得越牢固，则整个砌体的整体性、耐久性及抗震性越好，强度越高。一般来说，砌筑砂浆的强度越高，其黏结性越好。

砌筑前，如果使基层材料有一定的润湿程度，则有利于黏结力的增大。此外，黏结力的大小还与砖、石、砌块的表面清洁程度及养护条件等因素有关。实际上，对于砌体这个整体来说，砌筑砂浆的黏结性较其强度更为重要。但是，考虑到测量的难易程度，工程上常将砌筑砂浆的强度作为必检项目和配合比设计的依据。

4. 砌筑砂浆的其他性质

1）变形性

砌筑砂浆在承受载荷、温度变化或干缩过程中，会产生变形。如果变形过大或不均匀，砌体的整体性会受到破坏，如产生沉陷或裂缝，从而影响到整个砌体的质量。因此，要求

砌筑砂浆具有较小的变形性。影响砌筑砂浆变形性的因素很多，如胶凝材料的种类和用量、用水量，以及细骨料的种类、颗粒级配、质量和外部环境等。

2）抗冻性

有抗冻性要求的砌体工程或受冻融影响较多的建筑部位，应对砌筑砂浆进行冻融试验。经冻融试验后，砌筑砂浆的质量损失率应不大于 5%，强度损失率应不大于 25%。对于不同气候区域，其抗冻性应符合表 5-3 中的标准。

表 5-3　砌筑砂浆的抗冻性（摘自 JGJ/T 98—2010）

使用条件	抗冻指标	质量损失率/%	强度损失率/%
夏热冬暖地区	F15	≤5	≤25
夏热冬冷地区	F25		
寒冷地区	F35		
严寒地区	F50		

5. 砌筑砂浆的技术要求与应用

砌筑砂浆若为水泥砂浆，其拌和物的表观密度不应小于 1 900 kg/m^3，水泥用量不应小于 200 kg/m^3；若为水泥混合砂浆，其拌和物的表观密度不应小于 1 800 kg/m^3，水泥和掺合料总量不应小于 350 kg/m^3。对于具有冻融循环次数要求的砌筑砂浆，经冻融试验后，其质量损失率不得大于 5%，强度损失率不得大于 25%。砌筑砂浆的稠度、保水率、强度必须同时符合要求。

砌筑砂浆试配时应采用机械搅拌，搅拌时间应从开始加水算起。对于水泥砂浆和水泥混合砂浆，其搅拌时间不得少于 120 s；对于预拌砂浆和掺用粉煤灰、外加剂、保水增稠材料等的砌筑砂浆，其搅拌时间不得少于 180 s。

水泥砂浆宜用于砌筑潮湿环境以及对强度要求较高的砌体。多层房屋的墙体一般采用强度等级为 M2.5 或 M5 的水泥混合砂浆，砖柱、砖拱、钢筋砖过梁等一般采用强度等级为 M5、M7.5 或 M10 的水泥砂浆，砖基础一般采用强度等级不低于 M5 的水泥砂浆，低层房屋找平层可采用石灰砂浆，料石砌体多采用强度等级为 M5 的水泥砂浆或水泥混合砂浆，简易房屋可用石灰黏土混合砂浆。

5.1.3 砌筑砂浆配合比的设计

1. 配合比计算

砌筑砂浆可根据工程类别及砌体部位的设计要求，来确定其强度等级，选择其配合比。一般情况下可查阅有关手册和资料来选择配合比，但如果工程量较大、砌体部位较为重要，或掺入外加剂等非常规材料时，为保证质量和降低造价，应经过计算、试配、调整，从而确定施工用的砌筑砂浆配合比。

根据《砌筑砂浆配合比设计规程》（JGJ/T 98—2010）规定，现场配制砌筑砂浆的配合比计算步骤如下。

1）计算砌筑砂浆试配强度 $f_{m,0}$

砌筑砂浆试配强度可用下式计算：

$$f_{m,0}=kf_2 \tag{5-4}$$

式中：

$f_{m,0}$——砌筑砂浆试配强度（MPa），应精确至 0.1 MPa；

f_2 ——砌筑砂浆强度等级值（MPa），应精确至 0.1 MPa；

k ——系数，应按表 5-4 取值。

表 5-4　砌筑砂浆强度标准差 σ 及 k 值（摘自 JGJ/T 98—2010）

施工水平	砌筑砂浆强度标准差 σ /MPa							k
	M5	M7.5	M10	M15	M20	M25	M30	
优良	1.00	1.50	2.00	3.00	4.00	5.00	6.00	1.15
一般	1.25	1.88	2.50	3.75	5.00	6.25	7.50	1.20
较差	1.50	2.25	3.00	4.50	6.00	7.50	9.00	1.25

砌筑砂浆强度标准差的确定应符合下列规定。

（1）当有统计资料时，应按下式计算。

$$\sigma=\sqrt{\frac{\sum_{i=1}^{n} f_{m,i}^2-n\mu_{fm}^2}{n-1}} \tag{5-5}$$

式中：

$f_{m,i}$——统计周期内同一品种砌筑砂浆第 i 组试件的强度（MPa）；

μ_{fm} ——统计周期内同一品种砌筑砂浆 n 组试件强度的平均值（MPa）；

n ——统计周期内同一品种砌筑砂浆试件的总组数，$n \geqslant 25$。

（2）当无统计资料时，砌筑砂浆强度标准差 σ 可按表 5-4 取值。

2）计算水泥用量 Q_c

每立方米砌筑砂浆中的水泥用量的计算式可根据式（5-2）得到，即

$$Q_c=\frac{1000(f_{m,0}-\beta)}{\alpha \cdot f_{ce}} \tag{5-6}$$

当无法取得水泥的实测强度值 f_{ce} 时，可按式（5-3）计算。

3）计算掺合料用量 Q_D

水泥混合砂浆中掺合料的用量公式为

$$Q_D = Q_A - Q_c \quad (5\text{-}7)$$

式中：

Q_D——每立方米砌筑砂浆中掺合料的用量（kg/m³），应精确至 1 kg/m³；若掺合料为石灰膏，其使用时的稠度为（120±5）mm，对于不同稠度的石灰膏，可按表 5-5 进行换算；

Q_c——每立方米砌筑砂浆的水泥用量（kg/m³），应精确至 1 kg/m³；

Q_A——每立方米砌筑砂浆中水泥和掺合料的总量（kg/m³），应精确至 1 kg/m³，可为 350 kg/m³。

表 5-5 石灰膏为不同稠度时的换算系数（摘自 JGJ/T 98—2010）

石灰膏稠度/mm	120	110	100	90	80	70	60	50	40	30
换算系数	1.00	0.99	0.97	0.95	0.93	0.92	0.90	0.88	0.87	0.86

4）计算用砂量 Q_s

每立方米砌筑砂浆中的用砂量，应按干燥状态（含水率小于 0.5%）的堆积密度值 $\rho_{0干}$ 作为计算值，即 $Q_s = 1 \times \rho_{0干}$，单位为 kg/m³。

5）计算用水量 Q_w

每立方米砌筑砂浆中的用水量，可根据砌筑砂浆稠度等要求选用，通常为 210～310 kg/m³。同时需要注意以下几点。

（1）混合砌筑砂浆中的用水量，不包括石灰膏中的水。

（2）当采用细砂或粗砂时，用水量分别取上限或下限。

（3）稠度小于 70 mm 时，用水量可小于下限。

（4）施工现场气候炎热或干燥季节，可酌情增加用水量。

2. 配合比选用

根据试验及工程实践，供现场试配的配合比可直接按表 5-6 选用。若现场试配水泥粉煤灰砂浆时，各种材料的配合比可参考标准《砌筑砂浆配合比设计规程》（JGJ/T 98—2010）。

表 5-6 每立方米水泥砂浆材料用量（摘自 JGJ/T 98—2010）

强度等级	水泥/(kg·m⁻³)	用砂量/(kg·m⁻³)	用水量/(kg·m⁻³)
M5	200～230	砂的堆积密度值	270～330
M7.5	230～260		
M10	260～290		
M15	290～330		

（续表）

强度等级	水泥/($kg \cdot m^{-3}$)	用砂量/($kg \cdot m^{-3}$)	用水量/($kg \cdot m^{-3}$)
M20	340～400		
M25	360～410		
M30	430～480		

注：1. M15 及 M15 以下强度等级水泥砂浆，其水泥强度等级为 32.5 级；M15 以上强度等级水泥砂浆，其水泥强度为 42.5 级。
2. 当采用细砂或粗砂时，用水量分别取上限或下限。
3. 稠度小于 70 mm 时，用水量可小于下限。
4. 施工现场气候炎热或干燥季节，可酌量增加用水量。
5. 试配强度应按式（5-4）计算。

3. 配合比试配、调整

无论是计算得出的配合比，还是查表得到的配合比，都要经过试配、调整，求出满足和易性及强度要求，且水泥用量最省的配合比。

（1）试配时应采用工程中实际使用的材料进行试拌，搅拌时应采用机械搅拌，搅拌时间应从投料结束时算起，并应符合以下条件。

① 对于水泥砂浆和水泥混合砂浆，搅拌时间不得小于 120 s；

② 对于掺用粉煤灰和外加剂的砌筑砂浆，搅拌时间不得小于 180 s。

（2）按计算或查表所得配合比进行试拌时，应测定其拌和物的稠度和保水率。当稠度和保水率不满足要求时，应调整水量或掺合料，直到符合要求为止，即确定为试配时的基准配合比。

（3）试配时至少采用 3 个不同的配合比，其中一个为基准配合比，另外两个配合比的水泥用量按基准配合比分别增加及减少 10%，在保证稠度和保水率合格的条件下，可将用水量、石灰膏、保水增稠材料或粉煤灰等用量进行相应调整。

（4）调整配合比后，按现行行业标准《建筑砂浆基本试验方法标准》（JGJ/T 70—2009）的规定制成成型试件，测定砌筑砂浆强度，然后选定符合试配强度要求且水泥用量最低的配合比作为砌筑砂浆的试配配合比。

4. 配合比确定

砌筑砂浆配合比可通过查阅有关资料或手册来选择，必要时通过计算来确定，但在使用前，必须经过试验确定其和易性和强度满足工程要求时才能应用。砌筑砂浆配合比以各种材料用量的比例形式表示，即

$$水泥：掺合料：砂：水 = Q_c : Q_D : Q_s : Q_w$$

经验传承

在工程中，应根据工程类别、砌筑部位、使用条件等要求来合理选择适宜的砌筑砂浆种类及强度等级。对于在干燥环境中使用的建筑，可采用水泥混合砂浆；对于在潮湿环境中使用的建筑，可采用水泥砂浆。

5. 砌筑砂浆配合比设计实例

【例 5-1】配制用于砌筑烧结多孔砖的水泥混合砂浆，要求砌筑砂浆的强度等级为M15，稠度为60～80 mm。现有42.5级矿渣硅酸盐水泥和稠度为80 mm的石灰膏，采用含水率为3%的中砂，其堆积密度为1 450 kg/m^3。该单位的施工水平一般。试计算该砌筑砂浆的配合比。

解：（1）计算砌筑砂浆的试配强度$f_{m,0}$。

由表5-4可知，施工水平一般的M15砌筑砂浆的系数$k=1.2$，则此砌筑砂浆的试配强度为

$$f_{m,0}=kf_2=1.2\times 15=18.0\ (\text{MPa})$$

（2）计算水泥用量Q_c。

由式（5-6）可知，$Q_c=\dfrac{1\,000(f_{m,0}-\beta)}{\alpha\cdot f_{ce}}$。其中，$\alpha=3.03$，$\beta=-15.09$，则

$$Q_c=\frac{1\,000\times(18.0+15.09)}{3.03\times 42.5}\approx 257\ (\text{kg/m}^3)$$

（3）计算石灰膏用量Q_D。

选取$Q_A=350\ \text{kg/m}^3$，则由式（5-7）可知，$Q_D=Q_A-Q_c=350-257=93\ (\text{kg/m}^3)$。

当砌筑砂浆中掺石灰膏时，其使用时的稠度为（120±5）mm；故查表5-5可知，稠度为80 mm的石灰膏换算成稠度为120 mm的石灰膏时，石灰膏用量应乘0.93，即

$$93\times 0.93\approx 87\ (\text{kg/m}^3)$$

（4）计算用砂量$Q_{s湿}$。

含水率为3%的中砂，其用量为

$$Q_{s湿}=Q_s\times(1+3\%)=1\times\rho_{0干}\times(1+3\%)=1\times 1\,450\times(1+3\%)\approx 1\,494\ (\text{kg/m}^3)$$

（5）计算用水量Q_w。

根据砌筑砂浆的稠度等要求，一般可选$Q_w=300\ \text{kg/m}^3$。

（6）确定砌筑砂浆的设计配合比。

该砌筑砂浆的设计配合比为

$$水泥：石灰膏：砂：水=257：87：1\,494：300$$

该砌筑砂浆的设计配合比也可表示为水泥：石灰膏：砂=1：0.34：5.81，每立方米用

水量为300 kg/m³。

（7）试验。

根据计算出的砌筑砂浆设计配合比，按前述方法进行配合比试配、调整与确定，使其和易性和强度满足工程要求，从而确定最终的施工配合比。

5.2 抹面砂浆

抹面砂浆又称抹灰砂浆，它以薄层形式抹于建筑表面，既可以保护建筑，增加建筑的耐久性，又可使建筑表面平整、光洁、美观。与砌筑砂浆相比，抹面砂浆与基层和空气的接触面更大，所以失去水分更快。

抹面砂浆的组成材料与砌筑砂浆基本相同。为了防止砂浆层收缩开裂，有时需要加入一些纤维材料（如麻刀、纸筋、玻璃纤维等），以增强其抗拉强度；有时需要加入有机聚合物，以便在增大其与基层的黏结力，同时增加硬化柔韧性，避免空鼓或脱落。此外，为了使抹面砂浆具有某些特殊功能，有时还需要掺入特殊骨料或掺合料（如陶砂、膨胀珍珠岩等）。

与砌筑砂浆不同，抹面砂浆的主要技术要求不是抗压强度，而是和易性及黏结性。抹面砂浆通常应用于不承受载荷的抹面层，应具有良好的和易性，从而更容易被抹成均匀平整的薄层，方便施工。与此同时，抹面砂浆还要有足够的黏结强度，从而在施工中或在长期自重和环境作用下不脱落、不开裂。

根据其功能不同，抹面砂浆一般可分为普通抹面砂浆、防水砂浆和装饰砂浆等。

5.2.1 普通抹面砂浆

普通抹面砂浆对建筑起到保护作用，它可以抵抗风、雨、雪等自然环境对建筑的侵蚀，提高建筑的耐久性。同时普通抹面砂浆可使建筑表面达到平整、光洁的效果。常用的普通抹面砂浆有水泥砂浆、石灰砂浆、水泥混合砂浆、麻刀石灰砂浆（简称麻刀灰）、纸筋石灰砂浆（简称纸筋灰）等。为了使建筑表面平整、光洁，建筑耐久性好，普通抹面砂浆常分两层或三层进行施工。由于各层抹面的作用和要求不同，每层所选用的普通抹面砂浆也不同。

普通抹面砂浆一般可分为底层灰、中层灰和面层灰三层。

（1）底层灰主要起初步找平和黏结基层的作用，因此其应有良好的保水性，这样水分才不至于完全被基层材料吸收而影响普通抹面砂浆的流动性和黏结性。砖墙的底层灰多用石灰砂浆，而有防水、防潮要求时用水泥砂浆。混凝土基层的底层灰多用水泥混合砂浆。

（2）中层灰主要起找平作用，有时可省去不涂。中层灰多为水泥混合砂浆和石灰砂浆。

（3）面层灰主要起装饰作用，它能使面层获得平整、美观的表面效果。面层灰多用水泥混合砂浆，但水泥混合砂浆不得涂抹在石灰砂浆层上，否则容易脱落。

确定普通抹面砂浆组成材料和配合比的主要依据是工程使用部位及基层材料的性质。对于地面水泥砂浆面层，其灰砂比一般不大于 1∶2，水灰比应为 3∶10～1∶2，稠度应大于 40 mm。普通抹面砂浆配合比可参考表 5-7 选用。

表 5-7　普通抹面砂浆配合比

材　料	体积配合比	材　料	体积配合比
水泥∶砂	1∶3～1∶2	石灰∶石膏∶砂	1∶2∶4～1∶0.4∶2
石灰∶砂	1∶4～1∶2	石灰∶黏土∶砂	1∶1∶8～1∶1∶4
水泥∶石灰∶砂	1∶2∶9～1∶1∶6	石灰膏∶麻刀灰（质量比）	100∶2.5～100∶1.3

5.2.2　防水砂浆

用作防水层的抹面砂浆称为防水砂浆，主要用于工程中抗渗防水的部位。砂浆防水层又称刚性防水层，适用于不受振动和具有一定刚度的混凝土或砖石砌体的表面，可用于地下室、水塔、水池、储液罐等的防水工程。

防水砂浆可以是水泥砂浆，也可以是掺加防水剂的水泥砂浆，或膨胀防水砂浆。

1. 掺加防水剂的水泥砂浆

掺加防水剂的水泥砂浆是在水泥砂浆中掺入一定量的防水剂而制成的防水砂浆，是目前应用最广泛的一种防水砂浆。防水剂有无机化合物类、有机化合物类和复合类三种，常用的防水剂有硅酸钠类、金属皂类、氯化物金属盐及有机硅类等。常用的掺加防水剂的水泥砂浆主要有引气剂防水砂浆、减水剂防水砂浆、三乙醇胺防水砂浆和三氯化铁防水砂浆等。

2. 膨胀防水砂浆

膨胀防水砂浆是利用膨胀水泥或在水泥砂浆中掺加膨胀剂，使其在凝结硬化过程中产生一定的体积膨胀，来补偿由于干燥失水和温差造成的防水砂浆收缩，从而改善防水砂浆的密实性和抗渗性。膨胀剂种类繁多，不同膨胀剂在水化过程中发生的物理和化学变化不同，补偿收缩的效果也各不相同。

5.2.3　装饰砂浆

涂抹在建筑内、外墙表面，以增加建筑美观效果的抹面砂浆称为装饰砂浆。装饰砂浆具有特殊的表面形式，其表面会呈现出各种色彩、线条和花纹等装饰效果。装饰砂浆所采用的胶凝材料有普通硅酸盐水泥、矿渣硅酸盐水泥、火山灰质硅酸盐水泥、白色硅酸盐水泥和彩色硅酸盐水泥，以及石灰、石膏等，骨料常用大理石、花岗石等带颜色的细石碴或玻璃、陶瓷碎粒等。

装饰砂浆饰面方式有灰浆类饰面和石碴类饰面两大类。

1. 灰浆类饰面

灰浆类饰面主要通过水泥砂浆的着色或对水泥砂浆表面进行艺术加工，获得具有特殊色彩、线条、纹理等质感的饰面。灰浆类饰面的主要优点是材料来源广泛，施工操作简便，造价低廉，可以通过不同的工艺创造不同的装饰效果。常用的灰浆类饰面有拉毛灰、甩毛灰、搓毛灰、扫毛灰、拉条抹灰、假面砖、假大理石等。

2. 石碴类饰面

石碴类饰面是将水泥石碴浆（在水泥砂浆中掺加各种彩色石碴配制而成）抹于墙体基层表面，然后用水洗、斧剁、水磨等手段除去表面水泥浆皮，呈现出石碴颜色机器质感的饰面。常用的石碴类饰面包括水刷石、干粘石、斩假（剁斧）石、拉假石、水磨石等。

5.3 预拌砂浆

传统的砂浆都是人工在现场自行配制的，受现场条件和配制人员水平等因素影响，其质量波动较大。此外，现场配制砂浆容易引起粉尘污染，需要很大的劳动强度，不利于环保施工。现场配制砂浆的品种较为单一，不能满足建筑工程的多种需要。

预拌砂浆的出现，大大改善了现场配制砂浆的不足。随着建筑市场的日趋规范及建筑质量的提高，预拌砂浆逐步走向成熟。预拌砂浆的使用不但环保、节能，而且质量相对稳定。

5.3.1 预拌砂浆的分类

预拌砂浆是由专业厂家生产的，通常用于建筑工程中。根据产品形式不同，预拌砂浆可分为湿拌砂浆和干混砂浆两种。

1. 湿拌砂浆

湿拌砂浆是将水泥、细骨料、掺合料、外加剂和水等，按一定比例在专业厂家经计量、拌和后运送到工地，并在规定的时间内使用的砌筑砂浆。根据用途不同，湿拌砂浆可分为

湿拌砌筑砂浆（WM）、湿拌抹面砂浆（WP）、湿拌地面砂浆（WS）。

湿拌砂浆按下列顺序标记：湿拌砂浆代号、型号、强度等级、抗渗等级（有要求时）、稠度、保塑时间、标准号。

例如，湿拌抹面砂浆的强度等级为M10，稠度为70 mm，保塑时间为8 h，其标记为：WP-G　M10-70-8　GB/T 25181—2019。

2. 干混砂浆

干混砂浆是将水泥、干燥细骨料、添加剂，以及根据性能需要确定的其他组分，按一定比例在专业厂家经计量、混合而成的混合物，在使用地点按规定比例加水或配套组分拌和使用。

根据用途不同，干混砂浆可分为干混砌筑砂浆（DM）、干混抹面砂浆（DP）、干混地面砂浆（DS）、干混陶瓷砖黏结砂浆（DTA）、干混界面砂浆（DIT）、干混自流平砂浆（DSL）、干混耐磨地坪砂浆（DFH）、干混填缝砂浆（DTG）、干混饰面砂浆（DDR）和干混修补砂浆（DRM）。

知识链接

相对于湿拌砂浆，干混砂浆的成本较高，但具有以下几个优点。

（1）保质期较长，一般在6个月左右。

（2）可根据施工进度和需求量现拌现用，从而避免浪费。

（3）可根据市场需求程度进行生产，且供货距离不受限制，克服了湿拌砂浆在推广应用中的一些不便。

干混砂浆按下列顺序标记：干混砂浆代号、型号、主要性能、标准号。

例如，干混抹面砂浆的强度等级为M10，其标记为：DP-S　M10　GB/T 25181—2019。

5.3.2 预拌砂浆的原材料

预拌砂浆所涉及的原材料较多，除了通常所用的胶凝材料、细骨料、掺合料外，还应根据其性能掺加填料、添加剂、外加剂等材料，从而使得预拌砂浆的材料组成丰富，其少则有五六种，多则可达十几种。

预拌砂浆中，水泥宜采用硅酸盐水泥和普通硅酸盐水泥，若采用其他水泥，则应符合相关标准规定；细骨料应符合《普通混凝土用砂、石质量及检验方法标准》（JGJ 52—2016）中的相关规定，且不应含有公称粒径大于5 mm的颗粒；掺合料可用粉煤灰、矿渣粉、沸石料、硅灰等；添加剂可用保水增稠材料、可再分散乳胶粉、颜料、纤维等；外加剂应符合相关标准规定；水选用自来水。

此外，特种干混砂浆中通常掺有一些填料，如重质碳酸钙、轻质碳酸钙、石英粉、滑石粉等，其作用主要是增加预拌砂浆的总量，降低生产成本。这些填料通常没有活性，也不产生强度。

5.3.3 预拌砂浆的技术要求

1. 强度等级

预拌砂浆有 M5、M7.5、M10、M15、M20、M25 和 M30 七个强度等级，各等级强度应符合表 5-8 的规定。

表 5-8 预拌砂浆的强度等级（摘自 GB/T 25181—2019） 单位：Mpa

强度等级	M5	M7.5	M10	M15	M20	M25	M30
强度	≥5.0	≥7.5	≥10.0	≥15.0	≥20.0	≥25.0	≥30.0

2. 保水性

虽然预拌砂浆与混凝土的一些主要成分相同，但它们的作用却不相同。通常混凝土都浇筑在模具中，它能保住自身的大部分水分，且混凝土本身可单独作为一个结构单元；而预拌砂浆通常与基层共同构成一个单元，只要预拌砂浆与基层接触，基层材料就会吸收预拌砂浆中的水分，同时预拌砂浆外表面的水分也会挥发到大气中。

此外，涂抹类预拌砂浆通常厚度较薄、表面积较大，更容易因干缩而引起开裂。由此可见，预拌砂浆的保水性对其性能影响较大。

为了使预拌砂浆获得良好的保水性，通常需要在其中掺入保水增稠材料。保水增稠材料分为有机和无机两大类，它能调整预拌砂浆的稠度、保水性、黏聚性和触变性。相关标准规定，在预拌砂浆中掺加保水增稠材料时，必须有充足的技术依据，并应在掺加前进行试验验证。

知行合一

保水性良好的预拌砂浆，其水泥水化比较充分，水泥的强度能得到正常发挥，与基层能较好地黏结在一起。

为了保护环境，国家限制使用实心黏土砖，而大力推广使用新型墙体材料，特别是采用工业废渣生产的墙体材料。与实心黏土砖相比，这些材料的吸水量和吸水速度较大，因此需要预拌砂浆具有更好的保水性。国家标准规定，湿拌砂浆和干混砂浆的保水率均应不小于 88%。

作为一名建筑行业从业人员，要尽量使用环保材料，为环境保护工作贡献自己的一分力量。

3. 保塑时间

由于湿拌砂浆是由搅拌站搅拌好后运到施工现场的，且运送数量较多，不能很快用完，需要在施工现场储存一段时间，因此湿拌砂浆需要的保塑时间较长。一般规定湿拌砂浆设计保塑时间最长可达 24 h，以便下午送到现场的湿拌砂浆能储存到第 2 天继续使用。当用量较大时，湿拌砂浆的保塑时间可由供需双方根据湿拌砂浆品种及施工需要而定。

干混砂浆是在现场加水拌和的，可随用随拌，拌好后不需要储存太长时间，因此其保塑时间一般较短，要求为 3～8 h。预拌砂浆保塑时间的试验方法可参照标准《建筑砂浆基本性能试验方法标准》(JGJ/T 70—2009)。

5.3.4 预拌砂浆的检验

不同的预拌砂浆，其出厂检验要求不同，常见的检验项目有稠度、稠度损失率、保水率、保塑时间、抗压强度、拉伸黏结强度、压力泌水率、抗渗压力、晾置时间，以及外观、骨料含量偏差等。湿拌砂浆稠度允许偏差应符合表 5-9 中的要求。其余各项指标的允许值及试验方法，读者可参照国家标准《预拌砂浆》(GB/T 25181—2019)。

表 5-9 湿拌砂浆稠度允许偏差（摘自 GB/T 25181—2019） 单位：mm

规定稠度	允许偏差
＜100	±10
⩾100	−10～+5

预拌砂浆进入施工现场时，供应方应按规定批次向需求方提供质量证明文件。质量证明文件应包括产品检验报告和出厂检验报告等。

预拌砂浆进场时应进行外观检验，并符合以下要求。

（1）湿拌砂浆应外观均匀，无离析、泌水现象。

（2）散装干混砂浆应外观均匀、无结块、受潮现象。

（3）袋装干混砂浆应包装完整，无受潮现象。

5.4 其他品种砂浆

除了上述所讲的砌筑砂浆、抹面砂浆、装饰砂浆外，还有一些特殊品种砂浆，包括防辐射砂浆、保温砂浆、吸声砂浆、耐腐蚀砂浆和抗裂砂浆等。

5.4.1 防辐射砂浆

防辐射砂浆是在水泥砂浆中加入重晶石粉等重质骨料配制而成的，具有防 X 射线辐射能力的砂浆，其配合比为水泥：重晶石粉：砂 = 1：0.25：（4～5）。若在水泥砂浆中掺入硼砂或硼酸，可配制有抗中子辐射能力的砂浆。

5.4.2 保温砂浆

保温砂浆是以水泥、石灰、石膏等胶凝材料与膨胀珍珠岩、膨胀蛭石、火山渣或浮石砂、陶砂等多孔轻骨料，按一定比例配制成的砂浆，具有轻质和良好的保温性等特点。

保温砂浆可用于屋顶保温层、顶棚、内墙抹灰及供热管道的保温防护。

5.4.3 吸声砂浆

与保温砂浆类似，吸声砂浆是由胶凝材料与多孔轻骨料配制而成的，还可以掺加锯末、玻璃纤维、矿物棉等材料，主要用于室内吸声墙面和顶面。由于吸声砂浆的骨料内部孔隙率大，因此其具有良好的吸声性。

5.4.4 耐腐蚀砂浆

1. 水玻璃类耐酸砂浆

水玻璃类耐酸砂浆一般以水玻璃作为胶凝材料，常掺入氟硅酸钠作为促硬剂。水玻璃类耐酸砂浆主要作为衬砌材料，用于耐酸地面或内壁防护层等。

2. 耐碱砂浆

使用强度等级在 42.5 以上的普通硅酸盐水泥（水泥熟料中铝酸三钙含量应小于 9%），细骨料可采用由耐碱且密实的石灰岩类（石灰岩、白云岩、大理岩等）、火成岩类（辉绿岩、花岗岩等）制成的砂和粉料，也可采用石英质的普通砂。耐碱砂浆具有抵抗一定温度和浓度下的氢氧化钠溶液和铝酸钠溶液腐蚀的能力，以及抵抗氨水、碳酸钠、碱性气体和粉尘等腐蚀的能力。

3. 硫黄砂浆

硫黄砂浆是以硫黄为胶凝材料，加入填料和增韧剂，经加热熬制而成的砂浆。硫黄砂浆具有良好的耐腐蚀性能，几乎能抵抗大部分有机酸、无机酸，以及中性和酸性盐的腐蚀。

5.4.5　抗裂砂浆

抗裂砂浆

随着社会对节约能源与保护环境要求的不断提高，外墙保温技术逐渐被人们所重视，用于外墙保温层的抗裂砂浆也成为人们的研究重点。由于外墙所处的环境温度和湿度变化较大，如果施工方法不当，易造成外墙保温层空鼓、开裂等，从而引起墙体渗漏、透风、剥落，影响保温效果。

抗裂砂浆的抗裂性能是评价外墙外保温体系技术性能的主要依据之一。这是因为如果砂浆保护层产生裂缝，就会降低保温体系的保温、耐水、抗冻等整体性能。因此，加强保温墙体的抗裂性能，是提高外墙保温体系耐久性的基础和前提。

5.5　砂浆性能试验

为了评价砂浆拌和物的质量，需要进行和易性试验。和易性试验一般包括稠度试验、分层度试验和保水性试验 3 部分。此外，为了评价硬化砂浆的质量，还需要进行抗压强度试验。

5.5.1　取样原则及试验条件

1. 取样原则

（1）砂浆性能试验用料应根据不同要求，从同一盘或同一车运送的砂浆中取样。取样量不应少于试验所需量的 4 倍。

（2）施工过程中进行和易性试验时，砂浆取样方法应按相应的施工验收规范执行，并宜在现场搅拌点或预拌砂浆卸料点的至少 3 个不同部位及时取样。对于现场取得的试样，试验前应人工搅拌均匀。

（3）从取样完毕到开始进行各项性能试验，不宜超过 15 min。

2. 试验条件

（1）拌和砂浆所用的材料应符合质量标准，并要求提前 24 h 运入试验室内。拌和时试验室温度应保持在（20 ± 5）℃。当需要模拟施工条件下的砂浆时，所用原材料的温度宜与施工现场保持一致。

（2）试验用水泥和其他原材料，应与现场使用材料一致。砂应通过 4.75 mm 方孔筛。

（3）拌和砂浆时，材料应称重计量。称重精度为：水泥、外加剂、矿物掺合料等为

±0.5%；细骨料为±1%。

(4)在试验室搅拌砂浆时应采用机械搅拌，搅拌的用量宜为搅拌机容量的30%～70%，搅拌时间不应少于120 s。掺有矿物掺合料和外加剂的砂浆，其搅拌时间不应少于180 s。

5.5.2 稠度试验

砂浆稠度对施工的难易程度有重要影响。同时，通过测定砂浆的稠度，可达到控制用水量的目的，为确定配合比、合理选择稠度及确定满足施工要求的流动性提供依据。

1. 试验方法

砂浆稠度试验应符合《建筑砂浆基本性能试验方法标准》(JGJ/T 70—2009）中的相关规定。

2. 主要仪器

(1）砂浆稠度仪：由试锥、容器和支座3部分组成。支座包括底座、支架和刻度显示（刻度盘和指针）3部分。如图5-1所示为砂浆稠度仪的结构。

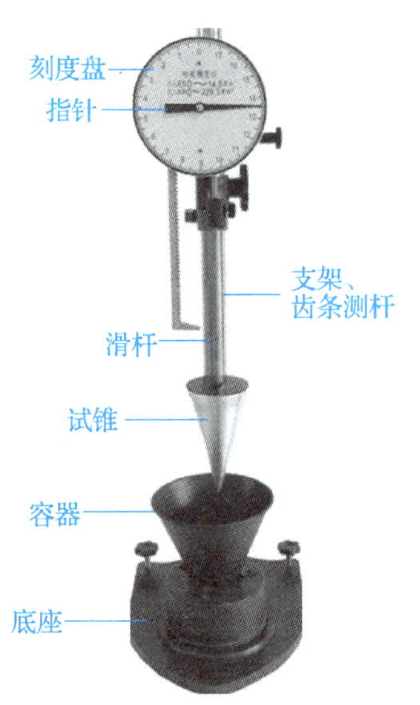

图5-1　砂浆稠度仪的结构

(2）钢制捣棒：直径为10 mm，长度为350 mm，端部磨圆。

(3）秒表。

3. 试验步骤

(1）用少量润滑油轻擦滑杆，再将滑杆上多余的润滑油用吸油纸擦净，使滑杆能自由滑动。

(2）用湿布擦净容器和试锥表面，再将砂浆一次性装入容器；砂浆表面宜低于容器口10 mm，用捣棒自容器中心向边缘均匀地插捣25次，然后轻轻地摇动容器或敲击容器5～6下，使砂浆表面平整，随后将容器置于稠度测定仪的底座上。

(3）拧开制动螺栓，向下移动滑杆，当试锥尖端与砂浆表面刚接触时，应拧紧制动螺栓，使齿条测杆下端刚接触滑杆上端，并将指针对准零点。

(4）拧开制动螺栓，同时用秒表计时，10 s时立即拧紧制动螺栓，将齿条测杆下端接触滑杆上端，从刻度盘上读出下沉深度（精确至1 mm），该值即为砂浆的稠度。

值得注意的是，容器内的砂浆，只允许测定一次稠度，重复测定时，应重新取样测定。

4. 结果处理

同盘砂浆应取两次试验结果的算术平均值作为测定结果，并应精确至1 mm。如果两次试验值之差大于 10 mm，应重新取样测定。

5.5.3　分层度试验

1. 试验方法

通过分层度的测定，可评定砂浆在运输、停放和使用过程中的离析、泌水等方面的稳定性。砂浆分层度试验应符合《建筑砂浆基本性能试验方法标准》（JGJ/T 70—2009）中的相关规定。

2. 主要仪器

（1）分层度筒：由无底圆筒、连接螺栓和有底圆筒三部分组成，如图 5-2 所示。

（2）振动台：振幅应为（0.5±0.05）mm，频率应为（50±3）Hz。

（3）砂浆稠度仪、木锤等。

无底圆筒
连接螺栓
有底圆筒

图 5-2　分层度筒

3. 试验步骤

分层度的测定可采用标准法和快速法两种。当有争议时，以标准法为准。

1）标准法

（1）按稠度试验方法测定砂浆稠度。

（2）将砂浆一次装入分层度筒内，待装满后，用木锤在分层度筒周围距离大致相等的 4 个不同部位轻轻敲击 1～2 下。当砂浆沉落到筒口以下时，应及时补足，然后刮去多余的砂浆并用抹刀抹平。

（3）静置 30 min 后，去掉上节 200 mm 砂浆，然后将剩余的 100 mm 砂浆倒在拌和锅内拌 2 min，再按稠度试验方法测定其稠度。前后测得的稠度之差即为该砂浆的分层度值。

2）快速法

（1）将砂浆按稠度试验方法测定其稠度。

（2）将分层度筒预先固定在振动台上，砂浆一次性装入分层度筒内，振动 20 s。

（3）去掉上节 200 mm 砂浆，将剩余 100 mm 砂浆搅拌 2 min，再按稠度试验方法测定其稠度，前后测得的稠度之差即为该砂浆的分层度值。

4. 结果处理

取两次试验结果的算术平均值作为该砂浆的分层度值（精确至 1 mm）。如果两次试验值之差大于 10 mm，则应重新取样测定。

5.5.4 保水性试验

1. 试验方法

通过测定砂浆的保水率，可以判定砂浆在运输及停放时内部组分的稳定性。保水性不好的砂浆，在运输和存放过程中易离析，使用前必须重新搅拌，且在涂抹过程中，水分容易被基层材料吸收而使得砂浆过于干稠，涂抹不平。如果砂浆失水过多，会影响其正常凝结硬化，减小其与物体表面的黏结力。

砂浆保水性试验应符合《建筑砂浆基本性能试验方法标准》（JGJ/T 70—2009）中的相关规定。

2. 主要仪器

（1）金属或硬塑料圆环试模：内径应为 100 mm，内部高度应为 25 mm。

（2）可密封的取样容器：应清洁、干燥。

（3）2 kg 的重物。

（4）金属滤网：网格尺寸为 45 μm，圆形；直径为（110±1）mm。

（5）超白滤纸。

（6）2 片金属或玻璃的方形或圆形不透水片，边长或直径应大于 110 mm。

（7）天平：量程为 200 g，分度值为 0.1 g；量程为 2 000 g，分度值为 1 g。

（8）烘箱。

3. 试验步骤

（1）称量底部不透水片与干燥试模的质量 m_1 和 15 片中速定性滤纸质量 m_2。

（2）将砂浆一次性装入试模，并用抹刀插捣数次，当装入的砂浆略高于试模边缘时，用抹刀以 45°角一次性将试模表面多余的砂浆刮去，然后再用抹刀以较平的角度在试模表面反方向将砂浆刮平。

（3）抹掉试模边的砂浆，称量试模、底部不透水片及砂浆总质量 m_3。

（4）将金属滤网覆盖在砂浆表面，再在滤网表面放上 15 片滤纸，将上部不透水片盖在滤纸表面，用 2 kg 的重物压住上部不透水片。

（5）静置 2 min 后移走重物及上部不透水片，取出滤纸（不包括滤网），迅速称量滤纸的质量 m_4。

（6）按照砂浆的配比及加水量计算含水率。

4. 结果计算

砂浆保水率的计算公式为

$$W=\left[1-\frac{m_4-m_2}{\alpha(m_3-m_1)}\right]\times100\% \tag{5-8}$$

式中：

W ——砂浆保水率（%）；

m_1 ——底部不透水片与干燥试模的质量（g），精确至 1 g；

m_2 ——15 片滤纸吸水前的质量（g），精确至 0.1 g；

m_3 ——试模、底部不透水片与砂浆的总质量（g），精确至 1 g；

m_4 ——15 片滤纸吸水后的质量（g），精确至 0.1 g；

α ——砂浆含水率（%）。

取两次试验结果的算术平均值作为砂浆的保水率，精确至 0.1%，且第二次试验应重新取样测定。当两个测定值之差超过 2%时，此组试验结果视为无效。

经验传承

若无法计算含水率，应称取（100±10）g 砂浆试样，置于一干燥并已称重的盘中，在（105±5）℃的烘箱中烘干至恒重。砂浆含水率应按下式计算。

$$\alpha=\frac{m_6-m_5}{m_6}\times100\% \tag{5-9}$$

式中：

α ——砂浆含水率（%），精确至 0.1%；

m_5——烘干后砂浆样本损失的质量（g），精确至 1 g；

m_6——砂浆样本的总质量（g），精确至 1 g。

取两次试验结果的算术平均值作为砂浆的含水率。当两个测定值之差超过 2%时，此组试验结果视为无效。

5.5.5 抗压强度试验

将稠度和分层度符合要求的砂浆按规定制成标准的立方体试件，经 28 d 养护后，测其抗压破坏载荷，以此计算其抗压强度。

1. 试验方法

通过测定砂浆试件的抗压强度，检测砂浆的质量，确定、校核配合比是否满足要求，并确定砂浆的强度等级。砂浆抗压强度试验应符合《建筑砂浆基本性能试验方法标准》（JGJ/T 70—2009）中的相关规定。

2. 主要仪器

（1）试模：边长为 70.7 mm 的立方体带底金属试模，应具有足够的刚度并拆装方便。

（2）钢制捣棒：直径为 10 mm，长度为 350 mm，端部磨圆。

（3）压力试验机：精度应为 1%，试件破坏载荷应不小于压力试验机量程的 20%，且应不大于全量程的 80%。

（4）垫板：压力试验机上、下压板及试件之间可垫以钢垫板，垫板的尺寸应大于试件的承压面，其不平度应为每 100 mm 不超过 0.02 mm。

（5）振动台：空载中台面的垂直振幅应为（0.5 ± 0.05）mm，空载频率应为（50 ± 3）Hz。

3. 试验步骤

1）试件成型及养护

（1）砌筑砂浆试件采用立方体试件，每组试件应为 3 个。

（2）采用黄油等密封材料涂抹试模的外接缝，试模内应涂刷薄层机油或隔离剂，然后将拌制好的砂浆一次性装满砂浆试模。当稠度大于 50 mm 时，宜采用人工捣实成型；当稠度不大于 50 mm 时，宜采用振动台振动成型。

① 人工捣实：应采用捣棒均匀地由边缘向中心按螺旋方式插捣 25 次，插捣过程中，若砂浆沉落低于试模口，应随时添加砂浆，可用油灰刀插捣数次，并用手分别将试模各边抬高 5～10 mm 并振动 5 次，砂浆应高出试模顶面 6～8 mm。

② 机械振动：将砂浆一次性装满试模，放置到振动台上，振动时试模不得跳动，振动 5～10 s 或持续到表面泛浆为止，不得过振。

（3）待砂浆表面水分稍干后，再将高出试模部分的砂浆沿试模顶面刮去并抹平。

（4）试件制作完成后应在温度为（20 ± 5）℃的环境下静置（24 ± 2）h，再对试件进行编号、拆模。当气温较低或配制凝结时间大于 24 h 的砂浆时，可适当延长静置时间，但不应超过 2 d。试件拆模后应立即放入温度为（20 ± 2）℃、相对湿度为 90%以上的标准养护室中养护。养护期间，试件彼此间隔不得小于 10 mm。水泥混合砂浆、湿拌砂浆试件上面应覆盖塑料薄膜，防止有水滴在试件上。

（5）从加水开始计时，标准养护龄期应为 28 d，也可根据相关标准要求增加 7 d 或 14 d。

2）抗压强度测定

（1）试件从养护地点取出后应及时进行试验，试验前将试件表面擦拭干净，检查其外观，并测量尺寸，然后计算试件的承压面积。当实测尺寸与公称尺寸之差不超过 1 mm 时，可按照公称尺寸进行计算。

（2）将试件安放在压力试验机的下压板或下垫板上，试件的承压面应与成型时的顶面垂直，试件中心应对准压力试验机下压板或下垫板中心。开动压力试验机，当上压板与

试件或上垫板接近时，调整球座，使接触面均匀受压。应使压力试验机连续而均匀地加荷，且加荷速度应为 0.25～1.5 kN/s，砂浆强度不大于 2.5 MPa 时，宜取下限。当试件接近破坏而开始迅速变形时，停止调整压力试验机油门，直至试件破坏，然后记录破坏载荷。

4. 结果计算

砂浆抗压强度应按下式计算（精确至 0.1 MPa）。

$$f_{m,cu} = K\frac{N_u}{A} \tag{5-10}$$

式中：

$f_{m,cu}$——试件的抗压强度（MPa）；

N_u ——试件的破坏载荷（N）；

A ——试件的承压面积（mm^2）；

K ——换算系数，取 1.35。

砂浆抗压强度试验的试验结果应按下列要求确定。

（1）应以每组试件 3 个测定值的算术平均值作为该组试件的抗压强度值。

（2）当 3 个测定值的最大值或最小值中有一个与中间值的差值超过中间值的 15%时，应将最大值及最小值一并舍去，取中间值作为该组试件的抗压强度值。

（3）当 2 个测定值与中间值的差值均超过中间值的 15%时，该组试验结果视为无效。

姓名______ 班级______ 学号______

试验工单——砂浆性能试验

<table>
<tr><td>试验名称</td><td colspan="5"></td></tr>
<tr><td rowspan="2">工单评价</td><td>获取信息准确
（15 分）</td><td>操作步骤规范
（50 分）</td><td>计算结果正确
（25 分）</td><td>工单填写规范
（10 分）</td><td>总计
（100 分）</td></tr>
<tr><td></td><td></td><td></td><td></td><td></td></tr>
<tr><td>试验准备</td><td colspan="5">（1）砂浆按用途可分为______、______、______和______。
（2）预拌砂浆的强度等级分为______、______、______、______、______、______、______七个等级。
（3）抹面砂浆应具有良好的______、足够的______。普通抹面砂浆通常分三层进行，底层主要起______作用，中层主要起______作用，面层主要起______作用。
（4）进行砌筑砂浆抗压试验时采用的试件尺寸为（　　）。
A．100 mm×100 mm×100 mm　B．150 mm×150 mm×150 mm
C．200 mm×200 mm×200 mm　D．70.7 mm×70.7 mm×70.7 mm
（5）砌筑砂浆的强度，对于吸水基层时，主要取决于（　　）。
A．水灰比　B．水泥用量
C．单位用水量　D．水泥强度和水泥用量</td></tr>
<tr><td>试验目的</td><td colspan="5"></td></tr>
<tr><td>仪器设备</td><td colspan="5"></td></tr>
<tr><td>试验步骤</td><td colspan="5"></td></tr>
</table>

姓名____________ **班级**____________ **学号**____________

（续表）

计算结果	
注意事项	
课堂小结	

模块测试

（1）与现场配制砂浆相比，预拌砂浆的优点有哪些？

（2）砌筑砂浆的强度与基层材料是否吸水有关，试写出用于不吸水基层和吸水基层时，砌筑砂浆强度的计算公式。

（3）防水砂浆有哪几种？

（4）某工程砌筑砂浆使用设计强度等级为 M10、稠度为 70～90 mm 的水泥石灰砂浆。现有水泥的强度等级为 32.5 MPa，石灰膏的稠度为 100 mm，细骨料是含水率为 4%、堆积密度为 1 430 kg/m^3 的中砂，该施工单位的施工水平一般。试计算该砌筑砂浆的配合比。

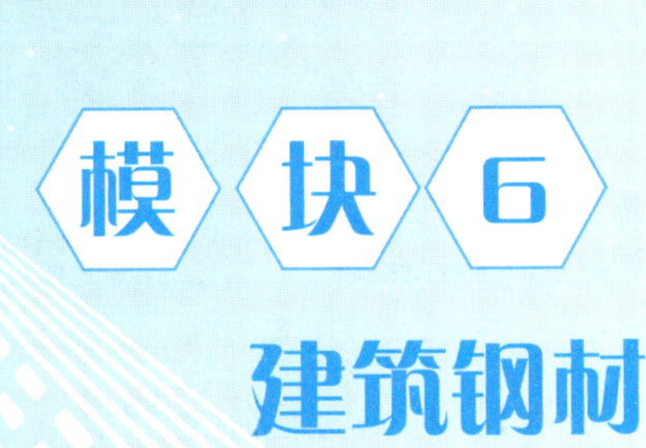

建筑钢材

国家体育场又称“鸟巢”，是2008年北京奥运会主场馆、2022年北京冬奥会和冬残奥会开闭幕式场馆，也是全球首个“双奥开闭幕式场馆”。它位于北京奥林匹克公园中心区，占地20.4 hm^2，建筑面积为25.8 hm^2，可容纳观众9.1万人。

“鸟巢”的外部结构为钢结构，主要由48榀主桁架围绕屋盖中间的开口呈放射形布置而成。主桁架与顶面及立面杂乱无章的次结构一起形成了“鸟巢”的特殊建筑造型，大跨度空间钢屋盖支撑在周边的24根桁架柱之上，并将载荷传至基座。

“鸟巢”的钢结构设计使用年限为100年，耐火等级为一级。由于其钢结构的工程规模巨大、造型奇特，结构形式和节点构造极其复杂，因此“鸟巢”的施工难度非常大。

“鸟巢”为什么采用钢结构？钢材与其他主体结构材料相比有何优缺点？

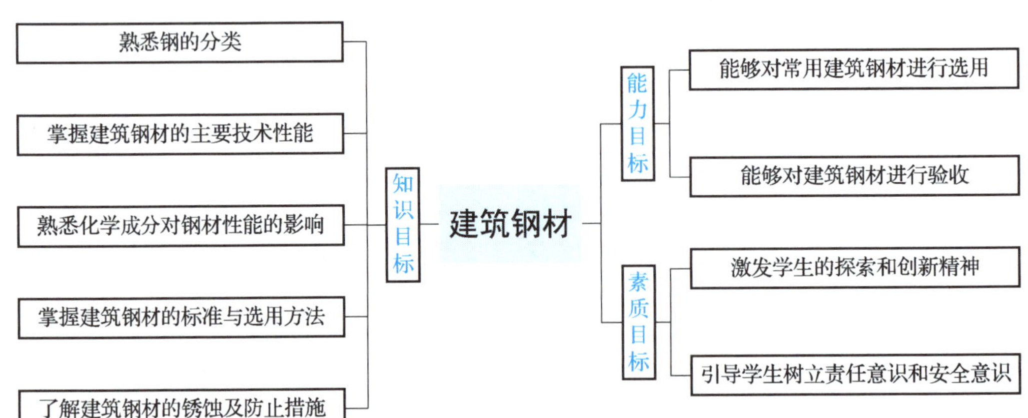

钢材具有强度高、塑性好、质量均匀、性能可靠等优点，并可采用焊接、铆接和螺纹连接等多种方法连接。近些年来，高层和大跨度结构建筑越来越多，钢材在建筑工程中的应用也越来越广泛。建筑钢材的应用实例如图 6-1 所示。

（a）南京长江大桥

（b）国家体育场（鸟巢）

图 6-1　建筑钢材的应用实例

知识链接

现代建筑的主体结构主要是由混凝土和各种钢材组成的，其中钢材具有强度高、质量小、整体刚度好和抵抗变形能力强等特点，对建筑的安全起着决定性作用。由于钢材存在易锈蚀、维护费用高和耐火性差等缺点，因此在建筑工程中对钢材进行合理选择、严格检验，对保证工程质量具有重要意义。

6.1 钢的分类

钢铁又称黑色金属，通常是指以铁为基材的合金。钢铁的主要化学成分是铁和碳，此外还有少量的硅、锰、硫、磷、氧和氮等。其中，含碳量为 2%～6%的钢铁称为生铁或铸铁；含碳量低于 2%的钢铁称为钢。

钢是由生铁冶炼而成的。钢在冶炼过程中采用的熔炼设备和方法不同，其性能有所不同，其制品在建筑工程中的用途也有所区别。钢通常可按化学成分、主要用途和冶炼时的脱氧程度进行分类。

1. 按化学成分分类

《钢分类 第 1 部分：按化学成分分类》（GB/T 13304.1—2008）规定，钢按化学成分的不同可分为非合金钢、低合金钢和合金钢三大类。其中，非合金钢按含碳量的不同可分为低碳钢（$w_C < 0.25\%$）、中碳钢（$0.25\% \leqslant w_C \leqslant 0.60\%$）和高碳钢（$w_C > 0.60\%$）三种。

指点迷津

合金钢是为得到或改进钢的某些性能而在钢中加入一种或多种合金元素（如硅、锰、钛、铝、铌等）所制得的金属材料。

通常所说的碳素钢一般统称为非合金钢。非合金钢按主要质量等级的不同又可分为普通质量非合金钢、优质非合金钢、特殊质量非合金钢。

2. 按主要用途分类

钢按主要用途的不同可分为结构钢、工具钢和特殊性能钢三种。

结构钢是指具有一定强度和韧性，有的还具有可焊性，用于制作各种工程结构件以及制造各种机械结构件的钢。

工具钢主要用于制造刀具、模具等各种工具，其含碳量一般较高。

特殊性能钢是指具有某种特殊物理或化学性能的钢，包括不锈钢、耐热钢、耐磨钢等。

知识链接

结构钢通常为碳素结构钢、优质碳素结构钢、低合金高强度结构钢和合金结构钢。其中，建筑工程多采用碳素结构钢和低合金高强度结构钢，大多数型钢、钢板、钢筋等都是用这种钢制成的。

3. 按冶炼时的脱氧程度分类

钢按冶炼时脱氧程度的不同可分为沸腾钢、镇静钢、半镇静钢和特殊镇静钢四种。

沸腾钢是指在冶炼时仅加入锰铁进行脱氧，脱氧程度极低的钢。这种钢因在冶炼时脱氧不充分，脱氧后钢液中还有大量的 CO 气体逸出，使钢液呈沸腾状态，故称沸腾钢，其代号为 F。沸腾钢内部无缩孔、轧制性能好、易于加工且成本较低，但由于其内部组织不够致密、成分不均匀且易偏析，因此沸腾钢的耐腐蚀性、韧性和可焊性较差，尤其在低温时其韧性会显著下降。

镇静钢是指在冶炼时采用锰铁、硅铁和铝锭作为脱氧剂，脱氧充分的钢。这种钢因钢液浇铸后在锭模内呈静止状态，故称镇静钢，其代号为 Z。镇静钢组织致密、成分均匀、偏析程度小且力学性能稳定，多用于预应力混凝土等重要的工程结构。

半镇静钢是指在冶炼时的脱氧程度介于沸腾钢和镇静钢之间的钢，它兼有二者的优点，代号为 b。

特殊镇静钢是指在冶炼时比镇静钢脱氧更充分的钢，其代号为 TZ。特殊镇静钢的性能优异，多用于特别重要的工程结构。

6.2 建筑钢材的主要技术性能

如图 6-2 所示，建筑钢材的主要技术性能有力学性能、工艺性能和化学性能。其中，力学性能和工艺性能既是建筑工程设计和施工人员选用钢材的主要依据，也是冶金厂生产钢材和控制钢材产品质量的重要依据。

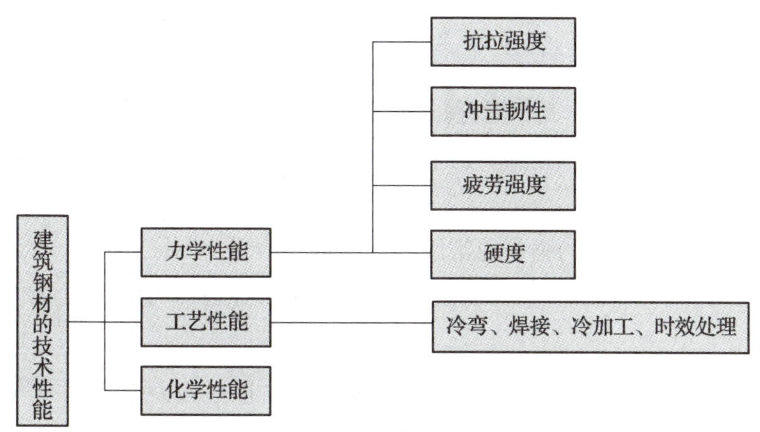

图 6-2 建筑钢材的主要技术性能

6.2.1 力学性能

力学性能是指钢材抵抗外力与变形所呈现的性能，它主要包括强度、塑性、韧性、疲劳强度和硬度等。

钢材的抗拉性能

1. 强度

由于拉伸是建筑钢材的主要受力形式，因此在建筑工程中选用钢材时所指的强度通常是指其抗拉强度。钢材的强度可通过拉伸试验来测定。用拉力试验机在拉伸试件的两端逐渐施加拉力载荷，直至拉伸试件被拉断，并记录拉力值。在这个过程中连续记录拉应力 R 和拉伸试件的伸长率 e，可以绘制出拉伸曲线。如图 6-3 所示为低碳钢拉伸试件的拉伸曲线，其拉伸过程可分为弹性变形、屈服、强化和颈缩四个阶段。

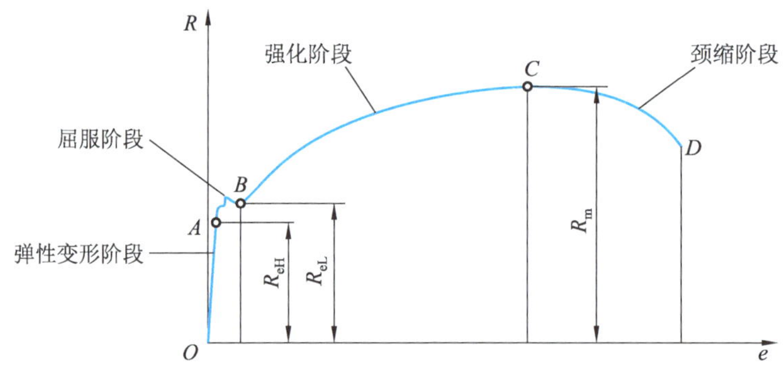

图 6-3　低碳钢拉伸试件的拉伸曲线

弹性变形阶段（*OA* 段）是一段通过原点 *O* 的直线。在这个阶段 *R* 与 *e* 成正比，拉伸试件在受力时发生弹性变形，在卸力后变形能完全恢复。*OA* 段中与 *A* 点对应的拉应力称为上屈服强度，以 R_{eH} 表示。

钢材抵抗弹性变形能力的强弱通常用弹性模量 *E* 表示。在拉应力 *R* 一定的条件下，钢材的弹性模量 *E* 越大，则钢材产生的弹性变形就越小，拉应力与弹性模量的关系为

$$R = Ee \tag{6-1}$$

屈服阶段（*AB* 段）是一段波动的曲线。在这个阶段拉应力 *R* 变化不大，但 *e* 增加较快，拉伸试件开始出现塑性变形。*AB* 段中曲线波动的最小拉应力称为下屈服强度，以 R_{eL} 表示。由于下屈服强度的数值较为稳定，通常将其定义为钢材的屈服强度。

屈服强度是钢材从弹性变形转变为塑性变形的转折点，当拉应力超过屈服强度时钢材将会产生不可恢复的变形。因此，屈服强度是工程结构设计中钢材强度取值的依据。

知识链接

将钢材在常温下进行冷加工（冷拉、冷拔或冷轧等），使之产生塑性变形，既可以对其进行调直、除锈，又可以提高其屈服强度，这种加工方法称为冷加工强化处理。钢材经冷加工后的屈服强度可作为工程结构设计中钢材强度取值的依据。

钢材经冷加工后，将其在常温下存放 15～20 d 或加热至 100～200℃并保持 2 h 左右，其屈服强度、抗拉强度及硬度会提高，而塑性和韧性会降低，这种加工方法称为时效处理。时效处理可提高工程结构的安全性，但处理后的强度不作为工程结构设计中钢材强度取值的依据。

强化阶段（*BC* 段）是一段上升的曲线。在这个阶段，随着塑性变形的增大，拉伸试件抵抗变形的内力也逐渐增大。*BC* 段中，*C* 点对应的拉应力为拉伸试件断裂前能够承受的最大拉应力，称为抗拉强度，以 R_m 表示。

屈服强度和抗拉强度之比称为屈强比（R_{eL}/R_m），它能反映钢材的利用程度和结构的

安全可靠程度。屈强比越小，钢材的结构安全可靠程度越高。如果屈强比过小，则说明钢材利用得不充分，会造成钢材的浪费。工程结构合理的屈强比一般为 0.60～0.75。

颈缩阶段（*CD* 段）是一段下降的曲线。在这个阶段，拉伸试件的横截面急剧缩小，拉伸试件出现颈缩，直到在 *D* 点发生断裂，如图 6-4 所示。

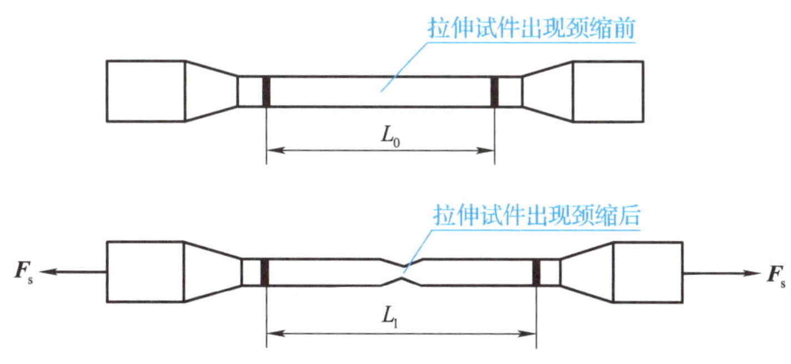

图 6-4　拉伸试件出现颈缩前后示意图

经验传承

对于中碳钢和高碳钢等钢材的拉伸试件，由于它们在拉伸过程中没有明显的屈服现象，也不会产生颈缩，因此很难确定它们的屈服强度。对于这些钢材，通常将其拉伸试件的伸长量为原始标距 0.2%时的拉应力作为其屈服强度，以 $R_{0.2}$ 表示，如图 6-5 所示。

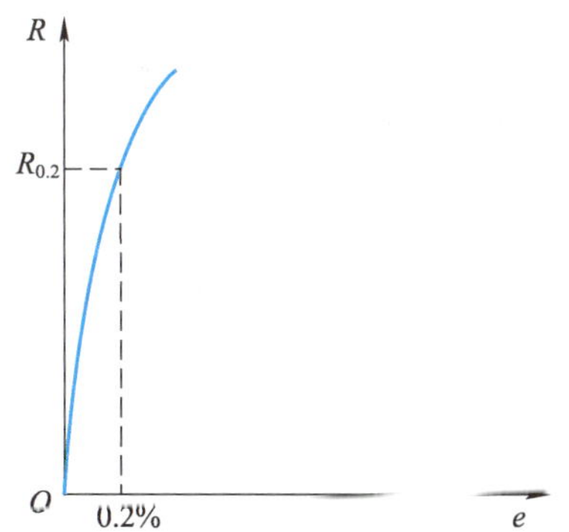

图 6-5　中碳钢和高碳钢拉伸试件的拉伸曲线

2. 塑性

塑性好的钢材在外力作用下会发生塑性变形，不容易断裂。钢材的塑性可用断后伸长率 *A* 和断面收缩率 *Z* 来衡量，两者都可通过拉伸试验进行测算。

断后伸长率是指拉伸试件拉断后，拉伸试件的伸长量与原始标距之比的百分率，用符

号 A 表示，其计算公式为

$$A=\frac{L_1-L_0}{L_0}\times 100\% \tag{6-2}$$

式中：

L_0——拉伸试件的原始标距（mm）；

L_1——拉伸试件拉断后的标距（mm）。

断后伸长率反映钢材拉伸断裂时所具有的塑性变形能力，它是衡量钢材塑性的重要技术指标。

经验传承

对于圆柱形拉伸试件，原始标距与拉伸试件的直径之比越大，颈缩处伸长段的比例就越小，断后伸长率也越小。在断后伸长率非常小的情况下，通常以 A_5 和 A_{10} 表示拉伸试件的断后伸长率，此时拉伸试件的标距分别为其平行长度原始直径的 5 倍和 10 倍。对于同一种钢材，A_5 应大于 A_{10}。

断面收缩率是指拉伸试件拉断后，颈缩处横截面积的最大缩减量与原始横截面积之比的百分率，用符号 Z 表示，其计算公式为

$$Z=\frac{S_0-S_u}{S_0}\times 100\% \tag{6-3}$$

式中：

S_0——拉伸试件的原始横截面积（mm^2）；

S_u——拉伸试件颈缩处的最小横截面积（mm^2）。

3. 韧性

韧性越好，钢材的抗冲击能力就越强，钢材发生断裂的可能性也越小。钢材的韧性通常用冲击韧度来表示，它可通过一次摆锤冲击试验来测算，如图 6-6 所示。

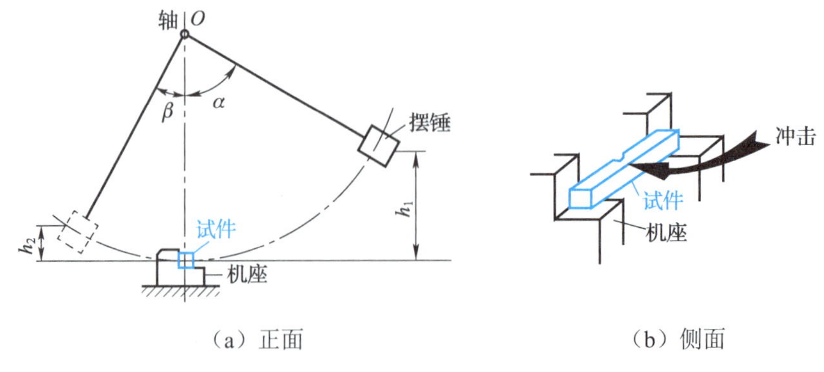

图 6-6　一次摆锤冲击试验原理简图

在进行一次摆锤冲击试验前，需要按照《金属材料　夏比摆锤冲击试验方法》（GB/T 229—2020）在试件上加工出一定形状的缺口（V 型缺口或 U 型缺口），并将缺口背对摆锤冲击方向。试验时，将摆锤抬起至一定高度 h_1，然后释放。摆锤在重力的作用自由下落，冲断试件后继续摆动，记录最终的摆动高度 h_2。摆锤损失的重力势能等于金属材料试件断裂过程中吸收的能量，即冲击吸收能量，用符号 W 表示，单位为 J。冲击韧度则是试件缺口处单位面积上所吸收的能量，即

$$\alpha_k = \frac{W}{A} \tag{6-4}$$

式中：

α_k——冲击韧度（J/cm²）；

W——冲击吸收能量（J）；

A——试件槽口处横截面积（cm²）。

α_k 越大，表示钢材的韧性越好。钢材的 α_k 与其晶体结构、化学成分、轧制或焊接质量、环境温度等有关。试验表明，同一种钢材的 α_k 随温度的降低而减小，其变化曲线如图 6-7 所示。

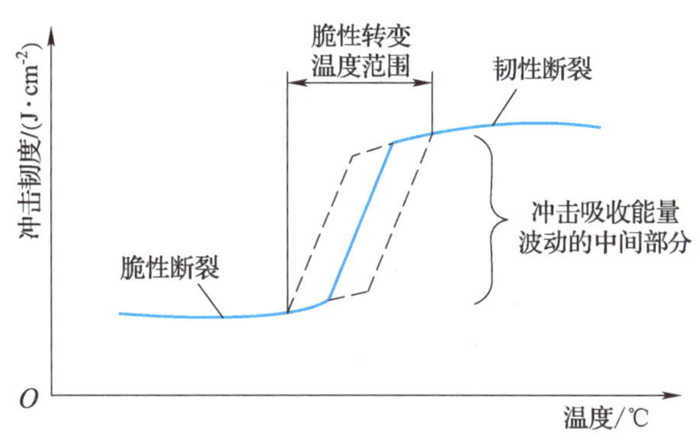

图 6-7　钢材韧性随温度变化曲线

由图 6-7 可知，在较高的温度环境下，α_k 随温度的降低而缓慢减小，试件在冲断时呈韧性断裂。当温度降至一定值后，α_k 随温度的降低而大幅度减小，试件在冲断时呈脆性断裂，这种现象称为冷脆。两段曲线之间有一个 α_k 变化显著的温度范围，称为脆性转变温度范围。

指点迷津

脆性转变温度越低，表明其低温韧性越好。在严寒地区使用的钢材，设计时必须考虑冷脆的影响。由于脆性转变温度范围临界值的测定较为复杂，通常根据气温条件在 –20℃ 或 –40℃ 时测定冲击吸收能量，以此来推断脆性转变温度范围。

此外，时效也是影响钢材 α_k 的重要因素之一。

4. 疲劳强度

钢材承受交变载荷作用时其内部应力也会出现周期性变化，可能在远低于屈服强度时突然发生破坏，这种破坏称为疲劳破坏。由于前期不易察觉，具有较强的突发性，因此疲劳破坏容易造成很严重的后果。

钢材抵抗疲劳破坏的能力通常用疲劳强度来表示。疲劳强度是指钢材承受无限次交变载荷的作用而不发生破坏的最大应力。钢材的疲劳强度可通过疲劳试验来测定，通常把钢材在经受10^6～10^7次交变载荷作用时不产生断裂的最大应力作为疲劳强度。

5. 硬度

钢材常用的硬度试验方法有布氏法和洛氏法，所测定的硬度分别称为布氏硬度和洛氏硬度。

1）布氏硬度

布氏硬度试验的测量原理是用一定直径的钢球或硬质合金球，在规定的试验压力作用下压入试件表面，经规定的保持时间（一般为 10～15 s）后，测量试件表面压痕的直径，然后利用公式计算出硬度值。

布氏硬度的表示符号有 HBS 和 HBW 两种。其中，当在硬度试验中采用淬火钢球时，布氏硬度的表示符号为 HBS（适用于布氏硬度在 450 以下的钢材）；当在硬度试验中采用硬质合金球时，布氏硬度的表示符号为 HBW（适用于布氏硬度为 450～650 的钢材）。

2）洛氏硬度

洛氏硬度试验的测量原理与布氏硬度试验相似，不同之处在于洛氏硬度试验是根据试件表面压痕的深度来计算硬度值的。根据载荷和压头类型的不同，洛氏硬度的表示符号有 HRA、HRB 和 HRC 三种。洛氏硬度试验操作简便、压痕较小，可用于钢材成品的检验。

6.2.2 工艺性能

钢材不但具有优良的力学性能，还具有良好的工艺性能，能够满足各种建筑施工工艺的要求。建筑钢材的工艺性能主要是指对其加工成型或改变其内部组织结构的难易程度，主要包括冷弯性和可焊性等。

1. 冷弯性

冷弯性是指钢材在常温下经塑性弯曲而制成型材的难易程度。冷弯性常用弯曲角度α、弯心直径d与试件直径（或厚度）a的比值d/a来表示，如图 6-8 所示。α越大、d/a越小，钢材的冷弯性就越好。

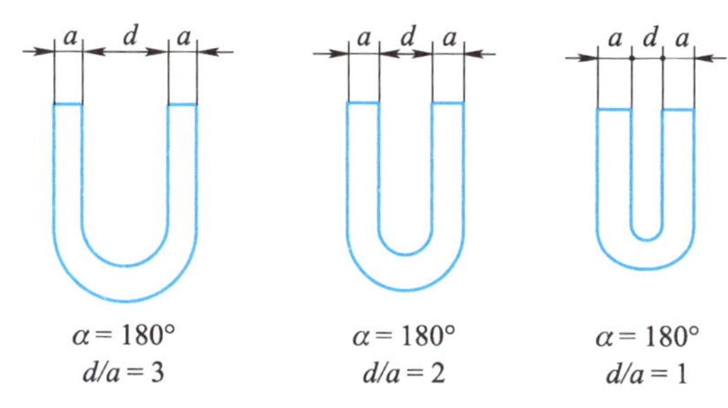

图 6-8　钢材冷弯性的指标

钢材的产品检验过程对冷弯性指标的评价有明确的规定。当按规定的弯曲角度 α 和 d/a 值对试件进行试验时，试件弯曲处不应出现裂缝、断裂或起层等现象，钢材的冷弯性才能被认定为合格。

钢材的冷弯性和断后伸长率均可反映钢材的塑性变形能力。其中，断后伸长率反映试件均匀变形的能力，而冷弯性可反映钢材的内部组织是否均匀，是否存在内应力和夹杂物等缺陷。此外，工程实践中还经常用冷弯试验来检验建筑钢材的焊接质量。

2. 可焊性

在建筑工程中，焊接不但是钢结构部件之间的主要连接方式，还广泛应用于钢筋骨架、钢筋接头、钢筋网、连接件和预埋件的制作。因此，钢材应具有良好的可焊性。可焊性是指钢材在焊接过程中获得优质焊接接头（包括焊缝、熔合区和热影响区）的难易程度。

一般情况下，焊接结构用钢宜选用含碳量较低、杂质含量较少的镇静钢。其中，在对高碳钢和合金钢进行焊接时，通常要采取焊前预热等措施来改善钢材的可焊性。

6.3 化学成分对钢材性能的影响

1. 碳

碳是决定钢材性能的重要元素，其含量与钢材力学性能的关系如图 6-9 所示。当钢材的含碳量小于 0.8%时，钢材的断后伸长率、断面收缩率和冲击韧度随含碳量的增大而逐渐减小，但其硬度会随之增大。钢材的抗拉强度在含碳量小于 0.8%时会随着含碳量的增大逐渐增大，在含碳量大于 0.8%时则会随着含碳量的增大而逐渐减小。

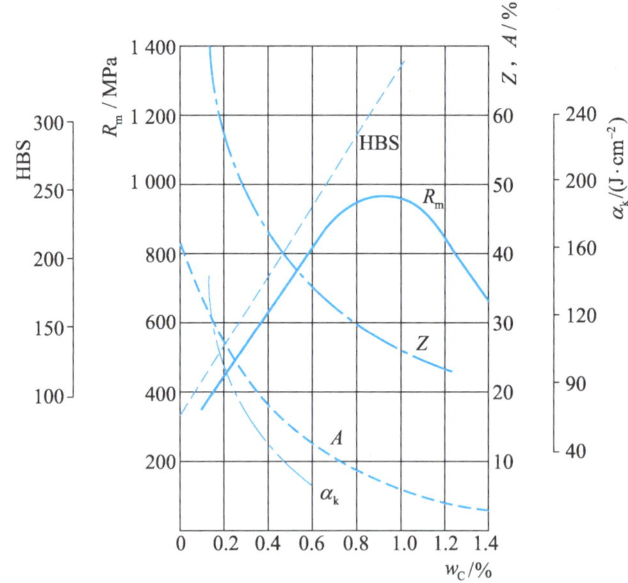

R_m —抗拉强度；α_k —冲击韧度；HBS—布氏硬度；A—断后伸长率；Z—断面收缩率；w_C —含碳量。

图 6-9　含碳量与钢材力学性能的关系

此外，随着含碳量的增大，钢材的冷弯性和可焊性将会出现下降（含碳量大于 0.3%时，钢材的可焊性显著下降）。因此，建筑钢材通常为含碳量小于 0.25%的低碳钢。

2. 硫和磷

硫和磷是钢材中的有害元素，分别以 FeS 和 Fe_3P 的形式存在。其中，FeS 的熔点较低，可使钢材在热加工或焊接时产生内部裂纹，从而导致钢材断裂，这一现象称为热脆。热脆会严重降低钢材的性能，因此钢材中硫的含量一般不允许超过 0.055%。

Fe_3P 会使钢材在低温时变脆，容易出现裂纹，并可显著降低钢材的可焊性，因此钢材中磷的含量一般不允许超过 0.045%。

3. 氧和氮

氧和氮是钢材中的有害元素，它们均是在炼钢过程中带入的。氧在钢材中大部分以氧化物的形式存在，如 FeO 等。这些氧化物会降低钢材的各项力学性能，使钢材更容易出现热脆，因此钢材中氧的含量一般不允许超过 0.05%。氮元素对钢材性能的影响与磷相似，它在钢材中的含量一般不允许超过 0.035%。

4. 硅和锰

硅和锰是在钢材的精炼过程中为了脱氧去硫而加入的元素。当硅含量小于 1%时，增加硅含量可增大钢材的强度，对钢材的塑性和韧性则无明显影响。当硅含量大于 1%时，增加硅含量会使钢材变脆，并降低其可焊性。

锰能消减硫和氧所引起的热脆，改善钢材的热加工性能。一定含量的锰溶于铁素体中，可增大钢材的强度，但锰的含量过高则会显著降低钢材的可焊性。

5. 铝、钛、钒和铌

铝、钛、钒、铌均是炼钢用强脱氧剂的主要元素，适量加入可改善钢材的组织结构并细化晶粒，从而显著增大钢材的强度，改善其韧性。

6.4 建筑钢材的标准与选用方法

6.4.1 钢结构用钢

建筑钢材可分为钢结构用钢和钢筋混凝土结构用钢两大类。其中，钢结构用钢主要有角钢、工字钢、槽钢、钢管和钢板等，其母材主要是碳素结构钢和低合金高强度结构钢。

1. 碳素结构钢

1）碳素结构钢的牌号

《碳素结构钢》(GB/T 700—2006）中规定，碳素结构钢的牌号由代表屈服强度的字母、屈服强度的数值、质量等级符号和脱氧方法符号四部分按顺序组成。

例如，Q235AF 表示的含义如下。

（1）Q 是“屈”字的汉语拼音首字母，表示屈服强度。

（2）235 是屈服强度的数值，表示屈服强度为 235 MPa。

（3）A 表示钢的质量等级为 A。钢按硫、磷等杂质的含量由多到少可分为 A、B、C、D 四个质量等级。

（4）F 是“沸”字的汉语拼音首字母，表示沸腾钢。碳素结构钢按脱氧程度的不同可分为沸腾钢（F)、镇静钢（Z）和特殊镇静钢（TZ)。其中，Z 和 TZ 可在碳素结构钢的牌号中省略。

2）碳素结构钢的选用

碳素结构钢主要根据牌号中的屈服强度进行选用。根据牌号中屈服强度的不同，碳素结构钢有 Q195 钢、Q215 钢、Q235 钢和 Q275 钢四种。

（1）Q195 钢和 Q215 钢的含碳量小于 0.15%。这种钢强度不高，但具有较好的塑性、韧性和冷弯性，常用来制作钢钉、铆钉、螺栓和铁丝等。

（2）Q235 钢的含碳量为 0.17%～0.22%。这种钢具有较高的强度、塑性、韧性和可焊性，且成本较低，能够满足一般钢结构和钢筋混凝土结构的要求，是建筑工程中应用最广泛的碳素结构钢。钢结构中，各种型钢、钢板和钢管等大多是由 Q235 钢轧制而成的；

钢筋混凝土结构中，使用最多的 HPB300 级钢筋也是由 Q235 钢轧制而成的。

（3）Q275 钢强度高，但其塑性和韧性较差，可轧制成带肋钢筋作为钢筋混凝土结构中的配筋使用，也可用来制作钢结构构件和机械零件。

2. 低合金高强度结构钢

低合金高强度结构钢是在碳素结构钢的基础上，添加一种或几种合金元素（总含量小于 5%）而炼制的结构钢，其中常用的合金元素主要有硅、锰、钛、钒、铬、镍、铜及稀土元素。

1）低合金高强度结构钢的牌号

《低合金高强度结构钢》（GB/T 1591—2018）中规定，低合金高强度结构钢的牌号由代表屈服强度“屈”字的汉语拼音首字母 Q、规定的最小上屈服强度数值、交货状态代号和质量等级符号四部分组成。其中，最小上屈服强度数值分为 355、390、420、460、500、550、620 和 690 八种；质量等级有 B、C、D、E 和 F 五个等级；交货状态为热轧时交货状态代号 AR 或 WAR 可省略，交货状态为正火或正火轧制状态时交货状态代号均用 N 表示。

2）低合金高强度结构钢的选用

低合金高强度结构钢的含碳量均不高于 0.2%。这种钢多为镇静钢，磷、硫等有害元素含量少，抗拉强度高，具有良好的塑性、韧性和可焊性，并且耐磨性和耐腐蚀性也较好，是综合性能较为优异的建筑钢材。采用低合金高强度结构钢可以减小结构负荷，因此低合金高强度结构钢适用于大跨度结构、高层建筑和桥梁工程等承受动载荷的结构。例如，国家体育场（鸟巢）的主体结构采用了牌号为 Q460E 的低合金高强度结构钢。

6.4.2 钢筋混凝土结构用钢

钢筋混凝土结构用钢主要由碳素结构钢和低合金高强度结构钢轧制而成。钢筋混凝土结构用钢按生产方式的不同可分为热轧钢筋、冷轧带肋钢筋和预应力混凝土用钢绞线等。

1. 热轧钢筋

热轧钢筋是钢筋混凝土和预应力混凝土的主要组成材料之一，它不但具有较高的强度，还具有良好的塑性、韧性和可焊性。热轧钢筋主要有热轧光圆钢筋和热轧带肋钢筋两种，如图 6-10 所示。

（a）热轧光圆钢筋

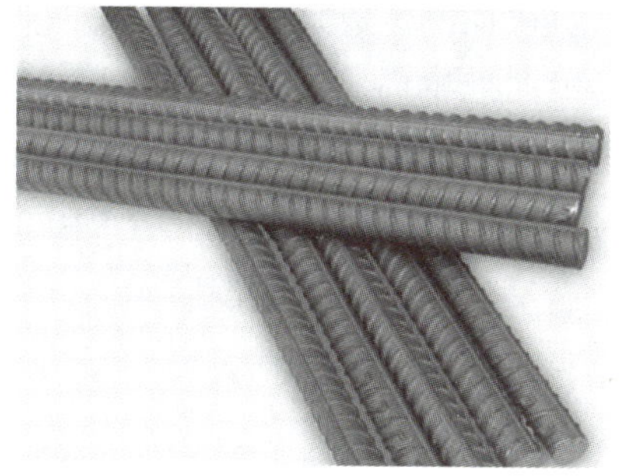
（b）热轧带肋钢筋

图 6-10　热轧钢筋

《钢筋混凝土用钢　第 1 部分：热轧光圆钢筋》（GB/T 1499.1—2017）规定，热轧光圆钢筋的牌号用 HPB 和屈服强度特征值表示，其牌号仅有一个，即 HPB300。

《钢筋混凝土用钢　第 2 部分：热轧带肋钢筋》（GB/T 1499.2—2018）规定，热轧带肋钢筋分为普通热轧带肋钢筋和细晶粒热轧带肋钢筋两种。普通热轧带肋钢筋的牌号用 HRB 和屈服强度特征值表示，有 HRB400、HRB500、HRB600、HRB400E 和 HRB500E 五个牌号；细晶粒热轧带肋钢筋的牌号用 HRBF 和屈服强度特征值表示，有 HRBF400、HRBF500、HRBF400E 和 HRBF500E 四个牌号。各牌号热轧钢筋的主要技术性能如表 6-1 所示。

表 6-1　各牌号热轧钢筋的主要技术性能

类别	牌号	公称直径范围/mm	下屈服强度/MPa	抗拉强度/MPa	断后伸长率/%	冷弯性	
						角度	弯心直径
热轧光圆钢筋	HPB300	6～22	≥ 300	≥ 420	≥ 25	180°	$d=a$
热轧带肋钢筋	HRB400	6～25 28～40 > 40～50	≥ 400	≥ 540	≥ 16		$d=4a$ $d=5a$ $d=6a$
	HRBF400						
	HRB400E				—		
	HRBF400E						
	HRB500	6～25 28～40 > 40～50	≥ 500	≥ 630	≥ 15		$d=6a$ $d=7a$ $d=8a$
	HRBF500						
	HRB500E				—		
	HRBF500E						
	HRB600	6～25 28～40 > 40～50	≥ 600	≥ 730	≥ 14		$d=6a$ $d=7a$ $d=8a$

注：表中 d 为弯心直径，a 为钢筋公称直径。

2. 冷轧带肋钢筋

冷轧带肋钢筋是由普通低碳钢、优质碳素钢或低合金钢热轧圆盘条为母材，经冷轧减径后，在其表面冷轧成具有三面或两面月牙形横肋的钢筋。

《冷轧带肋钢筋》（GB/T 13788—2017）规定，冷轧带肋钢筋有 CRB550、CRB650、CRB800、CRB600H、CRB680H 和 CRB800H 六个牌号。其中，CRB550 和 CRB600H 为普通钢筋混凝土用钢筋；CRB650、CRB800 和 CRB800H 为预应力混凝土用钢筋；CRB680H 既可作为普通钢筋混凝土用钢筋，也可作为预应力混凝土用钢筋使用。各牌号冷轧带肋钢筋的力学性能如表 6-2 所示。

表 6-2　各牌号冷轧带肋钢筋的力学性能

牌号	规定塑性延伸强度/MPa	抗拉强度/MPa	断后伸长率/%		弯曲试验 180°	反复弯曲次数	初始应力应相当于公称抗拉强度的 70%
			A	$A_{100\ mm}$			1 000 h 松弛率/%
CRB550	≥ 500	≥ 550	≥ 11.0	—	$d=3a$	—	—
CRB600H	≥ 540	≥ 600	≥ 14.0	—	$d=3a$	—	—
CRB680H	≥ 600	≥ 680	≥ 14.0	—	$d=3a$	4	≤ 5
CRB650	≥ 585	≥ 650	—	≥ 4.0	—	3	≤ 8
CRB800	≥ 720	≥ 800	—	≥ 4.0	—	3	≤ 8
CRB800H	≥ 720	≥ 800	—	≥ 7.0	—	4	≤ 5

注：表中 d 为弯心直径，a 为钢筋公称直径。

冷轧带肋钢筋的综合性能优异，它具有强度高、塑性好、与混凝土的握裹力强等优点，不但可以节省钢材的用量，还可以提高钢筋混凝土结构的整体强度和抗震能力。

3. 预应力混凝土用钢绞线

大型预应力混凝土通常因受力很大而将高强度钢丝制成的钢绞线作为主要受力钢筋。《预应力混凝土用钢绞线》（GB/T 5224—2014）中规定，预应力混凝土用钢绞线按结构的不同可分为以下八类。

（1）用 2 根钢丝捻制的钢绞线，结构代号为 1×2。

（2）用 3 根钢丝捻制的钢绞线，结构代号为 1×3。

（3）用 3 根刻痕钢丝捻制的钢绞线，结构代号为 1×3I。

（4）用 7 根钢丝捻制的标准型钢绞线，结构代号为 1×7。

（5）用 6 根刻痕钢丝和一根光圆中心钢丝捻制的钢绞线，结构代号为 1×7I。

（6）用 7 根钢丝捻制又经模拔的钢绞线，结构代号为 1×7C。

（7）用 19 根钢丝捻制的1+9+9 西鲁式钢绞线，结构代号为 1×19S。

（8）用 19 根钢丝捻制的1+6+6/6 瓦林吞式钢绞线，结构代号为 1×19W。

预应力混凝土用钢绞线具有强度高、柔韧性好、质量稳定、施工简便等优点，它在使用时可根据所要求的长度截取，主要用于大载荷、大跨度、曲线配筋的预应力混凝土结构。

6.5 建筑钢材的锈蚀及防止措施

钢材的锈蚀是指其表面与周围介质发生化学作用或电化学作用而遭到破坏的现象。锈蚀不仅会使钢材的有效截面积减小，承载能力降低，还会使其因局部腐蚀而造成应力集中，从而发生破坏。若受到冲击载荷或交变载荷的作用，钢材还会出现锈蚀疲劳，导致疲劳强度大大降低，甚至出现脆性断裂。

6.5.1 钢材锈蚀的原因

根据钢材表面与周围介质的作用不同，钢材锈蚀的原因主要有化学锈蚀和电化学锈蚀两类。

1. 化学锈蚀

化学锈蚀是指钢材直接与周围介质发生化学反应而产生的锈蚀。钢材出现这种锈蚀时，其表面会因氧化作用而被氧化成疏松的氧化物。钢材在常温、干燥环境中发生化学锈蚀的速度缓慢，但在温度或湿度较高的环境中，发生化学锈蚀的速度较快。因此，保持钢材表面干燥是抑制化学锈蚀的有效手段。

2. 电化学锈蚀

电化学锈蚀是指钢材与电解质溶液接触形成微电池而产生的锈蚀。暴露在潮湿空气或土壤中的钢材，其表面会覆盖一层水膜。当水膜中溶入 CO_2、SO_2 等气体后会形成电解质溶液。钢材表面因化学成分不均匀会在电解质溶液中出现电极电位差，从而形成许多微电池。在微电池阳极，铁易失去电子成为 Fe^{2+} 进入水膜；在微电池阴极，水中的氧气易被还原成 OH^-，Fe^{2+} 与 OH^- 结合成为 $Fe(OH)_2$，并被进一步氧化成疏松的红色铁锈 $Fe(OH)_3$，从而使钢材产生锈蚀。

6.5.2 防止钢材锈蚀的方法

防止钢材锈蚀的方法主要有采用耐候钢、对钢材进行表面处理和对钢材进行电化学保护等。

1. 采用耐候钢

耐候钢又称耐大气腐蚀钢，是指在大气环境中耐腐蚀性优于非合金钢的低合金工程结构钢。耐候钢是在碳素结构钢中添加少量铜、镍等耐锈蚀元素冶炼而成的。这些耐锈蚀元素不但可以提高钢材内部铁素体的电极电位，还能促使钢材的表面形成致密的氧化膜，将钢材表面与周围介质隔开，从而有效防止钢材出现锈蚀。

耐候钢钢材可以不经涂装而直接使用，其表面锈层会在一段时间内逐渐稳定，并在之后不再发展。耐候钢的价格较高，但后期维护成本较低。

2. 对钢材进行表面处理

钢材的表面处理方法很多，建筑钢材常用的有表面镀层、涂装和表面转化膜等。

1）表面镀层

表面镀层是指将金属镀料原子沉积在钢材表面，使其形成镀层来防止钢材锈蚀的表面处理方法。表面镀层的方式主要有电镀和化学镀两种，它们可在钢材表面镀上一层耐锈蚀的金属材料，将钢材与周围介质隔开，从而防止钢材出现锈蚀，如镀锌、镀锡、镀铜和镀铬等。

2）涂装

涂装是指在钢材表面涂覆有机防锈涂料，使其在钢材表面形成防锈涂层来防止钢材锈蚀的表面处理方法。涂装具有施工方便、成本低廉、性能优异、质量稳定等特点，在建筑钢材中应用广泛。涂装的工序主要有涂前表面预处理、涂料涂覆、涂膜干燥固化三部分。其中，涂前表面预处理是指清除钢材表面的油脂、腐蚀产物、残留杂质等，并赋予表面一定的化学、物理特性，以增强涂层的附着力；涂料涂覆是指根据钢材防锈的要求将合适的底漆、中间漆和面漆分别涂覆在钢材表面；涂膜干燥固化的方式主要有自然干燥和人工干燥两种，建筑钢材多采用自然干燥。

3）表面转化膜

表面转化膜是指采用各种方法在钢材表面上沉积一定厚度薄膜的表面处理方法。建筑钢材最常用的表面转化膜是发蓝处理。发蓝处理可使钢材表面生成一层四氧化三铁薄膜，从而增强钢材的耐锈蚀能力。

3. 对钢材进行电化学保护

对于不易进行表面处理的建筑钢材，如地下管道和港口钢结构等，可对其进行电化学保护。电化学保护根据电化学原理，使钢材成为腐蚀电池的阴极，从而防止钢材出现锈蚀。

常用的电化学保护方法有以下两种。

（1）在钢材附近埋设废钢铁，并给它们施加直流电，将阴极接在被保护的钢材上，阳极接在废钢铁上，通电后废钢铁成为阳极而被腐蚀，钢结构成为阴极而被保护。

（2）在被保护的钢材上连接一块比钢更活泼的金属（如锌、镁等），使其成为阳极而被腐蚀，钢材成为阴极而被保护。

6.6 钢筋的力学性能试验

钢筋是钢筋混凝土和预应力混凝土中常用的钢材之一，按其作用的不同可分为受力筋、箍筋、架立筋和分布筋等，它们在混凝土结构中所起的作用各有不同，因此所承受的主要外力也不尽相同。为了保证混凝土结构的强度，通常需要对其中的钢筋进行力学性能试验。钢筋的力学性能试验主要包括拉伸试验和弯曲试验两项。

6.6.1 拉伸试验

通过拉伸试验可测定钢筋的屈服强度、抗拉强度、断后伸长率和断面收缩率，以作为评定钢筋质量的依据。

1. 试验方法

对钢筋进行拉伸试验时，按标准将钢筋制成拉伸试件。将拉伸试件的两端紧固在拉伸试验机上并逐渐增加轴向拉力，使拉伸试件伸长、变细，直至断裂，用测力系统记录拉伸试件在这个过程中的拉力值。

本试验依据《钢筋混凝土用钢材试验方法》（GB/T 28900—2012）进行。

2. 主要仪器

拉力试验机及测力系统应按照《静力单轴试验机的检验 第1部分：拉力和（或）压力试验机测力系统的检验与校准》（GB/T 16825.1—2012）进行校准，其精确度应为一级或优于一级。计算机控制的拉伸试验机应符合《静力单轴试验机用计算机数据采集系统的评定》（GB/T 22066—2008）的要求。

3. 试件制备

钢筋的拉伸试件如图6-11所示。拉伸试件应从符合交货状态的钢筋产品上制取，其平行长度应足够长。原始标距 L_0 应在拉伸试件的平行长度上用小标记、细划线或细墨线标出，原始标距内等分格标记的间距应根据钢筋的直径确定，并用若干细划线标出。

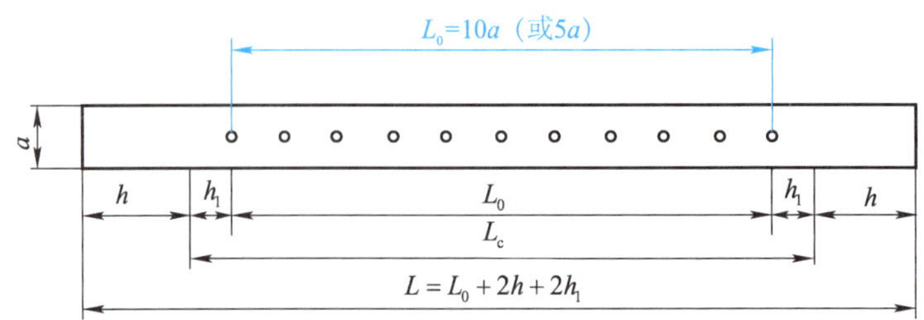

a—试件原始直径；L_0—标距长度；h_1—取（0.5～1）a；h—夹具长度。

图 6-11　钢筋的拉伸试件

4. 试验步骤

（1）调试并校准拉力试验机，选择合适的量程。

（2）根据拉伸试件选择合适的夹具，将拉伸试件上端固定在拉力试验机的夹具内，开动拉力试验机使其对拉伸试件进行拉伸，拉伸速度应符合《金属材料 拉伸试验 第 1 部分：室温试验方法》（GB/T 228.1—2021）中的要求，直至拉伸试件被拉断。

（3）读取测力系统中拉伸试件的屈服载荷 F_{eL} 和最大载荷 F_m。

（4）将已拉断的试件两端在断裂处对齐，使其轴线位于同一条直线上，测量拉伸试件的断后标距 L_1。

经验传承

若规定最小的断后伸长率小于 5%，则需要按照《金属材料 拉伸试验 第 1 部分：室温试验方法》（GB/T 228.1—2021）中推荐的特殊方法测量拉伸试件的断后标距。

5. 结果计算

（1）钢筋屈服强度和抗拉强度的计算公式为

$$R_{eL} = \frac{F_{eL}}{S_0} \tag{6-5}$$

$$R_m = \frac{F_m}{S_0} \tag{6-6}$$

式中：

R_{eL}——钢筋的屈服强度（MPa）；

R_m——钢筋的抗拉强度（MPa）；

F_{eL}——钢筋的屈服载荷（N）；

F_m——钢筋的最大载荷（N）；

S_0——拉伸试件的原始横截面积（mm^2）。

（2）断后伸长率的计算公式为

$$R_5(R_{10})=\frac{L_1-L_0}{L_0}\times 100 \quad (6\text{-}7)$$

式中：

R_5 —— $L_0=5a$ 时的伸长率（精确至 1%）；

R_{10} —— $L_0=10a$ 时的伸长率（精确至 1%）；

L_0 ——原始标距长度，5 a 或 10 a（mm）；

L_1 ——试件拉断后直接量出或按移位法量出的标距长度（mm，精确至 0.1 mm）。

（3）断面收缩率的计算公式为

$$Z=\frac{S_0-S_u}{S_0}\times 100\,\% \quad (6\text{-}8)$$

式中：

S_0 ——拉伸试件的原始横截面积（mm^2）；

S_u ——拉伸试件断后最小横截面积（mm^2）。

提　示

试验测定数据和性能结果应按如下要求进行测量和修约。

（1）测量拉伸试件横截面的尺寸时，应在拉伸试件平行长度区域至少测量三个不同位置的数值，并根据这些实际测量数值的平均值计算拉伸试件的原始横截面积。

（2）强度性能值修约至 1 MPa。

（3）断后伸长量（L_1-L_0）精确至 ±0.25 mm，断后伸长率修约至 0.5%。

（4）拉伸试件断后最小横截面积测量准确度达到 ±2%，断面收缩率修约至 1%。

6.6.2 冷弯试验

1. 试验方法

冷弯试验是一种工艺试验，它在常温条件下将冷弯试件放在冷弯试验机中，逐渐施加载荷，观察冷弯试件在载荷作用下弯曲至规定角度，通过观察弯曲外表面是否存在裂纹来评定其是否合格。

通过冷弯试验，可判定钢筋承受弯曲至规定角度及形状的能力，还可以了解钢筋在各种加工工艺条件下的缺陷，以作为评定钢筋质量的依据。钢筋的冷弯试验可参照《钢筋混凝土用钢材试验方法》（GB/T 28900—2012）中规定的方法进行。

2. 主要仪器

冷弯试验机应满足以下要求。

（1）支辊的长度和冷弯压头的宽度应大于冷弯试件的宽度或直径，冷弯压头的直径必须符合相关产品标准的规定。

（2）支辊和冷弯压头具有足够的硬度，支辊之间的距离可在一定范围内调节。

3. 试验步骤

（1）冷弯试验机的调整如图 6-12 所示。其中，冷弯压头的直径为 d，d 的值根据钢筋级别确定，支辊之间的距离为 L_1，$L_1=(d+3a)\pm 0.5a$ 。

（2）将冷弯试件放置在两个支辊和冷弯压头之间，然后开启冷弯试验机，使冷弯压头平稳地向冷弯试件施加载荷。当冷弯试件弯曲至规定角度（180°或 90°）后，停止施加载荷，如图 6-13 和图 6-14 所示。

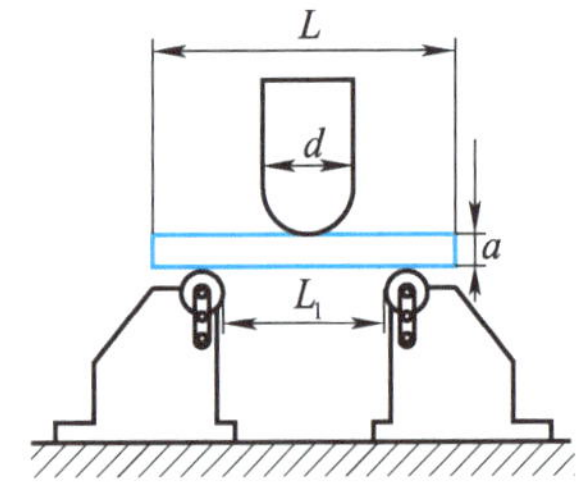

图 6-12　冷弯试验机的调整

图 6-13　冷弯试件弯曲 180°

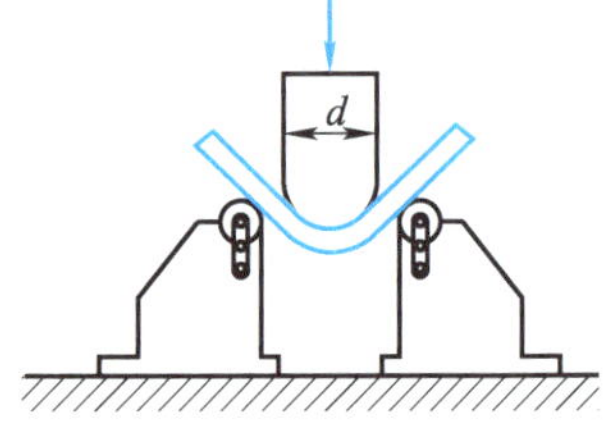

图 6-14　冷弯试件弯曲 90°

经验传承

（1）将试件在两个支辊支点上弯曲至两臂平行时，可一次性完成试验，也可先弯曲至 90°，然后放置在试验机平板之间继续施加压力，将冷弯试件两臂压至平行。

（2）试验时应在平稳压力作用下，缓慢施力。

（3）在试验过程中不可改变冷弯压头的直径。

（4）冷弯试验一般在 10～35℃的环境中进行，对温度要求严格的试验应在（23±5）℃的环境中进行。

4. 结果处理

按照相关产品标准的要求评定冷弯试验结果。如未规定具体要求，则在冷弯试验后，冷弯试件弯曲外表面无肉眼可见的裂纹，即可评定为合格。

姓名______ 班级______ 学号______

试验工单——钢筋的力学性能试验

<table>
<tr><td>试验名称</td><td colspan="5"></td></tr>
<tr><td rowspan="2">工单评价</td><td>获取信息准确
（15 分）</td><td>操作步骤规范
（50 分）</td><td>计算结果正确
（25 分）</td><td>工单填写规范
（10 分）</td><td>总计
（100 分）</td></tr>
<tr><td></td><td></td><td></td><td></td><td></td></tr>
<tr><td>试验准备</td><td colspan="5">（1）钢按化学成分的不同可分为______、______和三大类。其中，非合金钢按含碳量的不同又可分为______、______和______。
（2）钢材的力学性能主要包括______、______、______、______和______等。
（3）低碳钢拉伸试件的拉伸过程可分为______、______、______和______四个阶段。
（4）当钢材的拉应力超过______时，钢材将会产生不可恢复的变形。
（5）拉伸试件断裂前能够承受的最大拉应力称为______。屈服强度和抗拉强度之比称为______。
（6）钢材的塑性可用______和______来衡量，两者都可通过拉伸试验进行测算。
（7）钢材的冷弯性指标常用______、______来表示。
（8）钢筋混凝土结构用钢按生产方式的不同可分为______、______和______等。其中，热轧钢筋主要有______和______两种。</td></tr>
<tr><td>试验目的</td><td colspan="5"></td></tr>
<tr><td>仪器设备</td><td colspan="5"></td></tr>
</table>

姓名__________ 班级__________ 学号__________

（续表）

试验步骤	
计算结果	
注意事项	
课堂小结	

模块测试

（1）低碳钢拉伸试件的拉伸过程可分为哪些阶段？其拉伸曲线在各阶段有何特点，体现了哪些力学性能指标？

（2）什么是钢材的冷弯性？它是如何判定的？对钢材进行冷弯试验的目的是什么？

（3）冷加工强化处理和时效处理对钢材有哪些影响？

（4）钢材的含碳量对其性能有何影响？

（5）为什么碳素结构钢中的 Q235 钢在建筑钢材中得到广泛的应用？

（6）预应力混凝土用钢绞线有哪些特点和用途？

（7）什么是钢材的锈蚀？钢材产生锈蚀的原因有哪些？防止锈蚀的方法如何？

模块7 墙体材料

学习导读

嘉峪关关城位于嘉峪关市区西南 6 km 处，它扼守南北宽约 15 km 的峡谷地带，是明代万里长城最西端的关口，有“天下第一雄关”“连陲锁钥”之称。嘉峪关关城始建于明洪武五年（1372 年），从初建到筑成共经历了 168 年的时间，是明代长城沿线九镇所辖千余个关隘中最雄险的一座，至今保存完好。

嘉峪关流传着一个歌颂古代工匠的传说。修建嘉峪关关城时，主管官员给工程负责人出难题，要求工程材料的预算必须准确无误。在工匠们的帮助下，工程负责人对工程所需的建筑材料进行了精确计算。工程竣工时，所备的砖瓦木石只剩下一块砖，它称为“最后一块砖”。这块砖现在仍放在会极门楼檐台上，令游客对古代工匠的敬佩之情油然而生。

万丈高台起于垒土。一块砖虽小，作用却大，可支撑高台耸立云端。想一想：除了砖，你知道建筑墙体的砌筑还需要哪些材料吗？

学习导图

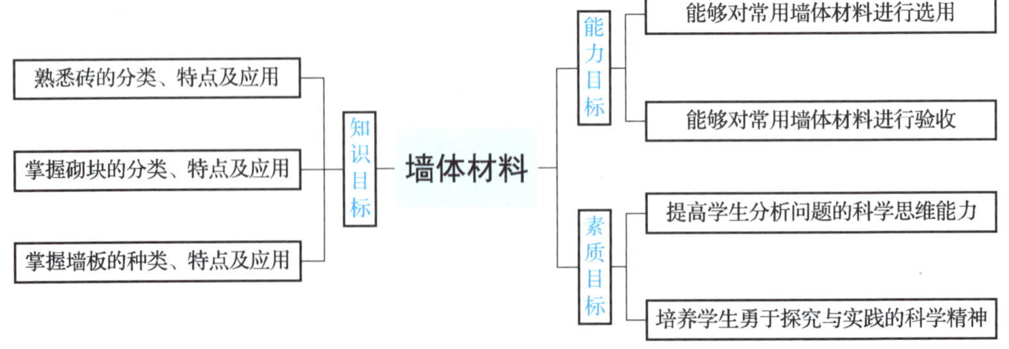

7.1 砖

墙体材料是指构成建筑墙体的制品单元，主要有砖、砌块和墙板三大类。其中，砖是指建筑用的人造小型块材，按生产工艺的不同可分为烧结砖和非烧结砖两种。砖多为直角六面体形状，也有各种异形的，其长度一般不超过 365 mm，宽度不超过 240 mm，高度不超过 115 mm。

7.1.1 烧结砖

烧结砖是指经成型、干燥和焙烧而制成的砖。烧结砖按孔洞率的不同可分为烧结普通砖、烧结多孔砖和烧结空心砖等。

1. 烧结普通砖

如图 7-1 所示为烧结普通砖，它是指以黏土、页岩、煤矸石、粉煤灰和污泥等为主要原料，经成型、干燥、焙烧而制成，无孔洞或孔洞率小于 25%的普通砖。

图 7-1　烧结普通砖

烧结普通砖按主要原料的不同可分为黏土砖（N）、页岩砖（Y）、煤矸石砖（M）、粉煤灰砖（F）、建筑渣土砖（Z）、淤泥砖（U）、污泥砖（W）和固体废弃物砖（G）等。

传统的烧结普通砖大多是黏土砖，它分为红砖和青砖两种。其中，红砖是在氧化条件下烧成的黏土砖，它因含有 Fe_2O_3 而呈红色；青砖是在还原条件下烧成的黏土砖，它因含有 FeO 而呈青灰色。

1）烧结普通砖的主要技术要求

烧结普通砖为直角六面体形状，其公称尺寸为 240 mm × 115 mm × 53 mm，常用配砖的规格尺寸为 175 mm × 115 mm × 53 mm。《烧结普通砖》（GB/T 5101—2017）对烧结普通砖的技术要求进行了规定，主要有以下几点。

（1）尺寸偏差。

烧结普通砖的尺寸偏差应符合表 7-1 中的规定。

表 7-1　烧结普通砖的尺寸偏差

单位：mm

公称尺寸	指标	
	样本平均偏差	样本极差
240	±2.0	≤6.0
115	±1.5	≤5.0
53	±1.5	≤4.0

知识链接

配砖是指砌筑墙体时与主规格砖配合使用的砖，如半砖、七分头砖等。

（2）外观质量。

烧结普通砖的外观质量应符合表 7-2 中的规定。

表 7-2　烧结普通砖的外观质量

单位：mm

项目		指标
两条面高度差		≤2
弯曲		≤2
杂质凸出高度		≤2
缺棱掉角的三个破坏尺寸		不得同时大于 5
裂纹长度	大面上宽度方向及其延伸至条面的长度	≤30
	大面上长度方向及其延伸至顶面的长度或条顶面上水平裂纹的长度	≤50
完整面		不得少于一条面和一顶面

注：为砌筑挂浆而施加的凹凸纹、槽、压花等不算作缺陷。

经验传承

砖的表面有下列缺陷之一者，不得称为完整面。

（1）缺损在条面或顶面上造成的破坏面尺寸同时大于 10 mm×10 mm 。

（2）条面或顶面上裂纹宽度大于 1 mm，其长度超过 30 mm。

（3）压陷、粘底、焦花在条面或顶面上的凹陷或凸出超过 2 mm，区域尺寸同时大于 10 mm×10 mm 。

（3）强度等级。

烧结普通砖的强度用强度等级来表示，各强度等级的烧结普通砖应符合表 7-3 中的规定。

表 7-3 烧结普通砖的强度等级

单位：MPa

强度等级	抗压强度平均值 $\bar{f}$	抗压强度标准值 f_k
MU30	≥ 30.0	≥ 22.0
MU25	≥ 25.0	≥ 18.0
MU20	≥ 20.0	≥ 14.0
MU15	≥ 15.0	≥ 10.0
MU10	≥ 10.0	≥ 6.5

（4）抗风化性能。

抗风化性能是指砖在风吹日晒、温度变化、干湿变化和冻融变化等物理因素作用下抵抗破坏的能力，它是一项重要的综合性能，可以反映砖的耐久性。我国部分省级行政区的风化区划分如表 7-4 所示。

表 7-4 我国部分省级行政区的风化区划分

严重风化区	非严重风化区
黑龙江省、吉林省、辽宁省、内蒙古自治区、新疆维吾尔自治区、宁夏回族自治区、甘肃省、青海省、陕西省、山西省、河北省、北京市、天津市、西藏自治区等	山东省、河南省、安徽省、江苏省、湖北省、江西省、浙江省、四川省、贵州省、湖南省、福建省、广东省、广西壮族自治区、海南省、云南省、上海市、重庆市等

烧结普通砖通常用抗冻性、吸水率和饱和系数来评定抗风化性能。其中，饱和系数是指砖在常温下浸水 24 h 后的吸水率与沸煮 5 h 后的吸水率之比。烧结普通砖的抗风化性能应符合表 7-5 中的规定。

表 7-5 烧结普通砖的抗风化性能

<table>
<tr><th rowspan="3">种　类</th><th colspan="4">严重风化区</th><th colspan="4">非严重风化区</th></tr>
<tr><th colspan="2">5 h 沸煮吸水率</th><th colspan="2">饱和系数</th><th colspan="2">5 h 沸煮吸水率</th><th colspan="2">饱和系数</th></tr>
<tr><th>平均值</th><th>单块最大值</th><th>平均值</th><th>单块最大值</th><th>平均值</th><th>单块最大值</th><th>平均值</th><th>单块最大值</th></tr>
<tr><td>黏土砖、建筑渣土砖</td><td>≤ 18%</td><td>≤ 20%</td><td rowspan="2">≤ 0.85</td><td rowspan="2">≤ 0.87</td><td>≤ 19%</td><td>≤ 20%</td><td rowspan="2">≤ 0.88</td><td rowspan="2">≤ 0.90</td></tr>
<tr><td>粉煤灰砖</td><td>≤ 21%</td><td>≤ 23%</td><td>≤ 23%</td><td>≤ 25%</td></tr>
<tr><td>页岩砖</td><td rowspan="2">≤ 16%</td><td rowspan="2">≤ 18%</td><td rowspan="2">≤ 0.74</td><td rowspan="2">≤ 0.77</td><td rowspan="2">≤ 18%</td><td rowspan="2">≤ 20%</td><td rowspan="2">≤ 0.78</td><td rowspan="2">≤ 0.80</td></tr>
<tr><td>煤矸石砖</td></tr>
</table>

在严重风化区中，黑龙江省、吉林省、辽宁省、内蒙古自治区和新疆维吾尔自治区使用的烧结普通砖必须做冻融试验；对于其他地区使用的烧结普通砖，当其抗风化性能符合表 7-5 中的规定时可不做冻融试验，否则应做冻融试验。淤泥砖、污泥砖和固体废弃物砖应做冻融试验。

对烧结普通砖进行 15 次冻融试验后，每块试件不允许出现分层、掉皮、缺棱、掉角等冻坏现象，且冻后裂纹长度应符合表 7-2 中的规定。

（5）泛霜。

泛霜是指可溶性盐类在砖的表面析出的现象，它会使砖的表面出现白色粉状附着物，从而影响建筑的美观。如果可溶性盐类为硫酸盐，硫酸盐晶体析出时会产生膨胀而使砖的表面出现疏松或剥落。《烧结普通砖》（GB/T 5101—2017）中规定每块砖不允许出现严重泛霜。

（6）石灰爆裂。

在制作烧结普通砖的过程中，若砂质黏土原料中夹杂石灰石，石灰石焙烧时会分解为生石灰，烧结普通砖在吸水后会因生石灰熟化膨胀而产生爆裂，这种现象称为石灰爆裂。石灰爆裂会影响烧结普通砖的性能，使其强度和耐久性降低。

烧结普通砖的石灰爆裂应符合以下规定。

① 破坏尺寸大于 2 mm 且小于等于 15 mm 的石灰爆裂区域，每组砖不得多于 15 处。其中大于 10 mm 的不得多于 7 处。

② 不准许出现最大破坏尺寸大于 15 mm 的石灰爆裂区域。

③ 试验后抗压强度损失不得大于 5 MPa。

2）烧结普通砖的特点及应用

烧结普通砖是传统的墙体材料，具有较高的强度和耐久性，以及良好的保温隔热性和隔声吸声性，广泛应用于砌筑建筑的内墙、外墙、柱、拱、烟囱、沟道等。

以往烧结普通砖多为烧结黏土砖。由于烧结黏土砖的生产不但会破坏土地，还存在能耗高、污染大、效率低等缺点，因此现已逐渐被以煤矸石和粉煤灰等工业废料为主要原料的页岩砖、粉煤灰砖、煤矸石砖取代。

2. 烧结多孔砖

如图 7-2 所示为烧结多孔砖，它是指以黏土、页岩、煤矸石、粉煤灰等为主要原料，经成型、干燥和焙烧而制成，孔洞率大于等于 28%，主要用于承重部位的多孔砖。烧结多孔砖为大面有竖直孔的直角六面体形状，其竖直孔数量多、尺寸小。烧结多孔砖在使用时，其孔洞方向应平行于受力方向。

图 7-2　烧结多孔砖

烧结多孔砖长度、宽度和高度的公称尺寸为 290 mm、240 mm、190 mm、180 mm、140 mm、115 mm、90 mm。

烧结多孔砖按主要原料的不同可分为黏土砖（N）、页岩砖（Y）、煤矸石砖（M）、粉煤灰砖（F）、淤泥砖（U）和固体废弃物砖（G）等。

1）烧结多孔砖的主要技术要求

《烧结多孔砖和多孔砌块》（GB/T 13544—2011）中对烧结多孔砖的尺寸偏差、外观质量、密度等级、强度等级、孔型结构及孔洞率、泛霜、石灰爆裂和抗风化性能等技术要求均进行了规定。其中，烧结多孔砖的强度有 MU30、MU25、MU20、MU15 和 MU10 五个强度等级，各强度等级的抗压强度平均值和强度标准值，与表 7-3 所示的烧结普通砖的完全相同。

2）烧结多孔砖的特点及应用

与烧结普通砖相比，烧结多孔砖不但可以节约原料、降低能耗、减小结构负荷、提高工作效率、降低成本，还可以改善墙体的热工性能。在砖混工程结构中，烧结多孔砖一般用于低层和多层建筑的承重墙体。

知识链接

与烧结普通砖相比，烧结多孔砖具有一定的孔洞率，受压时的有效受压面积较小。但是，烧结多孔砖在制坯时受到较大的压力作用，其孔壁致密程度较高，可补偿因有效面积减小而造成的强度损失。

3. 烧结空心砖

烧结空心砖是指以黏土、页岩、煤矸石等为主要原料，经成型、干燥和焙烧而制成，孔洞率大于或等于 40%，主要用于非承重部位的空心砖。

如图 7-3 所示，烧结空心砖为顶面有孔洞的直角六面体形状。其中，孔洞平行于大面和条面，孔洞多为矩形条孔；在与砂浆的结合面上有增加黏结力的粉刷槽。烧结空心砖在使用时，其孔洞方向应垂直于受力方向。

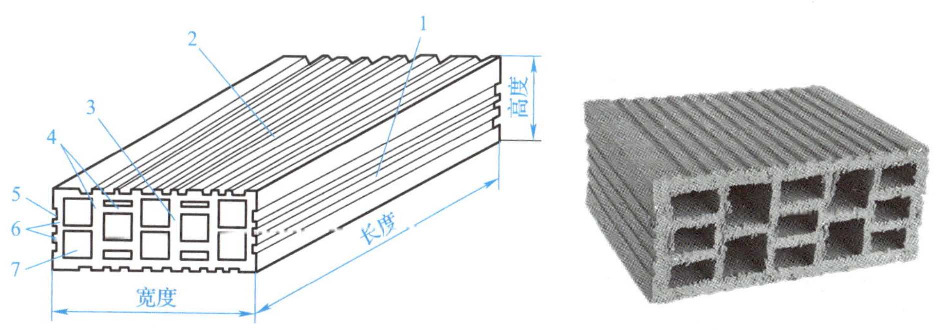

1—条面；2—大面；3—顶面；4—肋；5—粉刷槽；6—外壁；7—壁孔。

图 7-3　烧结空心砖

1）烧结空心砖的主要技术要求

《烧结空心砖和空心砌块》（GB/T 13545—2014）规定，烧结空心砖的公称长度为 390 mm、290 mm、240 mm、190 mm、180（175）mm、140 mm，公称宽度为 190 mm、

180（175）mm、140 mm、115 mm，公称高度为 180（175）mm、140 mm、115 mm、90 mm。

《烧结空心砖和空心砌块》（GB/T 13545—2014）中对烧结空心砖的尺寸偏差、外观质量、强度等级、密度等级、孔洞排列及其结构、泛霜、石灰爆裂和抗风化性能等技术要求均进行了规定。其中，烧结空心砖的抗压强度有 MU10.0、MU7.5、MU5.0 和 MU3.5 四个强度等级。

2）烧结空心砖的特点及应用

烧结空心砖的孔洞率较高，它具有烧结多孔砖的一系列优点，如节约黏土、降低能耗、减小结构负荷、提高工作效率、降低成本，以及具有良好的保温隔热性等。但由于其强度不高，因此烧结空心砖主要用于非承重的填充墙和隔断墙。

7.1.2　非烧结砖

非烧结砖是指以 SiO_2 为主要成分的天然材料（如砂）或工业废料，配以少量石灰、石膏，经拌制、成型、高压蒸汽养护或蒸汽养护而制成的砖。非烧结砖不经焙烧，因此又称免烧砖。建筑工程中常用的非烧结砖有蒸压粉煤灰砖、蒸压灰砂砖和炉渣砖等。

1. 蒸压粉煤灰砖

蒸压粉煤灰砖是指以粉煤灰和生石灰为主要原料，有的掺加适量石膏等外加剂和其他骨料，经坯料制备、压制成型、高压蒸汽养护而制成的砖。

蒸压粉煤灰砖为直角六面体形状，其公称尺寸为 240 mm×115 mm×53 mm，其他规格尺寸由供需双方协商确定。蒸压粉煤灰砖的强度有 MU30、MU25、MU20、MU15 和 MU10 五个强度等级，不同强度等级的蒸压粉煤灰砖应符合表 7-6 中的规定。

表 7-6　蒸压粉煤灰砖的强度等级（摘自 JC/T 239—2014）　　单位：MPa

强度等级	抗压强度		抗折强度	
	平均值	单块最小值	平均值	单块最小值
MU10	≥ 10.0	≥ 8.0	≥ 2.5	≥ 2.0
MU15	≥ 15.0	≥ 12.0	≥ 3.7	≥ 3.0
MU20	≥ 20.0	≥ 16.0	≥ 4.0	≥ 3.2
MU25	≥ 25.0	≥ 20.0	≥ 4.5	≥ 3.6
MU30	≥ 30.0	≥ 24.0	≥ 4.8	≥ 3.8

蒸压粉煤灰砖按产品代号（AFB）、规格尺寸、强度等级和标准编号的顺序进行标记。例如，规格尺寸为 240 mm×115 mm×53 mm、强度等级为 MU15 的蒸压粉煤灰砖标记为 AFB　240×115×53　MU15　JC/T 239。

蒸压粉煤灰砖可用于工业与民用建筑的基础和墙体，但用于基础或易受冻融和干湿交

替作用的建筑部位时其强度等级必须达到 MU15 及以上。蒸压粉煤灰砖不能用于长期受热（200℃以上）、受急冷急热和有酸性介质侵蚀的建筑部位。

2. 蒸压灰砂砖

蒸压灰砂砖是指以砂和石灰为主要原料，有的掺入颜料和外加剂，经胚料制备、压制成型、高压蒸汽养护而制成的砖。蒸压灰砂砖的颜色有彩色（C）和本色（N）两种。

《蒸压灰砂实心砖和实心砌块》（GB/T 11945—2019）规定，蒸压灰砂砖的抗压强度有 MU30、MU25、MU20、MU15 和 MU10 五个强度等级，不同强度等级的蒸压灰砂砖应符合表 7-7 中的规定。

表 7-7　蒸压灰砂砖的强度等级

单位：MPa

强度等级	抗压强度	
	平均值	单个最小值
MU10	≥ 10.0	≥ 8.5
MU15	≥ 15.0	≥ 12.8
MU20	≥ 20.0	≥ 17.0
MU25	≥ 25.0	≥ 21.2
MU30	≥ 30.0	≥ 25.5

蒸压灰砂砖按产品代号（LSSB）、颜色、强度等级、规格尺寸和标准编号的顺序进行标记。例如，规格尺寸为 240 mm × 115 mm × 53 mm，强度等级为 MU15 的本色蒸压灰砂实心砖标记为 LSSB-N　MU15　240 × 115 × 53　GB/T 11945—2019。

蒸压灰砂砖具有强度高、大气稳定性好、干缩率小、尺寸偏差小、外形光滑平整等特点，主要用于工业与民用建筑的基础和墙体。其中质量等级为 MU15 及以上的蒸压灰砂砖可用于基础和其他建筑，质量等级为 MU10 的蒸压灰砂砖仅可用于防潮层以上的建筑。蒸压灰砂砖不得用于长期受热（200℃以上）、受急冷急热和有酸性介质侵蚀的建筑部位，也不适用于有流水冲刷的建筑部位。

3. 炉渣砖

炉渣砖又称煤渣砖，是指以煤渣为主要原料，掺入适量石灰、石膏，经混合、压制成型、高压蒸汽养护而制成的砖，其颜色为灰黑色。《炉渣砖》（JC/T 525—2007）规定，炉渣砖的公称尺寸为 240 mm × 115 mm × 53 mm，其他规格尺寸由供需双方协商确定。炉渣砖的抗压强度有 MU25、MU20 和 MU15 三个强度等级。

炉渣砖可用于一般工程的内墙和非承重外墙。当用于基础、易受冻融、干湿交替、长期受热（200℃以上）、受急冷急热和有酸性介质侵蚀的建筑部位时，其使用要点与蒸压粉煤灰砖和蒸压灰砂砖相同。

7.2 砌 块

砌块是一种比砖大的新型墙体材料，其外形一般为直角六面体，也有各种异形的。砌块不仅具有砌筑效率高、生产周期短、工艺简单等优点，而且它在生产过程中可充分利用工业废料或地方材料而不破坏耕地，有利于保护环境。因此，砌块在建筑工程中的应用越来越广。砌块的分类如表 7-8 所示。

表 7-8 砌块的分类

按尺寸的不同分类	按密实情况的不同分类		按主要原料的不同分类
小型砌块（主规格高度为 115～380 mm）	多孔砌块（表观密度为 300～900 kg/m³）		煤矸石砌块
			蒸压加气混凝土砌块
中型砌块（主规格高度为 380～980 mm）	空心砌块	空心率为 25%～40%	粉煤灰硅酸盐砌块
		空心率＜25%	轻骨料混凝土砌块
大型砌块（主规格高度＞980 mm）		空心率≥45%	蒸压粉煤灰空心切块
	实心砌块		普通混凝土砌块

7.2.1 混凝土小型砌块

混凝土小型砌块是指以水泥、矿物掺合料、砂、石、水等为原料，经搅拌、振动成型、养护而制成的小型砌块。混凝土小型砌块按空心率的不同可分为空心砌块（空心率不小于 25%，代号为 H）和实心砌块（空心率小于 25%，代号为 S）。其中，最常用的混凝土小型砌块是普通混凝土小型砌块和轻骨料混凝土小型空心砌块。

1. 普通混凝土小型砌块

如图 7-4 所示为普通混凝土小型砌块，其公称长度为 390 mm，公称宽度为 90 mm、120 mm、140 mm、190 mm、240 mm、290 mm，公称高度为 90 mm、140 mm、190 mm，其他规格尺寸可由供需双方协商确定。

《普通混凝土小型砌块》（GB/T 8239—2014）中规定了空心砌块和实心砌块的强度等级，如表 7-9 所示。

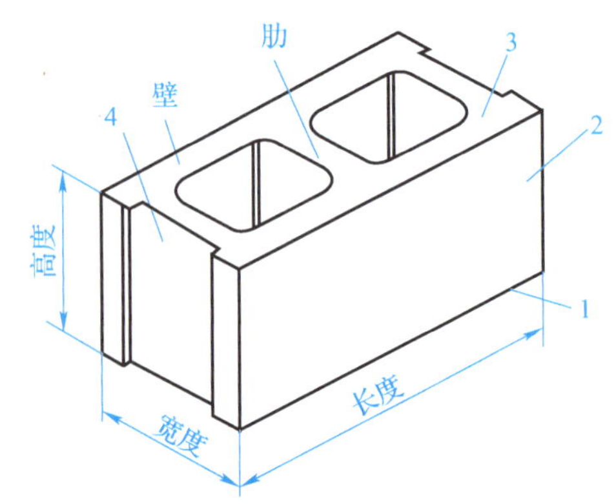

1—铺浆面（肋厚较大的面）；2—条面；
3—坐浆面（肋厚较小的面）；4—顶面。

图 7-4 普通混凝土小型砌块

表 7-9　砌块的强度等级

砌块种类	承重砌块（L）	非承重砌块（N）
空心砌块（H）	MU7.5、MU10.0、MU15.0、MU20.0、MU25.0	MU5.0、MU7.5、MU10.0
实心砌块（S）	MU15.0、MU20.0、MU25.0、MU30.0、MU35.0、MU40.0	MU10.0、MU15.0、MU20.0

普通混凝土小型砌块按砌块种类、规格尺寸、强度等级和标准代号的顺序进行标记。例如，规格尺寸为390 mm×190 mm×190 mm、强度等级为MU7.5、承重结构用实心砌块标记为LS　390×190×190　MU7.5　GB/T 8239—2014。

普通混凝土小型砌块的抗冻性应符合表7-10中的规定。

表 7-10　普通混凝土小型砌块的抗冻性

使用条件	抗冻指标	质量损失率	强度损失率
夏热冬暖地区	D15	平均值≤5% 单块最大值≤10%	平均值≤20% 单块最大值≤30%
夏热冬冷地区	D25		
寒冷地区	D35		
严寒地区	D50		

普通混凝土小型砌块具有质量小、生产简便、施工速度快、适用性强、成本低等优点，适用于一般工业与民用低层和中层建筑的内外墙。这种砌块在砌筑时一般不宜浇水，但在气候特别干燥炎热时，可在砌筑前喷少量水将其润湿。

2. 轻骨料混凝土小型空心砌块

轻骨料混凝土是指用轻粗骨料、轻砂（或普通砂）、水泥和水等原料配制而成的干表观密度不大于1950 kg/m^{3}的混凝土。用轻骨料混凝土制成的小型空心砌块称为轻骨料混凝土小型空心砌块。

轻骨料混凝土小型空心砌块的主公称尺寸为390 mm×190 mm×190 mm，其他规格尺寸可由供需双方协商确定。轻骨料混凝土小型空心砌块按孔排数的不同可分为单排孔（1）、双排孔（2）、三排孔（3）和四排孔（4）等。

《轻集料混凝土小型空心砌块》（GB/T 15229—2011）中规定，轻骨料混凝土小型空心砌块的抗压强度有MU2.5、MU3.5、MU5.0、MU7.5和MU10.0五个强度等级，其密度有700、800、900、1 000、1 100、1 200、1 300和1 400八个密度等级。

轻骨料混凝土小型空心砌块按产品代号（LB）、类别（孔的排数）、密度等级、强度等级和标准编号的顺序进行标记。例如，双排孔（2），密度等级为800，强度等级为MU3.5的轻骨料混凝土小型空心砌块标记为LB 2　800　MU3.5　GB/T 15229—2011。

与普通混凝土小型砌块相比，轻骨料混凝土小型空心砌块具有质量小、隔热、隔声、抗震等优点，在工业与民用建筑的各种墙体中得到了广泛应用。

7.2.2 蒸压粉煤灰空心砌块

蒸压粉煤灰空心砌块是指以粉煤灰、生石灰（或电石渣）为主要原料，掺入适量石膏、外加剂和其他骨料，经胚料制备、压制成型、高压蒸汽养护而制成的空心率不小于 45%的砌块。

蒸压粉煤灰空心砌块的主公称尺寸为390 mm×190 mm×190 mm，其强度等级与蒸压粉煤灰砖相同。

蒸压粉煤灰空心砌块不宜用于有酸性介质侵蚀、对密封性要求高且易受较大振动的建筑，也不宜用于经常处于高温或潮湿环境的承重墙。在常温环境施工时，应提前对蒸压粉煤灰空心砌块浇水润湿，冬季施工时则不需要浇水润湿。

7.2.3 蒸压加气混凝土砌块

蒸压加气混凝土是指以硅质和钙质材料为主要原料，掺入发气剂，经加水搅拌，由化学反应形成空隙，经浇筑成型、预养切割、高压蒸汽养护等工序而制成的多孔轻质硅酸盐建筑制品。蒸压加气混凝土砌块是蒸压加气混凝土中用于墙体砌筑的矩形块材。

蒸压加气混凝土砌块的公称长度为 600 mm，公称宽度为 100 mm、120 mm、125 mm、150 mm、180 mm、200 mm、240 mm、250 mm、300 mm，公称高度为 200 mm、240 mm、250 mm、300 mm，其他规格尺寸可由供需双方协商确定。

《蒸压加气混凝土砌块》(GB/T 11968—2020）中规定，蒸压加气混凝土砌块按尺寸偏差的不同可分为 I 型和 II 型，它们分别适用于薄灰缝砌筑和厚灰缝砌筑；蒸压加气混凝土砌块的抗压强度有 A1.5、A2.0、A2.5、A3.5 和 A5.0 五个强度等级，强度等级为 A1.5 和 A2.0 的蒸压加气混凝土砌块适用于建筑保温；蒸压加气混凝土砌块的干密度有 B03、B04、B05、B06 和 B07 五个干密度等级，干密度等级为 B03 和 B04 的蒸压加气混凝土砌块适用于建筑保温。

各强度等级和干密度等级的蒸压加气混凝土砌块应符合表 7-11 中的规定。

表 7-11 蒸压加气混凝土砌块的强度等级和干密度等级

强度等级	抗压强度/MPa		干密度等级	平均干密度/(kg·m⁻³)
	平均值	最小值		
A1.5	≥1.5	≥1.2	B03	≤350
A2.0	≥2.0	≥1.7	B04	≤450
A2.5	≥2.5	≥2.1	B04	≤450
			B05	≤550

（续表）

强度等级	抗压强度/MPa		干密度等级	平均干密度/($kg\cdot m^{-3}$)
	平均值	最小值		
A3.5	≥3.5	≥3.0	B04	≤450
			B05	≤550
			B06	≤650
A5.0	≥5.0	≥4.2	B05	≤550
			B06	≤650
			B07	≤750

蒸压加气混凝土砌块按产品代号（AAC-B）、强度等级、干密度等级、规格尺寸和标准编号的顺序进行标记。例如，强度等级为 A2.5、干密度等级为 B04、规格尺寸为 600 mm×200 mm×250 mm 的Ⅰ型蒸压加气混凝土砌块标记为

AAC-B　A2.5　B04　600×200×250 (Ⅰ)　GB/T 11968

蒸压加气混凝土砌块的表观密度小，它具有较高的强度、较好的抗冻性和较低的导热系数，是良好的墙体材料和保温隔热材料。这种砌块适用于多层和高层建筑的非承重墙、隔断墙、填充墙，以及工业建筑的围护墙，也适用于低层建筑的承重墙，是当前推广使用的节能墙体材料之一。在无可靠防护措施时，蒸压加气混凝土砌块不能用于建筑基础和处于浸水、高温及存在化学侵蚀的环境，也不能用于表面温度高于 80℃的承重结构部位。

7.3　墙　板

墙板是指用于墙体的各类建筑板材，它具有质量小、强度高和功能多等特点。墙板有很多种类，施工中拆装方便且工作效率高。此外，墙板的厚度一般比较薄，不但可以减小结构负荷，降低工程造价，还可以提高建筑的使用面积。墙板按主要原料的不同可分为水泥类墙板、石膏类墙板和复合墙板等。

7.3.1　水泥类墙板

水泥类墙板具有良好的力学性能和耐久性，其生产技术成熟，产品质量可靠，可用于承重墙和非承重墙。由于其抗拉强度较低，表观密度较大，因此水泥类墙板多采用空心化结构来减小结构负荷。常用的水泥类墙板有玻璃纤维增强水泥轻质多孔隔墙条板、纤维增强硅酸钙复合实心轻质隔墙条板、纤维增强低碱度水泥建筑平板等。

1. 玻璃纤维增强水泥轻质多孔隔墙条板

玻璃纤维增强水泥轻质多孔隔墙条板通常简称为GRC轻质多孔隔墙条板，它是指以耐碱玻璃纤维与低碱度水泥为主要原料预制成的非承重轻质多孔内隔墙条板，如图7-5所示。

图7-5 GRC轻质多孔隔墙条板

GRC轻质多孔隔墙条板的端部设有榫头和榫槽，其厚度有90 mm和120 mm两种，其长度有2 500～3 000 mm和2 500～3 500 mm两种，其宽度均为600 mm。《玻璃纤维增强水泥轻质多孔隔墙条板》(GB/T 19631—2005)对GRC轻质多孔隔墙条板的分类与分级、材料，以及外观质量、尺寸偏差和力学性能等要求进行了规定。

GRC轻质多孔隔墙条板具有密度小、韧性好、耐水、不燃、易加工等特点，主要用于非承重的内隔墙和复合墙体的外墙面。

2. 纤维增强硅酸钙复合实心轻质隔墙条板

纤维增强硅酸钙复合实心轻质隔墙条板简称硅酸钙复合实心墙板，是以两块纤维增强硅酸钙薄板为面板材料，以水泥基聚苯乙烯泡珠轻质混合料为中间芯体，通过对中间芯体各种原料的优化组合，利用水泥的胶结性能和面板的亲和力将面板与中间芯体牢固结合而制成的板材。

硅酸钙复合实心墙板具有质量小、强度高、吊挂力大、易于施工等特点，并具有较好的抗冲击、防火、防水、隔热、隔声等性能。它不但能增加建筑的使用面积、减小结构负荷，还能降低建筑使用中的能耗和综合造价，已广泛应用于工业与民用建筑的隔墙。

3. 纤维增强低碱度水泥建筑平板

纤维增强低碱度水泥建筑平板是指以纤维和低碱度硫铝酸盐水泥为主要原料，经制浆、成坯、蒸汽养护等工序制成的板材。其中，掺入混合纤维制成的称为TK板，采用抗碱玻璃制成的称为NTK板。

纤维增强低碱度水泥建筑平板具有质量小、强度高、抗冲击、抗折、防水、防潮、防

蛀、防霉、易于施工等特点，已广泛应用于工业与民用建筑的隔墙。

7.3.2　石膏类墙板

石膏类墙板具有原料丰富、制作简单、表面平整、光滑细腻、可装饰性好等特点，且能够调节室内的温度和湿度，是一种常用的墙体材料，已广泛应用于工业和民用建筑的非承重内隔墙。石膏类墙板的种类很多，常见的有纸面石膏板、石膏空心条板和石膏纤维板等。

1. 纸面石膏板

纸面石膏板是指以建筑石膏为主要原料，掺入适量纤维增强材料和外加剂作为芯材，以特制的护面纸作为面层的轻质板材，如图 7-6 所示。

图 7-6　纸面石膏板

纸面石膏板按功能的不同可分为普通纸面石膏板（P）、耐水纸面石膏板（S）、耐火纸面石膏板（H）和耐水耐火纸面石膏板（SH）。纸面石膏板主要用于吊顶、隔墙和内墙贴面等，其性能应符合《纸面石膏板》（GB/T 9775—2008）中的有关规定。

2. 石膏空心条板

石膏空心条板是指以建筑石膏为胶凝材料，加入适量无机轻骨料（如膨胀珍珠岩、膨胀蛭石）和无机纤维增强材料，经拌和、浇筑、振捣、抽芯、脱模干燥而制成的空心条板。

石膏空心条板按主要原料的不同可分为石膏粉煤灰硅酸盐空心条板、石膏珍珠岩空心条板等；按强度的不同可分为普通型空心条板和增强型空心条板两种。石膏空心条板主要用于工业与民用建筑的非承重内墙，其性能应符合《石膏空心条板》（JC/T 829—2010）中的有关规定。

3. 石膏纤维板

石膏纤维板是指由建筑石膏、纤维材料（木纤维、废纸纤维、有机纤维）以及多种添加剂和水制成的石膏板。石膏纤维板具有便于施工、可装饰性好、尺寸稳定、防火、防潮、隔声等特点，主要用于工业与民用建筑的吊顶和隔墙等。

7.3.3　复合墙板

复合墙板是指由两种及以上不同功能材料组合而成的墙板，它能满足墙体多种功能的要求。复合墙板具有质量小、强度高，保温性好、隔声性好和防火性好的特点。常见的复合墙板有金属面夹芯板、钢丝网架水泥夹芯板和 GRC 复合外墙板等。

1. 金属面夹芯板

金属面夹芯板是指上下两层为金属薄板，芯材为有一定刚度的保温材料（如岩棉、硬质泡沫塑料等），在专用的自动化生产线上将它们组合而成的具有承载力的结构板材。它是近年来随着轻钢结构的广泛应用而开发的复合墙体板材，如图 7-7 所示。

金属面夹芯板具有质量小、强度高、外形美观、施工速度快、可多次拆装使用等特点，主要用于房屋的非承重维护结构，如工业厂房、超市、活动房和展览场馆等。

2. 钢丝网架水泥夹芯板

钢丝网架水泥夹芯板是指由三维空间焊接支撑的钢丝网架、泡沫塑料板或半硬质岩棉板构成的网架芯板组成，并在表面喷涂水泥砂浆后形成的复合墙板，如图 7-8 所示。常用的钢丝网架水泥夹芯板有 3D 板、泰柏板、舒乐舍板和英派克板等。

图 7-7 金属面夹芯板

图 7-8 钢丝网架水泥夹芯板

钢丝网架水泥夹芯板具有质量小、保温隔热性好、安装方便、布置灵活等特点，主要用于房屋的内隔墙、保温复合外墙、围护外墙、楼面和屋面等。

3. GRC 复合外墙板

GRC 复合外墙板是指以低碱度水泥砂浆为基材，以耐碱玻璃纤维作为增强材料制成板材面层，内置钢筋混凝土肋并填充绝热材料内芯而制成的新型轻质复合墙板。GRC 复合外墙板具有规格尺寸大、质量小、面层造型丰富、施工方便等特点，特别适用于框架结构建筑，尤其适合在高层框架建筑中作为非承重外墙的挂板使用。

行业资讯

2022 年 3 月，住房和城乡建设部发布《“十四五”建筑节能与绿色建筑发展规划》（以下简称《规划》），明确了“十四五”时期建筑节能与绿色建筑发展 9 项重点任务。在促进绿色建材推广应用方面，《规划》要求加大绿色建材产品和关键技术的研发投入，推广高强钢筋、高性能混凝土、高性能砌体材料、结构保温一体化墙板等的应用，鼓励发展性能优良的预制构件和部品部件，显著提高城镇新建建筑中绿色建材的应用比例，推广新型功能环保建材产品与配套应用技术。

7.4 砖、砌块的性能试验

砖和砌块是砌筑墙体时最常用的墙体材料。本节主要介绍砖的尺寸测量、外观质量检查和抗压强度试验的方法，并以蒸压加气混凝土砌块和轻骨料混凝土小型空心砌块为例，简要介绍砌块的性能试验方法。

7.4.1 砖的性能试验

砖的性能试验应符合《砌墙砖试验方法》（GB/T 2542—2012）中的相关规定。

1. 尺寸测量

通过对砖的尺寸测量，为评定其质量等级提供技术依据。

1）主要仪器

尺寸测量的主要仪器是砖用卡尺（见图 7-9），其分度值为 0.5 mm。

2）测量方法

测量砖的长度 l 时，应在两个大面的中间处分别测量两个尺寸；测量宽度 b 时，应在两个大面的中间处分别测量两个尺寸；测量高度 h 时，应在两个条面的中间处分别测量两个尺寸，如图 7-10 所示。当被测处有缺陷或凸出时，可在其旁边测量，但应选择不利的一侧。测量值应精确至 0.5 mm。

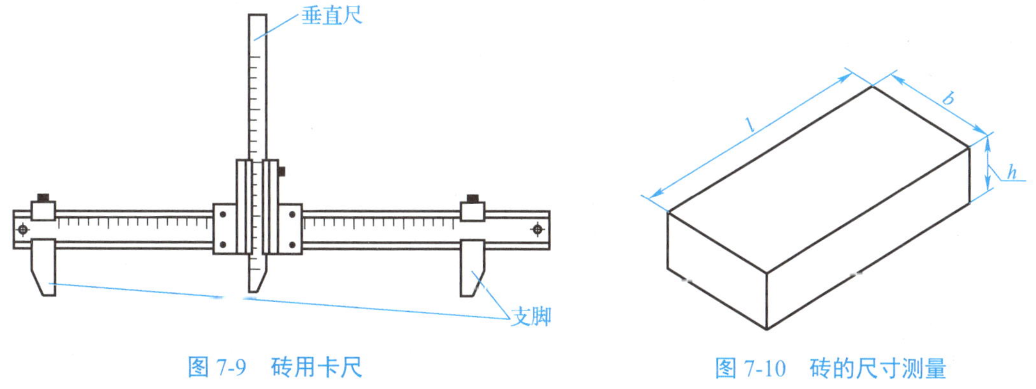

图 7-9 砖用卡尺

图 7-10 砖的尺寸测量

3）结果处理

测量结果分别为每一方向尺寸两个测量值的算术平均值，应根据表 7-1 进行评定。

2. 外观质量检查

通过对砖外观缺陷（如弯曲、缺棱掉角、裂纹等）的测量和检查，来评定砖的质量是否合格。

1）主要仪器

外观质量检查的主要仪器是砖用卡尺和钢直尺。

2）检测项目及方法

（1）测量缺损尺寸。

缺棱掉角对砖造成的破损程度，以破损部分对砖的长、宽、高3个棱边的投影尺寸来度量，该投影尺寸称为破坏尺寸，如图7-11所示。

缺损造成的破坏面是指缺损部分对砖的条面、顶面（烧结空心砖为条面、大面）的投影面积，如图7-12所示。烧结空心砖内壁残缺及肋残缺尺寸，以长度方向的投影尺寸来度量。

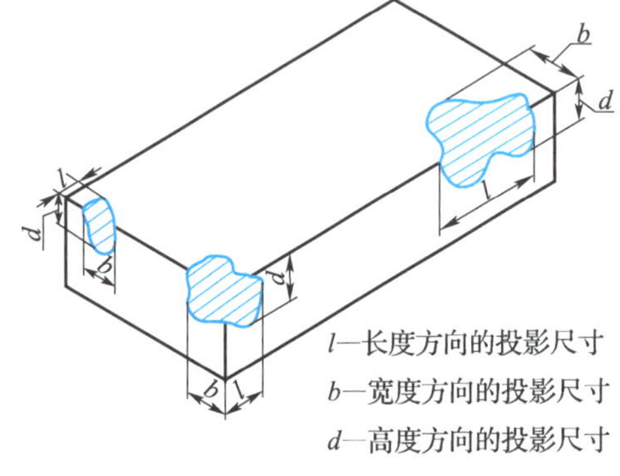

图7-11 破坏尺寸测量

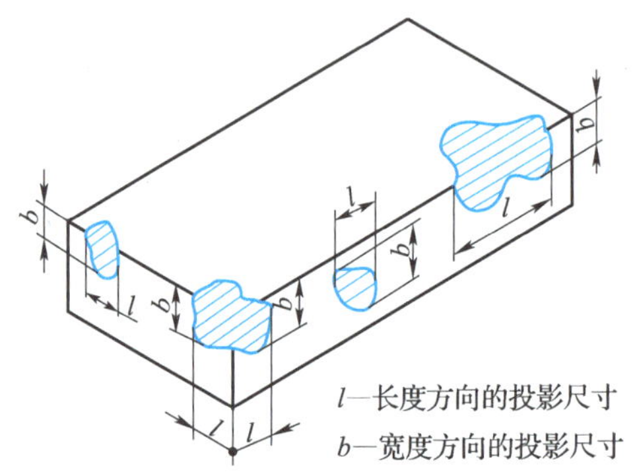

图7-12 缺损造成的破坏面测量

（2）测量裂纹长度。

① 裂纹分为长度方向、宽度方向和水平方向3种，以被测方向的投影长度表示。如果裂纹从一个面延伸至其他面上，则应累计其延伸的投影长度，如图7-13所示。

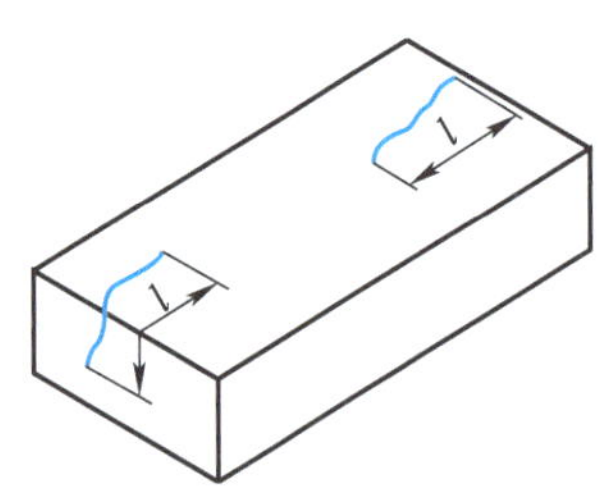

（a）长度方向裂纹长度测量

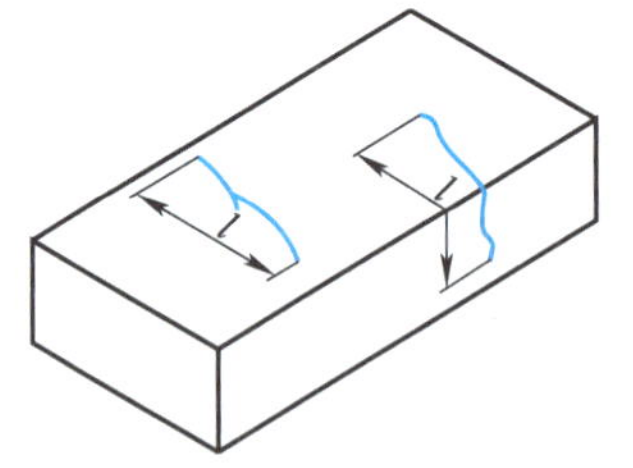

（b）宽度方向裂纹长度测量

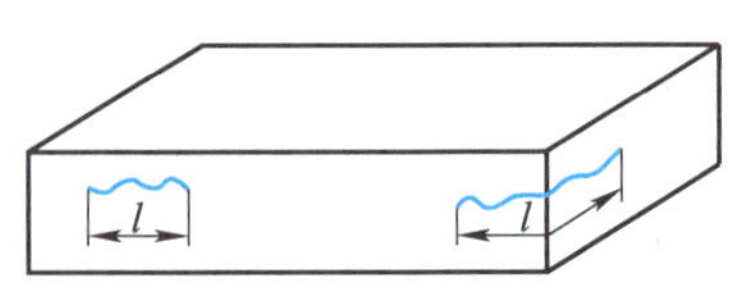

（c）水平方向裂纹长度测量

图7-13 不同方向的裂纹长度测量

② 如图7-14所示，烧结多孔砖的孔洞与裂纹相通时，应将孔洞包括在裂纹内一并测量，其中l为裂纹总长度。

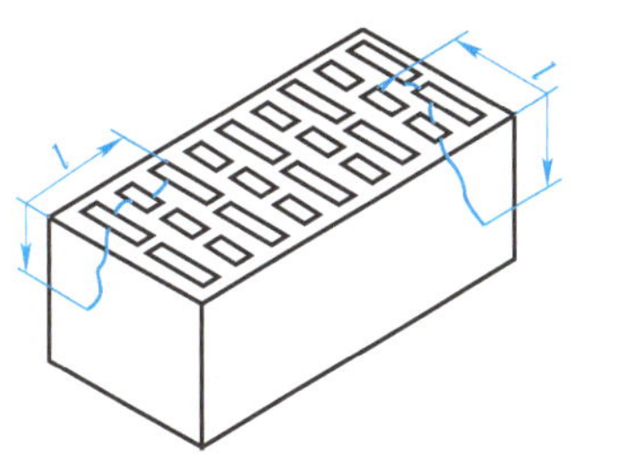
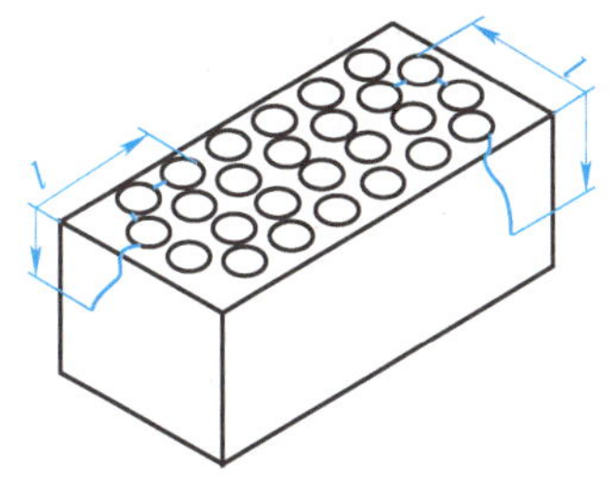

图 7-14　烧结多孔砖裂纹通过孔洞时的长度测量

③ 裂纹长度以在 3 个方向上分别测得的最长裂纹长度作为测量结果。

（3）测量平面弯曲值。

弯曲分别在大面和条面上测量。测量时，将砖用卡尺的两个支脚沿砖棱边的两端放置，在砖弯曲最大处将垂直尺推至砖面，用垂直尺测量，但不应将因杂质或碰伤而造成的凹处计算在内，如图 7-15 所示。平面弯曲值以测得的较大尺寸作为测量结果。

（4）测量杂质凸出高度。

杂质凸出高度以杂质距砖面的最大距离表示。测量时，将砖用卡尺的两个支脚置于凸出两边的砖平面上，用垂直尺测量，如图 7-16 所示。

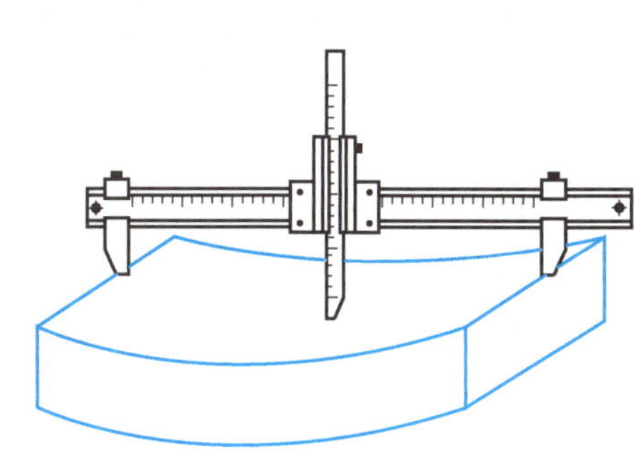

图 7-15　平面弯曲值测量

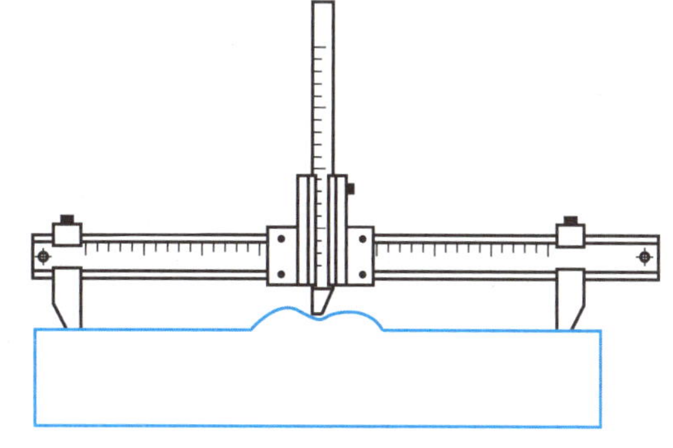

图 7-16　杂质凸出高度测量

3）结果处理

测量结果以 mm 为单位，不足 1 mm 时，按 1 mm 计。外观质量检查结果根据表 7-2 进行评定。

3. 抗压强度试验

下面以烧结普通砖为例，介绍其抗压强度试验的方法。

1）试验方法

将尺寸测量和外观质量检查符合要求的烧结普通砖按规定制成抗压试件并进行养护，然后检测其抗压强度。

2）主要仪器

抗压强度试验的主要仪器有材料试验机、钢直尺、振动台、制样模具、搅拌机、切割设备和抗压强度试验用净浆材料，它们的要求如下。

（1）材料试验机的示值相对误差不超过±1%，预期最大破坏载荷应在量程的20%～80%之间。

（2）钢直尺的分度值应不大于1 mm。

（3）振动台、制样模具和搅拌机应符合《砌墙砖抗压强度试件制备设备通用要求》（GB/T 25044—2010）中的相关规定。

（4）抗压强度试验用净浆材料应符合《砌墙砖抗压强度试验用净浆材料》（GB/T 25183—2010）中的相关规定。

3）试件制备

试件制备的方法有一次成型制样、二次成型制样和非成型制样三种。

（1）一次成型制样。

一次成型制样是指从样品中间部位切割、交错叠加灌浆制成试件的方法。

① 将样品锯成两个半截烧结普通砖，两个半截烧结普通砖用于叠合部分的长度均不得小于100 mm。否则，应另取备用样品补足。

② 将已切割开的半截烧结普通砖放入室温的净水中浸20～30 min后取出，在铁丝网架上滴水20～30 min，然后将这两个半截烧结普通砖以切断口相反的方向装入制样模具。用插板控制两个半截烧结普通砖的间距（不大于5 mm）、烧结普通砖大面与制样模具之间的间距（不大于3 mm），在烧结普通砖断面、顶面与制样模具间垫入橡胶垫或其他密封材料，在制样模具内表面涂油或脱模剂。

③ 按照配置要求，将抗压强度试验用净浆材料置于搅拌机中搅拌均匀。

④ 将装好半截烧结普通砖的制样模具置于振动台上，并加入适量搅拌均匀的抗压强度试验用净浆材料，然后将制样模具振动0.5～1 min后停止振动，静置至抗压强度试验用净浆材料达到初凝时间（15～19 min）后拆模。

（2）二次成型制样。

二次成型制样是指在整块样品上、下表面灌浆制成试件的方法。

① 将整块样品放入室温的净水中浸 20～30 min 后取出，在铁丝网架上滴水 20～30 min。

② 按照配置要求，将抗压强度试验用净浆材料置于搅拌机中搅拌均匀。

③ 在制样模具内表面涂油或脱模剂，往制样模具中加入适量搅拌均匀的抗压强度试验用净浆材料，将整块样品一个承压面与净浆接触，装入制样模具中，承压面找平层厚度应不大于3 mm。

④ 将装好样品的制样模具置于振动台上，加入适量搅拌均匀的抗压强度试验用净浆材料，将制样模具振动0.5～1 min后停止振动，静置至抗压强度试验用净浆材料达到初凝时间（15～19 min）后拆模。

（3）非成型制样。

非成型制样是指无须进行表面找平处理的试件制备方法。

① 将样品锯成两个半截烧结普通砖，两个半截烧结普通砖用于叠合部分的长度不得小于 100 mm。否则，应另取备用样品补足。

② 将两个半截烧结普通砖以切断口相反的方向叠放，叠合部分不得小于 100 mm，如图 7-17 所示。

（4）试件养护。

一次成型制样、二次成型制样在不低于 10℃的不通风室内养护 4 h。非成型制样不需要养护，可在气干状态下直接进行试验。

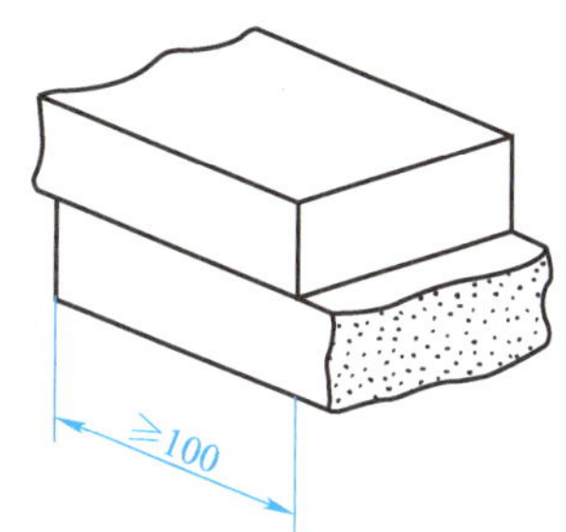

图 7-17　两个半截烧结普通砖的叠合

4）试验步骤

（1）测量每个试件连接面或受压面的长度 L 和宽度 B 的尺寸各两个，分别取其算术平均值（精确至 1 mm）。

（2）将试件平放在加压板的中央，垂直于受压面施加载荷。施加载荷时应均匀平稳，不得发生冲击和振动，速度以 2～6 kN/s 为宜，直至试件破坏，记录最大破坏载荷 P 的值。

5）结果计算

每块试件的抗压强度快（精确至 0.1 MPa）。

$$R_p = \frac{P}{LB} \tag{7-1}$$

式中：

R_p——抗试件的压强度（MPa）；

P ——最大破坏载荷（N）；

L ——受压面（连接面）的长度（mm）；

B ——受压面（连接面）的宽度（mm）。

试验结果以 10 个试件抗压强度的算术平均值和标准值表示。此外，烧结普通砖的抗压强度等级还应符合表 7-3 中的相关规定。

7.4.2　砌块的性能试验

1. 蒸压加气混凝土砌块的性能试验

蒸压加气混凝土砌块的性能试验应符合《蒸压加气混凝土砌块》（GB/T 11968—2020）中的相关规定。

1）尺寸测量和外观质量检查

（1）主要仪器。

尺寸测量和外观质量检查的主要仪器有钢直尺、角尺、平尺、塞尺和深度游标卡尺。

（2）检测项目及方法。

① 测量尺寸。用钢直尺分别在长度、宽度和高度的两个对应面的中部各测量一个尺

寸。测量值取绝对偏差最大的值，精确至 1 mm。

② 测量缺棱掉角尺寸。用角尺或钢直尺测量损坏部分对砌块长度、宽度和高度 3 个方向的投影尺寸，如图 7-18 所示。测量值精确至 1 mm。

③ 测量裂纹长度。用角尺或钢直尺测量裂纹长度，裂纹长度以所在面最大的投影尺寸为准，如图 7-19 中的 l。若裂纹从一面延伸至另一面，则以两个面上的投影尺寸之和为准，如图 7-19 中的 $(l+h)$ 和 $(b+h)$ 。

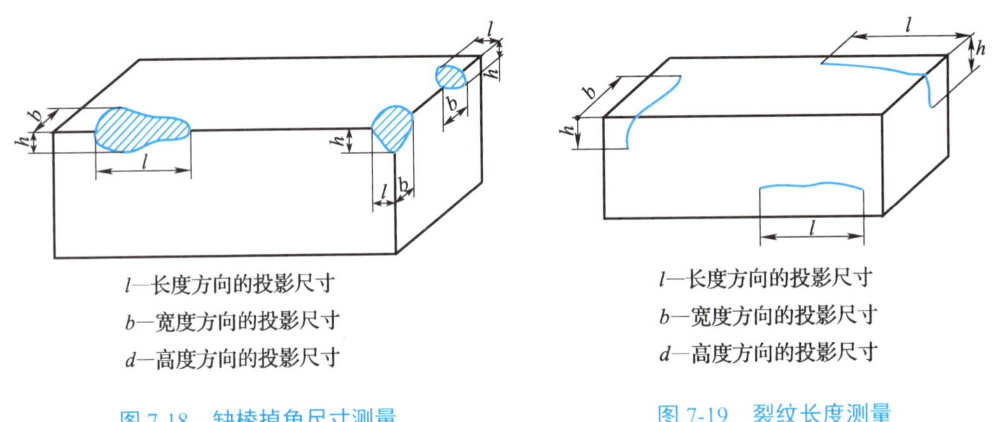

图 7-18 缺棱掉角尺寸测量

图 7-19 裂纹长度测量

④ 测量损坏深度。将平尺平放在砌块表面，使深度游标卡尺垂直于平尺，用深度游标卡尺测量砌块损坏部位的最大深度，测量值精确至 1 mm。

⑤ 测量平面弯曲值。测量弯曲面的最大间隙尺寸，图 7-20 所示。

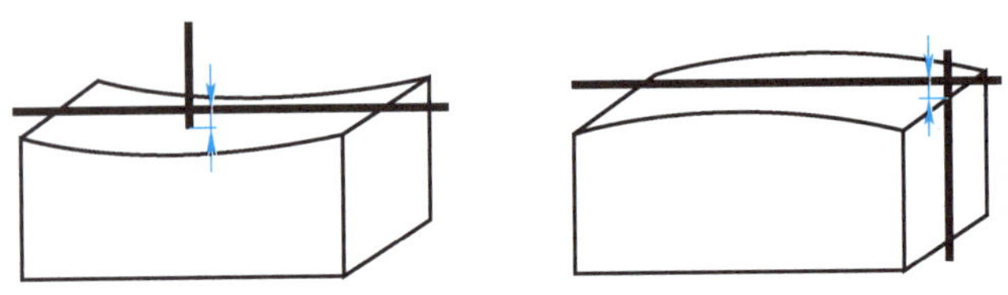

图 7-20 平面弯曲值测量

⑥ 目测检查样品表面是否存在油污、疏松和分层。

2）性能试验

蒸压加气混凝土砌块的干密度、含水率、吸水率和力学性能试验，均与烧结普通砖的相关性能试验相似，其具体方法可按《蒸压加气混凝土性能试验方法》（GB/T 11969—2020）进行，此处不再赘述。蒸压加气混凝土砌块的干燥收缩值的检验方法，也可按该标准进行。

2. 轻骨料混凝土小型空心砌块的性能试验

轻骨料混凝土小型空心砌块的性能试验应符合《轻集料混凝土小型空心砌块》（GB/T 15229—2011）中的相关规定。

1）尺寸测量和外观质量检查

轻骨料混凝土小型空心砌块尺寸测量和外观质量检查的方法与蒸压加气混凝土砌块

尺寸测量和外观质量检查的方法相同，其检测结果根据《轻集料混凝土小型空心砌块》（GB/T 15229—2011）进行评定。

2）抗压强度试验

（1）试件处理。

① 将钢板置于稳固的底座上，平整面向上，用平尺将其调至水平，在钢板上先薄薄地涂一层机油或铺一层湿纸，然后再铺一层砂浆（该砂浆由 1 份 42.5 号普通硅酸盐水泥、2 份细砂和适量的水调成）。

② 将试件的坐浆面润湿后平稳地压入砂浆层内，使砂浆层尽可能均匀，其厚度为 3～5 mm，然后将多余的砂浆沿试件棱边刮掉。

③ 将试件静置 24 h 后，再按上述方法处理试件的铺浆面。为了使铺浆面与坐浆面平行，在处理铺浆面时，应将平尺置于坐浆面上并将其调至水平。

④ 将试件在温度 10℃以上且不通风的室内养护 3 天，再对其进行抗压强度试验。

知识链接

为缩短试验时间，可在坐浆面砂浆层处理完成后，不经静置立即在向上的铺浆面上铺一层砂浆，并压上事先涂油的玻璃平板，边压边观察砂浆层，将砂浆层中的气泡全部排除后，用平尺调至水平，直至砂浆层平面均匀（厚度达 3～5 mm）。

（2）试验步骤。

① 测量每个试件的长度和宽度，分别计算出各个方向长度和宽度的算术平均值。测量值精确至 1 mm。

② 将试件置于试验机的承压板上，使试件的轴线与试验机承压板的压力中心重合，然后以 10～30 kN/s 的速度施加载荷直至试件破坏，记录破坏载荷 P 的值。

③ 若试验机承压板不足以覆盖试件的受压面，则可在试件的上、下承压面上加装辅助钢压板，辅助钢压板的表面粗糙度应与试验机承压板的相同。

（3）结果处理。

试件的抗压强度按下式计算。

$$R=\frac{P}{LB} \tag{7-2}$$

式中：

R——试件的抗压强度（MPa）；

P——破坏载荷（N）；

L——受压面的长度（mm）；

B——受压面的宽度（mm）。

试验结果以 5 个试件抗压强度的算术平均值表示，计算精确至 0.1 MPa。

姓名＿＿＿＿＿＿　　班级＿＿＿＿＿＿　　学号＿＿＿＿＿＿

试验工单——砖、砌块性能试验

<table>
<tr><td>试验名称</td><td colspan="5"></td></tr>
<tr><td rowspan="2">工单评价</td><td>获取信息准确
（15 分）</td><td>操作步骤规范
（50 分）</td><td>计算结果正确
（25 分）</td><td>工单填写规范
（10 分）</td><td>总计
（100 分）</td></tr>
<tr><td></td><td></td><td></td><td></td><td></td></tr>
<tr><td>试验准备</td><td colspan="5">（1）墙体材料是指构成建筑墙体的制品单元，主要有＿＿＿＿、＿＿＿＿和＿＿＿＿三大类。
（2）烧结砖按孔洞率的不同可分为＿＿＿＿、＿＿＿＿和＿＿＿＿等。
（3）烧结普通砖按主要原料的不同可分为＿＿＿＿、＿＿＿＿、＿＿＿＿、＿＿＿＿、建筑渣土砖、淤泥砖、污泥砖和固体废弃物砖等。
（4）建筑工程中常用的非烧结砖有＿＿＿＿、＿＿＿＿和＿＿＿＿等。
（5）烧结普通砖的公称尺寸为＿＿＿mm×＿＿＿mm×＿＿＿mm。
（6）混凝土小型砌块按空心率的不同可分为＿＿＿＿和＿＿＿＿。
（7）墙板按主要原料的不同可分为＿＿＿＿类墙板、＿＿＿＿类墙板和＿＿＿＿墙板等。</td></tr>
<tr><td>试验目的</td><td colspan="5"></td></tr>
<tr><td>仪器设备</td><td colspan="5"></td></tr>
<tr><td>试验步骤</td><td colspan="5"></td></tr>
</table>

姓名______ 班级______ 学号______

（续表）

计算结果	
注意事项	
课堂小结	

模块测试

（1）什么是烧结普通砖的抗风化性能？烧结普通砖的抗风化性能是通过哪些参数来评定的？

（2）什么是石灰爆裂？它对烧结普通砖的性能有何影响？

（3）什么是非烧结砖？

（4）规格尺寸为240 mm×115 mm×53 mm 、强度等级为 MU15 的蒸压粉煤灰砖该如何标记？

（5）水泥类墙板有哪些特点？

模块 8 防水材料

学习导读

威海国际经贸交流中心项目采用“枕山襟海、滨水核心”的总体结构布局，融合“海、流、伸展、生命”的设计元素，是集展览、文化交流、商业服务于一体的国际性、综合性的经贸交流中心。该项目由中国建筑第五工程局有限公司（简称中建五局）投资建设，位于威海东部滨海新城核心区，建筑面积约为 25.26 hm^2，投资额约为 32.14 亿元。该项目作为中建五局快速建造的示范项目，应用快速建造技术 16 项，是一个汇聚众多前沿施工“黑科技”的“科技馆”，同时，该项目荣获中国防水奖项最高奖——“金禹奖”金奖。

据悉，该项目金属屋面面积约为 5.5 hm^2，抗风系统采用铝镁锰直立锁边抗风系统，最大抗风载荷为−8.4 kPa，围护系统采用直立锁边金属屋面板系统，施工过程中采用移动加工厂传送带整板运输工法，实现屋面板纵向无拼缝安装，屋面整体性能大大提高。屋面防水层则采用防水性能优越、耐久性强的 TPO 防水卷材，螺栓孔采用丁基橡胶垫密封，可最大程度保证防水可靠性。除此之外，项目管理人员对过程质量把控严格，严格落实样板引路、实测实量、质量三检等制度，分部分项工程验收全部一次通过。

想一想：各种常用防水卷材、防水涂料、密封材料的性能如何？它们有什么特点？使用场合有哪些？

学习导图

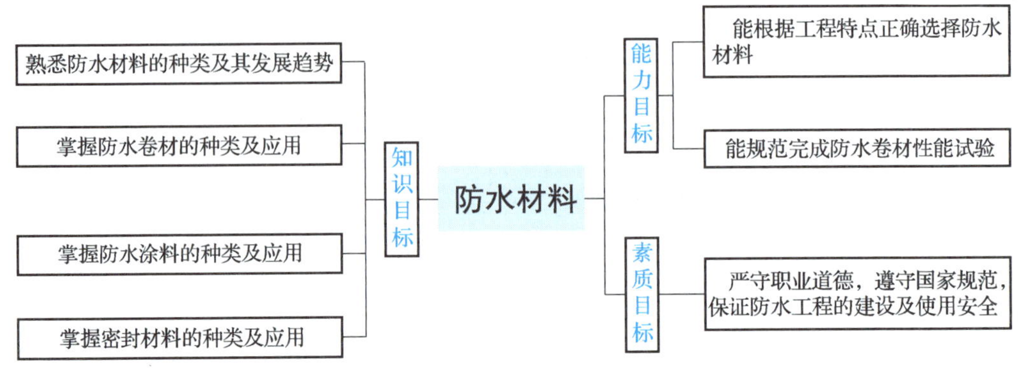

防水材料广泛应用于房屋建设以及水利、道路、桥梁等工程中。例如，在房屋建设中，屋面、地下室、厨房、卫生间等的防水工程质量，将直接影响房屋的使用功能和寿命；在水利工程中，堤坝、电站厂房、渠涵等建筑，直接或间接地承受着有压或无压水的渗透及浸泡，其防渗止水结构是保证建筑正常运行的重要条件。

防水材料的种类

防水材料的主要特点是孔隙率很小，具有憎水性，能够填塞、封闭建筑缝隙，使其达到防渗止水目的。建筑工程防水材料要求具有较高的抗渗性及耐水性，并具有适宜的强度及耐久性；而对于柔性防水材料，则还要求其具有较好的塑性。

防水材料可分为以下五类：防水卷材、防水涂料、密封材料、刚性防水及堵漏防水材料、特种防水材料。本文主要介绍防水卷材、防水涂料及密封材料。

8.1 防水卷材

防水卷材是一种可卷曲的片状制品，其尺寸大，施工效率高，防水效果好，耐用年限长。防水卷材具有良好的延伸性、耐高温性以及较高的抗拉强度和抗撕裂强度。根据组成材料的不同，防水卷材可分为沥青防水卷材、高聚物改性沥青防水卷材和合成高分子防水卷材三大类。

8.1.1 沥青防水卷材

沥青防水卷材是一种先在胎基（原纸或者纤维织物等）上浸涂沥青，然后在其表面撒布粉状或片状隔离材料而制成的可卷曲的防水材料。沥青防水卷材主要有以下几种：石油沥青纸胎油毡、石油沥青玻璃纤维胎油毡、沥青复合胎柔性防水卷材、铝箔面油毡等。

1. 石油沥青纸胎油毡

石油沥青纸胎油毡是一种采用低软化点石油沥青浸涂原纸，并用高软化点涂盖油纸的两面，再撒以隔离材料而制成的纸胎油毡。

《石油沥青纸胎油毡》（GB/T 326—2007）做出了下列规定。

（1）油毡的幅宽为 1 000 mm，其他规格可由供需双方商定。

（2）每卷油毡的总面积为（20 ± 0.3）m^2。

（3）根据油毡卷重和物理性能的不同，石油沥青纸胎油毡可分为 I 型、II 型和III型。其中，I 型、II 型油毡适用于辅助防水、保护隔离层、临时性建筑防水、防潮及包装等，III型油毡适用于屋面工程的多层防水。石油沥青纸胎油毡的卷重及物理性能如表 8-1 所示。

表 8-1　石油沥青纸胎油毡的卷重及物理性能

<table>
<tr><td colspan="2" rowspan="2">项　目</td><td colspan="3">指　标</td></tr>
<tr><td>I 型</td><td>II 型</td><td>III型</td></tr>
<tr><td colspan="2">卷重/（kg·卷$^{-1}$）</td><td>≥ 17.5</td><td>≥ 22.5</td><td>≥ 28.5</td></tr>
<tr><td colspan="2">单位面积浸涂材料总量/（g·m^{-2}）</td><td>≥ 600</td><td>≥ 750</td><td>≥ 1 000</td></tr>
<tr><td rowspan="2">不透水性</td><td>压力/MPa</td><td>≥ 0.02</td><td>≥ 0.02</td><td>≥ 0.10</td></tr>
<tr><td>保持时间/min</td><td>≥ 20</td><td>≥ 30</td><td>≥ 30</td></tr>
<tr><td colspan="2">吸水率/%</td><td>≤ 3.0</td><td>≤ 2.0</td><td>≤ 1.0</td></tr>
<tr><td colspan="2">耐热度</td><td colspan="3">（85 ± 2）℃，2 h 涂盖层无滑动、流淌和集中性气泡</td></tr>
<tr><td colspan="2">拉力（纵向）/[N·(50 mm)$^{-1}$]</td><td>≥ 240</td><td>≥ 270</td><td>≥ 340</td></tr>
<tr><td colspan="2">柔　度</td><td colspan="3">（18 ± 2）℃，绕 ϕ 20 mm 棒或弯板无裂纹</td></tr>
</table>

注：本标准III型产品物理性能要求为强制性的，其余为推荐性的。

2. 石油沥青玻璃纤维胎油毡

石油沥青玻璃纤维胎油毡简称玻纤胎油毡，是一种以玻纤毡为胎基，浸涂石油沥青，两面覆以隔离材料制成的防水卷材。

1）玻纤胎油毡的规格及性能

根据《石油沥青玻璃纤维胎防水卷材》（GB/T 14686—2008），玻纤胎油毡按单位面积质量的不同，可分为 15 号和 25 号；按力学性能的不同，可分为 I 型、II 型；按上表面材料的不同，可分为聚乙烯膜（PE）和砂面两种类型。玻纤胎油毡的公称宽度为 1 m，公称面积为 10 m^2、20 m^2，其相关性能如表 8-2 所示。

表 8-2　玻纤胎油毡的性能（摘自 GB/T 14686—2008）

<table>
<tr><td rowspan="2">序　号</td><td colspan="2" rowspan="2">项　目</td><td colspan="2">指　标</td></tr>
<tr><td>I 型</td><td>II 型</td></tr>
<tr><td rowspan="3">1</td><td rowspan="3">可溶物含量/（g·m^{-2}）</td><td>15 号</td><td colspan="2">≥ 700</td></tr>
<tr><td>25 号</td><td colspan="2">≥ 1 200</td></tr>
<tr><td>试验现象</td><td colspan="2">胎基不燃</td></tr>
<tr><td rowspan="2">2</td><td rowspan="2">拉力/[N·(50 mm)$^{-1}$]</td><td>纵向</td><td>≥ 350</td><td>≥ 500</td></tr>
<tr><td>横向</td><td>≥ 250</td><td>≥ 400</td></tr>
<tr><td rowspan="2">3</td><td colspan="2" rowspan="2">耐热性</td><td colspan="2">85℃</td></tr>
<tr><td colspan="2">无滑动、流淌和滴落</td></tr>
<tr><td rowspan="2">4</td><td colspan="2" rowspan="2">低温柔性</td><td>10℃</td><td>5℃</td></tr>
<tr><td colspan="2">无裂缝</td></tr>
<tr><td>5</td><td colspan="2">不透水性</td><td colspan="2">0.1 MPa，30 min 不透水</td></tr>
</table>

（续表）

<table>
<tr><th rowspan="2">序 号</th><th colspan="2" rowspan="2">项 目</th><th colspan="2">指 标</th></tr>
<tr><th>Ⅰ型</th><th>Ⅱ型</th></tr>
<tr><td>6</td><td colspan="2">钉杆撕裂强度/N</td><td>≥40</td><td>≥50</td></tr>
<tr><td rowspan="5">7</td><td rowspan="5">热老化</td><td>外 观</td><td colspan="2">无裂纹、无起泡</td></tr>
<tr><td>拉力保持率/%</td><td colspan="2">≥85</td></tr>
<tr><td>质量损失率/%</td><td colspan="2">≤2.0</td></tr>
<tr><td rowspan="2">低温柔性</td><td>15℃</td><td>10℃</td></tr>
<tr><td colspan="2">无裂缝</td></tr>
</table>

经验传承

玻纤胎油毡质地柔软，十分适用于建筑表面不平整部位（如屋面阴阳角部位）的防水处理，其边角服帖、不易翘曲、易与基材黏结牢固。与石油沥青纸胎油毡相比，玻纤胎油毡耐腐蚀性强、低温柔性好、耐久性好。

2）玻纤胎油毡的验收、运输与贮存

验收玻纤胎油毡时，以同一类型、同一规格 10 000 m^2 的玻纤胎油毡为一批（不足 10 000 m^2 也可作为一批），在该批产品中随机抽取 5 卷进行尺寸偏差、外观和单位面积质量检查。若尺寸偏差、外观和单位面积质量检查均符合《石油沥青玻璃纤维胎防水卷材》（GB/T 14686—2008）的标准，则可认为该批产品合格。若不合格，应从这批产品中随机另抽 5 卷重新检验，若尺寸偏差、外观和单位面积质量全部符合标准，则可认为该批产品合格；若仍不符合要求，则认为该批产品不合格。

运输玻纤胎油毡时，应防止倾斜或侧压，必要时加盖苫布；人工搬运时要轻拿轻放，避免出现不必要的损伤。

贮存玻纤胎油毡时，不同类型、不同规格的产品应分别存放，不应混杂；使其远离火源，避免日晒雨淋，并注意通风；贮存温度不应高于 45℃；应立放贮存，其高度不应超过两层。在正常贮存条件下，贮存期为一年，自生产之日起算。

3. 沥青复合胎柔性防水卷材

沥青复合胎柔性防水卷材是一种以涤棉无纺布-玻纤网格复合毡为胎基，浸涂胶粉改性沥青后，以聚乙烯膜、细砂、矿物粒（片）料为覆面材料制成的用于一般建筑防水工程的防水卷材。其中，细砂为粒径不超过 0.6 mm 的矿物颗粒。

沥青复合胎柔性防水卷材的规格尺寸：厚度为 3 mm 或 4 mm，幅宽为 1 000 mm，面积为 10 m^2 或 7.5 m^2。

4. 铝箔面油毡

铝箔面油毡是一种以玻纤毡为胎基，浸涂氧化沥青，并在其上表面用压纹铝箔贴面，底面撒以细颗粒矿物料或覆盖以聚乙烯膜所制成的防水卷材。铝箔面油毡具有装饰功能，能反射热量和紫外线，从而降低屋面及室内温度，阻隔蒸汽的渗透。

8.1.2 高聚物改性沥青防水卷材

高聚物改性沥青防水卷材是一种以合成高分子聚合改性沥青为涂盖层，以纤维织物或纤维毡为胎基，以粉状、粒状、片状或薄膜材料为防黏隔离层制成的防水材料，具有高温不流淌、低温不脆裂、拉伸强度高、延伸率大等优点，是目前重点发展的一类中档防水卷材。

常用的高聚物改性沥青防水卷材有弹性体改性沥青防水卷材、塑性体改性沥青防水卷材、胶粉改性沥青聚酯毡与玻纤网格布增强防水卷材、改性沥青聚乙烯胎防水卷材、自粘聚合物改性沥青防水卷材等。

1. 弹/塑性体改性沥青防水卷材

弹性体改性沥青防水卷材，又称 SBS 防水卷材，是以聚酯毡、玻纤毡、玻纤增强聚酯毡为胎基，以苯乙烯-丁二烯-苯乙烯（SBS）热塑性弹性体为石油沥青改性剂，两面覆以隔离材料所制成的防水卷材。

塑性体改性沥青防水卷材，又称 APP 防水卷材，是以聚酯毡、玻纤毡、玻纤增强聚酯毡为胎基，以无规聚丙烯（APP）或聚烯烃类聚合物（APAO、APO 等）为石油沥青改性剂，两面覆以隔离材料所制成的防水卷材。

《弹性体改性沥青防水卷材》（GB 18242—2008）和《塑性体改性沥青防水卷材》（GB 18243—2008）规定，这两种防水卷材按胎基的不同，均可分为聚酯毡（PY）、玻纤毡（G）和玻纤增强聚酯毡（PYG）等类型；按上表面隔离材料的不同，均可分为聚乙烯膜（PE）、细砂（S）和矿物粒料（M）等类型；按下表面隔离材料的不同，均可分为细砂（S）和聚乙烯膜（PE）两种类型；按材料性能的不同，均可分为 I 型、II 型。SBS 和 APP 防水卷材的材料性能如表 8-3 所示。

表 8-3　SBS 和 APP 防水卷材的材料性能（摘自 GB 18242—2008 和 GB 18243—2008）

项　目	指　标									
卷材类别	SBS 防水卷材					APP 防水卷材				
型　号	I		II			I		II		
胎　基	PY	G	PY	G	PYG	PY	G	PY	G	PYG

（续表）

项目		指标									
可溶物含量/（g·m^{-2}）	3 mm	≥ 2 100				—	≥ 2 100				—
	4 mm	≥ 2 900				—	≥ 2 900				—
	5 mm	≥ 3 500					≥ 3 500				
	试验现象	—	胎基不燃	—	胎基不燃	—	—	胎基不燃	—	胎基不燃	—
耐热性	℃	90		105			110		130		
	mm	≤ 2					≤ 2				
	试验现象	无流淌、滴落					无流淌、滴落				
低温柔性/℃		− 20		− 25			− 7		− 15		
		无裂缝					无裂缝				
不透水性 30 min		0.3 MPa	0.2 MPa	0.3 MPa			0.3 MPa	0.2 MPa	0.3 MPa		
拉力	最大峰拉力/[N·(50 mm)$^{-1}$]	≥ 500	≥ 350	≥ 800	≥ 500	≥ 900	≥ 500	≥ 350	≥ 800	≥ 500	≥ 900
	次高峰拉力/[N·(50 mm)$^{-1}$]	—	—	—	—	≥ 800	—	—	—	—	≥ 800
	试验现象	拉伸过程中，试件中部无沥青涂盖层开裂或与胎基分离现象					拉伸过程中，试件中部无沥青涂盖层开裂或与胎基分离现象				
延伸率	最大峰时延伸率/%	30	—	40	—	—	25	—	40	—	—
	第二峰时延伸率/%	—		—		15	—		—		15
浸水后质量增加/%	PE、S	≤ 1.0					≤ 1.0				
	M	≤ 2.0					≤ 2.0				
热老化	拉力保持率/%	≥ 90					≥ 90				
	延伸率保持率/%	≥ 80					≥ 80				
	低温柔性/℃	− 15		− 20			− 2		− 10		
		无裂缝					无裂缝				
	尺寸变化率/%	≤ 0.7	—	≤ 0.7	—	≤ 0.3	≤ 0.7	—	≤ 0.7	—	≤ 0.3
	质量损失/%	≤ 1.0					≤ 1.0				

SBS 和 APP 防水卷材具有抗拉强度高、柔性好、延伸率大、耐老化等特点，适用于工业与民用建筑的屋面和地下防水工程。

2. 胶粉改性沥青聚酯毡与玻纤网格布增强防水卷材

胶粉改性沥青聚酯毡与玻纤网格布增强防水卷材是以聚酯毡-玻纤网格布复合毡（PYK）为胎基，浸涂胶粉等聚合物改性沥青，以细砂、聚乙烯膜、矿物粒（片）料等为覆面材料所制成的防水卷材。

《胶粉改性沥青聚酯毡与玻纤网格布增强防水卷材》(JC/T 1078—2008)规定，该防水卷材按物理力学性能的不同，可分为Ⅰ型、Ⅱ型；按上表面材料的不同，可分为聚乙烯膜（PE）、细砂（S）、矿物粒（片）料（M）等类型。该防水卷材幅宽为1 000 mm，厚度为3 mm或4 mm。对于可溶物含量、耐热性、不透水性、延伸率等物理性能，以及其验收、运输和贮存的要求，该标准也做出了具体要求。

胶粉改性沥青聚酯毡与玻纤网格布增强防水卷材适用于工业与民用建筑的屋面、地下室、卫生间等的防水防潮，以及桥梁、停车场、游泳池、隧道、蓄水池等建筑的防水，尤其适用于严寒地区和结构变形频繁的建筑防水，有效期可达20年。

3. 改性沥青聚乙烯胎防水卷材

改性沥青聚乙烯胎防水卷材是以高密度聚乙烯膜为胎基，上下两面为添加改性剂的沥青或自粘沥青，表面覆盖隔离材料制成的防水卷材。

《改性沥青聚乙烯胎防水卷材》(GB 18967—2009）规定，该防水卷材按改性剂成分的不同，可分为改性氧化沥青防水卷材、丁苯橡胶（SBR）改性氧化沥青防水卷材、高聚物改性沥青防水卷材和高聚物改性沥青耐根穿刺防水卷材；按施工工艺的不同，可分为热熔型（T）防水卷材和自粘型（S）防水卷材。

改性沥青聚乙烯胎防水卷材综合了沥青和聚乙烯塑料薄膜的防水功能，具有不透水性强、抗拉性好等特点，并可采用热熔黏接方式施工。它既可用于单层防水，也可用于多层防水，适用于多种防水等级的工程。其中，上表面覆盖聚乙烯膜的防水卷材，适用于非外露防水工程；上表面覆盖铝箔的防水卷材，适用于外露防水工程。

4. 自粘聚合物改性沥青防水卷材

自粘聚合物改性沥青防水卷材，简称自粘卷材，它是以SBS和SBR等弹性体和沥青为基料，并掺入增塑增黏材料和填料，以聚乙烯膜或铝箔为表面材料或无膜（双面自粘）的防水卷材。《自粘聚合物改性沥青防水卷材》(GB 23441—2009）中规定，该防水卷材按有无胎基增强可分为无胎基（N类）和聚酯胎基（PY类）两大类。其中，N类按上表面材料的不同，可分为聚乙烯膜（PE)、聚酯膜（PET）和无膜双面自粘（D）等类型；PY类按上表面材料的不同，可分为聚乙烯膜（PE)、细砂（S）和无膜双面自粘（D）等类型。

自粘卷材具有良好的柔韧性、延展性、防水性、热反射性和耐高温性。以聚乙烯膜为表面材料的自粘卷材，适用于非外露的防水工程；以铝箔为表面材料的自粘卷材，适用于外露的防水工程；无膜（双面自粘）卷材适用于辅助防水工程。

知识链接

> 对于不同类型的防水卷材，在施工时所采用的施工方法也可能不同。防水卷材常用的施工方法和适用范围如表8-4所示。

表 8-4 沥青防水卷材常用的施工方法

<table>
<tr><th colspan="3">施工方法</th><th>操作方法</th><th>适用范围</th></tr>
<tr><td rowspan="3">热施工法</td><td colspan="2">热玛蹄脂粘贴法</td><td>先熬制玛蹄脂，然后趁热浇洒在基层或已铺好的卷材上，并立即在其上铺一层防水卷材</td><td>主要用于沥青防水卷材的施工</td></tr>
<tr><td colspan="2">热熔法</td><td>采用火焰加热器熔化热熔型卷材底层的热熔胶，从而使卷材容易粘贴</td><td>用于 SBS 和 APP 防水卷材的施工</td></tr>
<tr><td colspan="2">热风焊法</td><td>采用热空气焊枪加热防水卷材搭接缝，并进行粘贴</td><td>一般用于热塑性高分子防水卷材（如 PVC）搭接缝焊接</td></tr>
<tr><td rowspan="3">冷施工法</td><td rowspan="2">冷粘法</td><td>冷玛蹄脂粘贴法</td><td>直接喷涂冷玛蹄脂进行卷材与基层、卷材与卷材的粘贴，不需要加热施工</td><td>用于沥青防水卷材和高聚物改性沥青防水卷材的施工</td></tr>
<tr><td>冷胶粘剂粘贴法</td><td>涂刷胶粘剂进行卷材与基层、卷材与卷材的粘贴，不需要加热</td><td>用于合成高分子防水卷材、高聚物改性沥青防水卷材的施工</td></tr>
<tr><td colspan="2">自粘法</td><td>采用带有自粘胶的防水卷材，不用热施工和涂刷胶结材料，施工时撕去防水卷材底面的隔离纸，依靠其底面的自粘胶直接粘贴该防水卷材，或辅以热风加热器加热搭接部位</td><td>适用于各种自粘型防水卷材的施工</td></tr>
</table>

8.1.3 合成高分子防水卷材

合成高分子防水卷材是以合成树脂、合成橡胶或橡胶-塑料共混物为基料，加入适量化学助剂或添加剂，以压延法或挤出法生产的可卷曲片状防水材料，属于高档防水卷材。常用的有三元乙丙橡胶卷材、聚氯乙烯防水卷材、氯化聚乙烯-橡胶共混防水卷材等。

1. 三元乙丙橡胶防水卷材

三元乙丙橡胶防水卷材（EPDM）是目前世界上公认的性能最优越的一种高弹性防水材料，有硫化型（JL）和非硫化型（JF）两类，其幅宽有 1 000 mm、1 100 mm 和 1 200 mm 三种规格，厚度有 1.2 mm、1.5 mm 和 2.0 mm 三种规格，长度均为 20 mm。

三元乙丙橡胶防水卷材具有以下特点。

（1）具有很好的耐老化性、耐酸碱性和抗腐蚀性，使用寿命长达 35 年。

（2）拉伸性能好，延伸率大，能够较好地适应基层伸缩或开裂变形的需要。

（3）耐高低温性能好，可承受 160℃高温和–40℃低温，能在恶劣环境下长期使用。

（4）质量小，减少屋顶负载，适用于防水等级为 I 级、II 级的屋面防水工程、地下室防水工程、桥涵及蓄水池等防水工程及大中型水利工程的防水。

经验传承

对于三元乙丙橡胶防水卷材，在施工时需要使用胶粘剂进行冷施工操作，但在雨、雪、雾、大风天气及基面潮湿的情况下，不能进行三元乙丙橡胶防水卷材的铺设作业。铺设三元乙丙橡胶防水卷材时，施工温度应在5～35℃，相对湿度应小于80%。

2. 聚氯乙烯防水卷材

聚氯乙烯防水卷材，简称PVC卷材，是以聚氯乙烯树脂为主要原料制成的防水卷材，属于非硫化型高档弹塑性防水材料。PVC卷材按产品组成的不同，可分为均质卷材（代号H）、带纤维背衬卷材（代号L）、织物内增强卷材（代号P）、玻璃纤维内增强卷材（代号G）、玻璃纤维内增强带纤维背衬卷材（代号GL）；按理化性能的不同，可分为I型、II型，具体性能要求应符合《聚氯乙烯（PVC）防水卷材》（GB 12952—2011）中的规定。

PVC卷材适用于以下工程或场景。

（1）工业与民用建筑的各种屋面防水，包括种植屋面、平屋面和坡屋面。

（2）建筑地下防水，包括水库、堤坝、水渠及地下室等各种部位的防水防渗工程。

（3）隧道、高速公路、高架桥梁、粮库、垃圾填埋场、人工湖等工程。

3. 氯化聚乙烯-橡胶共混防水卷材

氯化聚乙烯-橡胶共混防水卷材，简称共混防水卷材，是以氯化聚乙烯树脂和丁苯橡胶的混合体为基料，加入各种添加剂加工而成的防水卷材，属于硫化型高档防水卷材。

共混防水卷材具有氯化聚乙烯优异的力学性能、耐老化性能和橡胶的高弹性能。除尺寸稳定性能不如三元乙丙橡胶防水卷材外，其他性能指标均与三元乙丙防水卷材相当，适用于屋面的外露和非外露防水工程、地下室防水工程、水池及土木建筑防水工程等。

8.2 防水涂料

防水涂料是以沥青、合成高分子材料等为主体，涂敷在建筑表面，通过其中的溶剂挥发或反应固化形成坚韧防水膜的材料的总称。防水涂料施工简便，防水效果好，特别适用于外形或结构复杂的防水施工，通常被广泛应用于受侵蚀性介质作用或有振动作用的地下工程主体和施工缝、后浇缝、变形缝等的结构表面涂膜防水层。

防水涂料按主要成膜物质的不同，可分为沥青类、高聚物改性沥青类、合成高分子类和聚合物水泥基类等类型；按涂料形态的不同，可分为溶剂型、水乳型和反应型等类型；按涂料组分的不同，可分为单组分和双组分两种。

8.2.1　沥青类防水涂料

沥青类防水涂料的主要成膜物质是沥青，包括溶剂型和水乳型两种类型，主要有冷底子油、沥青胶、水乳型沥青防水涂料等。

1. 冷底子油

冷底子油是将未改性的石油沥青加入汽油、柴油中，或将煤沥青（软化点为 50～70℃）加入苯中，融合而成的沥青溶液。冷底子油一般现用现配，并用密闭容器储存，以防溶剂挥发。

冷底子油通常作为打底材料与沥青胶配合使用，以增加沥青胶与基层的黏结力，基本上不单独使用。冷底子油的常用配合比有以下两种。

（1）石油沥青：汽油=30：70。

（2）石油沥青：煤油（或柴油）=40：60。

2. 沥青胶

为了提高沥青的耐热性，降低沥青的低温脆性，在沥青中加入粉状或纤维状填料而制成的液体，即沥青胶。其中，粉状填料有石灰石粉、白云石粉、滑石粉、膨润土等，纤维状填料有木质纤维、石棉屑等。沥青胶的耐热性、柔韧性和黏结力的技术指标必须符合表 8-5 中的规定。

表 8-5　沥青胶的耐热性、柔韧性和黏结力的技术指标

项　目	标　号					
	S-60	S-65	S-70	S-75	S-80	S-85
耐热性	用 2 mm 厚沥青胶黏合两张油纸，在不低于下列温度下，在 45°的坡度上停放 5 h 后，沥青胶结料不应流出，油纸不应滑动					
	60℃	65℃	70℃	75℃	80℃	85℃
柔韧性	涂在油纸上的厚沥青胶层，在（18±2）℃时围绕下列直径的圆棒以 5 s 时间匀速弯曲成半周，沥青胶粘料不应有开裂					
	10 mm	15 mm	15 mm	20 mm	25 mm	30 mm
黏结力	将两张用沥青胶粘贴在一起的油纸揭开时，若被撕开的面积超过粘贴面积的一半，则认为其黏结力不合格；否则，认为其黏结力合格					

沥青与填料应均匀混合，不得有粉团、草根、树叶、砂土等杂质。沥青胶的标号，应根据屋面历年的最高温度及屋面坡度，并参照表 8-6 来选择。沥青胶的施工方法有冷用和热用两种，其中热用比冷用的防水效果好，但冷用施工方便。沥青胶主要用于沥青或改性沥青类卷材的黏结，以及用作沥青防水涂层和沥青砂浆层的底层。

表 8-6 沥青胶的标号选择

屋面坡度/°	历年屋面最高温度/℃	沥青胶标号
1～3	低于 38	S-60
	38～41	S-65
	41～45	S-70
3～15	低于 38	S-65
	38～41	S-70
	41～45	S-75
15～25	低于 38	S-75
	38～41	S-80
	41～45	S-85

3. 水乳型沥青防水涂料

水乳型沥青防水涂料是指采用沥青为主要原料，以水为分散介质，采用化学乳化剂或矿物乳化剂乳化的防水涂料。

目前常用的水乳型沥青防水涂料有石棉乳化沥青防水涂料、膨润土乳化沥青防水涂料、氯丁橡胶乳化沥青防水涂料、SBS 改性乳化沥青防水涂料、APP 改性乳化沥青防水涂料、丁苯橡胶乳化沥青防水涂料、再生胶乳化沥青防水涂料、丙烯酸乳化沥青防水涂料等。

水乳型沥青防水涂料属于低档防水涂料，这类涂料具有耐候性、耐温性好，能在潮湿基面上施工，与基层黏结性好，无毒、无污染，施工简单方便等优点，被广泛应用于地下室、卫生间、厨房和屋面等防水工程，特别是近几年来被广泛应用于公路、桥梁等防水工程。

8.2.2 高聚物改性沥青类防水涂料

采用橡胶、树脂等高聚物对沥青进行改性处理，可提高沥青的低温柔性、延伸率、耐老化性及弹性等。高聚物改性沥青类防水涂料一般是采用再生橡胶、合成橡胶或 SBS 聚合物对沥青进行改性，制成水乳型或溶剂型防水材料。

目前，我国生产的高聚物改性沥青防水涂料主要有再生胶改性沥青防水涂料、水乳型氯丁橡胶改性沥青防水涂料、SBS 橡胶改性沥青防水涂料等。

高聚物改性沥青类防水涂料均属于薄层防水涂料，与沥青类防水涂料相比，其低温柔性和抗裂性均显著提高，适用于Ⅱ级、Ⅲ级、Ⅳ级防水等级的屋面、地下室及卫生间防水，以及水利、道路等工程的一般防水。单独使用时，其厚度以不小于 3 mm 为宜；复合使用

时，其厚度以不小于 1.5 mm 为宜。

8.2.3　合成高分子类防水涂料

合成高分子类防水涂料是以合成橡胶或合成树脂为主要成膜物质，加入其他辅料配制成的单组分或双组分防水涂料，主要有聚氨酯（单、双组分）防水涂料、水乳型丙烯酸酯防水涂料、水乳型单组分有机硅橡胶防水涂料、聚氯乙烯防水涂料、水乳型三元乙丙橡胶防水涂料等。

（1）**聚氨酯防水涂料：**具有优良的耐油、耐碱、耐磨、耐海水侵蚀等性能，其涂膜的弹性及延伸性好，抗拉强度和抗撕裂强度较高，体积收缩小，涂膜整体性强，对基层裂缝有较强的适应性，是一种常用的中高档防水涂料。

（2）**水乳型丙烯酸酯防水涂料：**具有优良的耐候性、耐热性和耐紫外线性，在 –30～80℃范围内性能基本无变化。延伸性好，能适应基层的开裂变形。

合成高分子类防水涂料具有良好的黏结性、防水性、耐候性、柔韧性及优良的耐高低温性，适用于各等级的屋面防水工程，以及重要的水利、道路、化工等防水工程。其中，水乳型丙烯酸酯防水涂料和水乳型单组分有机硅橡胶防水涂料具有无毒、不燃及可调配成各种颜色等优点，但价格较高。

8.2.4　聚合物水泥基类防水涂料

聚合物水泥基类防水涂料是由合成高分子聚合物乳液（如聚丙烯酸酯、聚醋酸乙烯酯、丁苯橡胶乳液等），与由各种添加剂优化组合而成的液料和配套的粉料（由特种水泥、级配砂组成）复合而成的双组分防水涂料，兼具合成高分子聚合物材料的高弹性和无机材料的良好耐久性的优点。

聚合物水泥基类防水涂料可在潮湿或干燥的砖石、砂浆、混凝土、金属、木材、硬塑料、玻璃、石膏板、泡沫板、橡胶等基面上施工，对新旧建筑均可使用，特别适合地下室、地下隧道、厕浴间、厨房、水池等特别潮湿，或长期在水中浸泡的工程。此外，也可作为黏结剂使用。

指点迷津

防水涂料在运输和贮存过程中应注意以下几点。

（1）包装容器必须密封严实，容器表面应标明防水涂料的名称、制造商名称、生产日期和产品有效期等。

（2）运输和贮存的环境温度不得低于 0℃，但应严防日晒、碰撞和渗漏，通常应存放在干燥、通风、远离火源的室内，且料库内应配备专门用于有机溶剂灭火的消防设备。

（3）运输时，运输工具、车轮应有接地措施，防止静电起火。

表 8-7 为几种常用防水涂料的性能特点及其用途。

表 8-7　常用防水涂料的性能特点及其用途

品　种	性 能 特 点	用　途
乳化沥青防水涂料	成本低、施工方便，耐候性好，但延伸率低	可用于工业与民用建筑厂房的复杂屋面和青灰屋面的防水，也可涂于屋顶钢筋板面和油毡上
橡胶改性沥青防水涂料	有一定的柔韧性和耐火性，常温下冷施工，安全可靠	可用于工业与民用建筑的保温屋面、地下室、洞涵、冷库地面的防水
水乳型单组分有机硅橡胶防水涂料	具有良好的防水性、成膜性和黏结性，安全无毒	可用于地下工程、储水池、厕浴间和屋面的防水
聚氯乙烯防水涂料	具有弹塑性，能适应集成的一般开裂或变形	可用于地下工程、屋面、蓄水池、水沟、天沟的防腐和防水
水乳型三元乙丙橡胶防水涂料	具有高强度、高弹性和高伸长率，施工方便	可用于宾馆、办公楼、厂房、仓库、宿舍的建筑屋面和地面的防水
聚丙烯酸酯防水涂料	黏结性强，防水性好，伸长率大，耐老化，能适应基层的开裂或变形，冷施工	广泛应用于中、高级建筑工程的各种防水
聚氨酯防水涂料	强度高，耐老化性良好，伸长率大，黏结性强	用于建筑屋面的隔热防水工程，地下室、厕浴间的防水，也可用于彩色装饰性的防水

8.3 密封材料

密封材料又称嵌缝材料，有定型（密封条、压条）和不定型（密封膏、密封胶）两类，将其嵌入建筑接缝中，可以防尘、防水和隔气。密封材料具有良好的黏结性、耐老化性和温度适应性。

8.3.1 密封材料的分类

根据嵌入接缝后性能的不同，密封材料可分为以下三种。

（1）弹性密封材料：嵌入接缝后呈现明显弹性，当接缝位移时，在密封材料中引起的应力值几乎与应变量成正比。

（2）塑性密封材料：嵌入接缝后呈现塑性，接缝发生位移会使密封材料发生塑性变

形，残余应力迅速消失。

（3）**弹塑性密封材料**：嵌入接缝后，接缝发生位移会使密封材料发生塑性和弹性变形，但主要表现为塑性变形。

此外，密封材料按使用时组分的不同，可分为单组分密封材料和多组分密封材料；按组成材料的不同，可分为改性沥青密封材料和合成高分子密封材料。

8.3.2 常用密封材料

为了保证结构密封防水效果，密封材料应具有以下特点。

（1）具有良好的弹塑性、延伸率、变形恢复率、耐热性、耐候性、耐侵蚀性及低温柔性。

（2）具有与基体材料良好的黏结性。

（3）易于挤出、易于充满缝隙且在竖直缝内不流淌、不下坠及坍落等。

（4）易于施工操作。

目前，建筑常用的密封材料主要有建筑防水沥青嵌缝油膏、聚氯乙烯建筑防水接缝材料、聚氨酯建筑密封膏和丙烯酸酯建筑密封胶。

1. 建筑防水沥青嵌缝油膏

建筑防水沥青嵌缝油膏，简称沥青嵌缝油膏，是以石油沥青为基料，加入改性材料、稀释剂及填料等配制而成的黑色膏状密封材料。常用的改性材料有废橡胶粉、硫化鱼油；稀释剂有松节油、机油；填料有石棉绒、滑石粉。

建筑防水沥青嵌缝油膏主要用于冷施工型的屋面、墙面的防水密封，以及桥梁、涵洞、输水洞及地下工程等的防水密封。

2. 聚氯乙烯建筑防水接缝材料

聚氯乙烯建筑防水接缝材料，简称 PVC 接缝材料，是以聚氯乙烯为基料，同增塑剂、稳定剂、填充剂等共混，经塑化或热熔而成的，呈黑色黏稠状或块状的密封材料。

PVC 接缝材料具有良好的弹塑性、黏结性、延伸性、防水性、耐腐蚀性、耐热性、耐寒性等，适用于各种坡度的建筑屋面接缝、有耐腐蚀性要求的屋面接缝、水利设施及地下管道的接缝防渗处理。

建筑防水沥青嵌缝油膏与聚氯乙烯建筑防水接缝材料的性能如表 8-8 所示。

表 8-8　建筑防水沥青嵌缝油膏与聚氯乙烯建筑防水接缝材料的性能

<table>
<tr><th colspan="2" rowspan="2">项　目</th><th colspan="2">建筑防水沥青嵌缝油膏
（JC/T 207—2011）</th><th colspan="2">聚氯乙烯建筑防水接缝材料
（JC/T 798—1997）</th></tr>
<tr><th>702</th><th>801</th><th>801</th><th>802</th></tr>
<tr><td colspan="2">密度/（g·cm^{-3}）</td><td colspan="2">生产商提供或供需双方商定的规定值 ± 0.1</td><td colspan="2">企业标准或产品说明书所规定的值 ± 0.1</td></tr>
<tr><td colspan="2">施工度/mm</td><td>≥ 22.0</td><td>≥ 20.0</td><td>—</td><td>—</td></tr>
<tr><td rowspan="2">耐热性</td><td>温度/℃</td><td>70</td><td>80</td><td>—</td><td>—</td></tr>
<tr><td>下垂值/mm</td><td colspan="2">≤ 4.0</td><td colspan="2">—</td></tr>
<tr><td rowspan="2">低温柔性</td><td>温度/℃</td><td>−20</td><td>−10</td><td>−10</td><td>−20</td></tr>
<tr><td>黏结状况</td><td colspan="2">无裂纹、无剥离</td><td colspan="2">无裂缝</td></tr>
<tr><td rowspan="2">拉伸黏结性</td><td>最大抗拉强度/MPa</td><td colspan="2">—</td><td colspan="2">0.02～0.15</td></tr>
<tr><td>最大延伸率/%</td><td colspan="2">≥ 125</td><td colspan="2">≥ 300</td></tr>
<tr><td rowspan="2">浸水后拉伸黏结性</td><td>最大抗拉强度/MPa</td><td colspan="2">—</td><td colspan="2">0.02～0.15</td></tr>
<tr><td>最大延伸率/%</td><td colspan="2">≥ 125</td><td colspan="2">≥ 250</td></tr>
<tr><td rowspan="2">渗出性</td><td>渗出幅度/mm</td><td colspan="2">≤ 5</td><td colspan="2">—</td></tr>
<tr><td>渗出张数/张</td><td colspan="2">≤ 4</td><td colspan="2">—</td></tr>
<tr><td colspan="2">挥发性/%</td><td colspan="2">≤ 2.8</td><td colspan="2">≤ 3
（仅限于 G 型 PVC 接缝材料）</td></tr>
</table>

3. 聚氨酯建筑密封胶

聚氨酯建筑密封胶是以聚氨基甲酸酯聚合物为主要成分的单组分或多组分密封材料。聚氨酯建筑密封胶具有以下特点。

（1）具有弹性模量低、高弹性、延伸率大、耐老化、耐低温、耐水、耐油、耐酸碱、耐疲劳等特性。

（2）对水泥、木材、金属、玻璃、塑料等多种建筑材料有很强的黏结力。

（3）固化速度较快，适用于要求快速施工的工程。

（4）施工简便、安全可靠。

《聚氨酯建筑密封胶》（JC/T 482—2003）中规定，聚氨酯建筑密封胶可分为 N 型（非下垂型）和 L 型（自流平型）两种。

聚氨酯建筑密封胶价格适中，应用广泛，不仅适用于建筑屋面、墙板、地板、窗框、卫生间的接缝密封，也适用于混凝土结构的伸缩缝、沉降缝密封和高速公路、机场跑道、桥梁等土木工程的嵌缝密封。

4. 丙烯酸酯建筑密封胶

丙烯酸酯建筑密封胶是以丙烯酸酯乳液为基料的单组分水乳型建筑密封胶。丙烯酸酯

建筑密封胶具有以下特点。

（1）弹性好，能适应一般基层的伸缩变形；耐候性能优异，使用年限在 15 年以上。

（2）耐高温性能好，在 -20～100 ℃的温度下能长期保持柔韧性。

（3）黏结强度高，耐水、耐碱性好，具有良好的着色性。

（4）可在潮湿基层上施工。

丙烯酸酯建筑密封胶适用于室内墙面、地板、门窗框、卫生间的接缝密封，以及室外小位移量的建筑缝密封。

课堂讨论

将全班学生进行分组，每 4～6 人为一组。小组合作搜集、整理建筑常用的密封材料的相关资料（如类型、特点、使用场合等），将其制作成 PPT，并进行演讲展示。

8.3.3　其他密封材料

除上述四种常用密封材料外，工程中还常使用有机硅酮密封膏、聚硫密封膏、氯丁橡胶密封膏和改性沥青油膏作为密封材料，其性能及用途如表 8-9 所示。

表 8-9　其他密封材料的性能及用途

品　种	特　点	用　途
有机硅酮密封膏	对硅酸盐制品、金属、塑料等具有良好的黏结性，耐水、耐热、耐低温、耐老化	适用于窗玻璃、幕镜、大型玻璃幕墙、储槽、水族箱、卫生陶瓷等的接缝密封
聚硫密封膏	对金属、混凝土、玻璃、木材等具有良好的黏结性，耐水、耐油、耐老化，化学稳定性好	适用于中空玻璃、混凝土、金属结构的接缝密封，也适用于有耐油、耐试剂要求的车间、试验室的地板、墙板的接缝密封和一般建筑、土木工程的各种接缝密封
氯丁橡胶密封膏	具有良好的黏结性、延伸性、耐候性、弹性	适用于室内墙面、地板、门窗框、卫生间的接缝密封，以及室外小位移量建筑的缝密封
改性沥青油膏	具有良好的黏结性、耐温性、柔韧性，可冷施工	适用于屋面板、墙板等装配式建筑构件间的接缝密封，以及小位移量建筑的接缝密封

知识链接

密封材料的运输和贮存，应遵守以下规定。

（1）避开火源和热源，避免日晒和雨淋，并防止碰撞，保持包装完好无损。

（2）外包装应注明该产品的名称、生产厂家、生产日期和使用有效期限。

（3）应分类贮存在通风、阴凉的室内，环境温度不超过 50℃。

8.4 防水卷材性能试验

8.4.1 拉伸性能试验

通过拉伸试验，检验防水卷材抵抗拉力破坏的能力，以作为防水卷材的选用条件。

1. 试验方法

将试样两端置于夹具内并夹牢，然后在两端同时施加拉力，测定试件被拉断时的最大拉力。沥青防水卷材的拉伸性能试验方法，应符合《建筑防水卷材试验方法 第 8 部分：沥青防水卷材 拉伸性能》（GB/T 328.8—2007）中的相关规定。

2. 主要仪器

（1）拉伸试验机：应有足够的量程（至少 2 000 N）和夹具移动速度（100±10）mm/min，夹具宽度不小于 50 mm。夹具能随着试件拉力的增加而保持或增加夹具的夹持力，对于厚度不超 3 mm 的产品，能夹住试件，使其在夹具中的滑移不超过 1 mm；对于更厚的产品，滑移不超过 2 mm。这种夹持方法不应使夹具内外产生过早的破坏。

（2）切割刀、温度计等。

3. 试验步骤

（1）制备两组试件，一组纵向 5 个试件，一组横向 5 个试件。应在试样上距边缘 100 mm 以上任意位置处用模板或裁刀裁取矩形试件，其宽为（50±0.5）mm，长为 200 mm+2×夹持长度，长度方向为试验方向。

（2）除去试件表面的非持久层。

（3）试验前，将试件在（23±2）℃、相对湿度 30%～70%的条件下至少放置 20 h。

（4）将试件紧紧夹在拉伸试验机的夹具中，注意试件长度方向的中线与试验机夹具中心在一条线上。夹具间距为（200±2）mm。为防止试件从夹具中滑移，应在试件上做标记。为防止试件产生任何松弛，推荐加载不超过 5 N 的力。

（5）试验在（23±2）℃的条件下进行，夹具移动的恒定速度为（100±10）mm/min。

（6）连续记录拉力和对应的夹具间距离。

4. 结果计算

取每个方向上 5 个试件拉力值的算术平均值，作为该试件同一方向上的拉伸结果。最大拉力下的伸长率公式为

$$E=\frac{L_1-L_0}{L}\times 100\%$$

式中：

E——最大拉力下的伸长率（%）；

L_1——试件在最大拉力下的标距（mm）；

L_0——试件初始标距（mm）；

L——夹具间距离（mm）。

分别计算纵向或横向 5 个试件最大拉力下伸长率的算术平均值，以此作为该防水卷材的纵向或横向伸长率。试验结果的平均值达到标准规定的指标时，判定该项指标合格。

8.4.2 不透水性检测

通过检测沥青和高分子防水卷材的不透水性，可确定产品的耐积水性或有限面承受水压的能力。

1. 试验方法

《建筑防水卷材试验方法 第 10 部分：沥青和高分子防水卷材 不透水性》（GB/T 328.10—2007）规定，对于沥青、塑料、橡胶有关范畴的防水卷材，其不透水性试验可以通过以下两种方法进行检测。

（1）**方法一：**给试件施加 60 kPa 水压并保持 24 h，观察其表面滤纸是否变色。

（2）**方法二：**将 4 个规定形状尺寸狭缝的圆盘在规定水压下保持 24 h，或将 7 孔圆盘保持规定水压 30 min，观测试件是否保持不渗水，最终压力与开始压力相比下降是否超过 5%。

2. 主要仪器

按方法一进行试验时，所用仪器主要是一个带法兰盘的金属圆柱箱体，其孔径为 150 mm，并连接到开放管子末端或容器，其间高差不低于 1 m。如图 8-1 所示为低压不透水性试验装置。

图 8-1 低压不透水性试验装置

按方法二进行试验时，其试验装置如图 8-2 所示，产生的压力作用于试件的一面，试件用有 4 个狭缝的盘（或 7 孔圆盘）盖上。

图 8-2　高压不透水性试验装置

3. 试验步骤

1）方法一

（1）将试件放在低压不透水性试验装置上，旋紧翼形螺母固定夹环。打开进水阀让水进入，同时打开排气阀排出空气，直至有水溢出关闭排气阀，说明设备已注满水。

（2）调整试件上表面所要求的压力。

（3）保持压力（24±1）h。

（4）检查试件，观察上面的滤纸是否变色。

2）方法二

（1）向高压不透水性试验装置中充水直到有水溢出，以彻底排出水管中的空气。

（2）将试件上表面朝下放置在透水盘上，盖上规定的开缝盘（或 7 孔圆盘），其中一个缝的方向与防水卷材纵向平行。

（3）放上封盖，慢慢夹紧直到试件夹紧在盘上，用布或压缩空气干燥试件的非迎水面，慢慢加压到规定的压力。

（4）达到规定压力后，保持压力（24±1）h，若是 7 孔盘则保持规定压力（30±2）min。

（5）试验时观察试件的不透水性，即观察水压是否突然下降或试件的非迎水面是否有水。

4. 结果处理

（1）方法一：若试件有明显的水渗到上面的滤纸，使滤纸产生色变，则认为该防水卷材的不透水性试验未通过。若所有试件的水未渗到上面的滤纸，则认为该防水卷材的不透水试验通过。

（2）方法二：若所有试件在规定的时间内不透水，则认为该防水卷材的不透水性试验通过。

8.4.3　耐热性试验

通过耐热性检测，可判定防水卷材的耐热性能，作为防水卷材环境温度要求的选择依据。

1. 试验方法

《建筑防水卷材试验方法 第 11 部分：沥青防水卷材 耐热性》（GB/T 328.11—2007）规定，耐热性试验的原理及方法为：试件在规定温度条件下分别垂直悬挂在鼓风干燥箱中，在规定的时间后测量试件两面涂盖层相对于胎体的位移，平均位移超过 2.0 mm 为不合格。耐热性极限通过在两个温度结果间插值测定。

2. 主要仪器

（1）鼓风干燥箱（不提供新鲜空气）：在试验范围内最大温度波动为 ± 2℃。门打开 30 s 后，恢复温度到工作温度的时间不超过 5 min。

（2）热电偶：连接到外面的电子温度计，在规定范围内能测量到 ± 1℃。

（3）悬挂装置（如夹子）：至少 100 mm 宽，能在宽度上夹住整个试件，使其在一条线上并被悬挂在试验区域。

（4）光学测量装置（如读数放大镜）：刻度至少为 0.1 mm。

（5）金属圆插销的插入装置：内径约为 4 mm。

（6）画线装置：用来画直的标记线。

3. 试验步骤

（1）将鼓风干燥箱预热到规定试验温度，温度通过与试件中心同一位置的热电偶控制。整个试验期间，试验区域的温度波动不超过 ± 2℃。

（2）试件制备完毕后，在试件表面整个宽度方向沿着直边用记号笔画一条线（宽度约为 0.5 mm），操作时试件平放。

（3）试件露出的胎体处用悬挂装置夹住（不要夹到涂盖层）。

（4）将试件垂直悬挂在鼓风干燥箱的相同高度，间隔至少 30 mm。此时鼓风干燥箱的温度不能下降太多，放入试件时开关鼓风干燥箱门的时间不超过 30 s。放入试件后加热时间为（120 ± 2）min。

（5）加热时间结束后，将试件和悬挂装置一起从鼓风干燥箱中取出，取出时不要与鼓风干燥箱接触，在（23 ± 2）℃环境中自由悬挂冷却至少 2 h，然后去除悬挂装置。

（6）在试件两面画第二个标记，用光学测量装置在每个试件的两面测量两个标记底

部间的最大距离 ΔL（精确至 0.1 mm）。

（7）耐热性极限对应的涂盖层位移正好为 2 mm，测定防水卷材上表面和下表面在间隔 5℃的不同温度下涂盖层位移的平均值，其温度段总是 5℃的倍数（如 100℃，105℃，110℃）。这样试验的目的是找到位移尺寸 $\Delta L = 2$ mm 的两个温度 T℃和 $(T+5)$ ℃。

4. 结果处理

（1）计算防水卷材每个面 3 个试件涂盖层位移的平均值（精确至 0.1 mm）。

（2）在规定温度下防水卷材上表面和下表面的涂盖层位移平均值不超过 2.0 mm，则判定该产品合格。

（3）耐热性极限通过线性图，或计算每个试件上表面和下表面的两个结果来确定，每个面修约到 1℃。

8.4.4 低温柔性检测

通过检测防水卷材的低温柔性，可判定试样在规定温度下抵抗弯曲变形的能力，从而作为低温条件下防水卷材的选择依据（5 个试件中至少有 4 个达到标准规定的要求）。

1. 试验方法

《建筑防水卷材试验方法 第 14 部分：沥青防水卷材 低温柔性》(GB/T 328.14—2007）规定，沥青防水卷材的低温柔性试验原理为：从试样截取试件，将试件的上表面和下表面分别绕浸在冷冻液中的机械弯曲装置上并弯曲 180℃。弯曲后，检查试件涂盖层是否存在裂纹。

2. 主要仪器

（1）冷冻液：丙烯乙二醇/水溶液（体积比为 1∶1）低至–25℃，或低于–20℃的乙醇/水混合物（体积比为 2∶1）。

（2）弯曲轴：直径为（30 ± 0.1）mm 的圆筒或半圆筒。

（3）固定圆筒：直径为（20 ± 0.1）mm 的不旋转圆筒。

（4）半导体温度计（热敏探头）：精度为 0.5℃。

3. 试验步骤

准备两组各 5 个试件，一组进行上表面试验，一组进行下表面试验。

首先对试件进行温度处理：使冷冻液达到规定的试验温度，误差不超过 0.5℃，将试件放于支撑装置上，且在圆筒的上端，保证冷冻液完全浸没试件。将试件放入冷冻液达到规定温度后，保持在该温度 1 h ± 5 min。将半导体温度计靠近试件，检查冷冻液温度。

试验时，将试件放置在圆筒和弯曲轴之间，使试验面朝上，然后设置弯曲轴以

（360±40）mm/min 速度顶着试件向上移动，试件同时绕轴弯曲。轴移动的终点在圆筒上方（30±1）mm 处。试件的表面明显露出冷冻液，同时液面也因此下降，如图 8-3 所示。

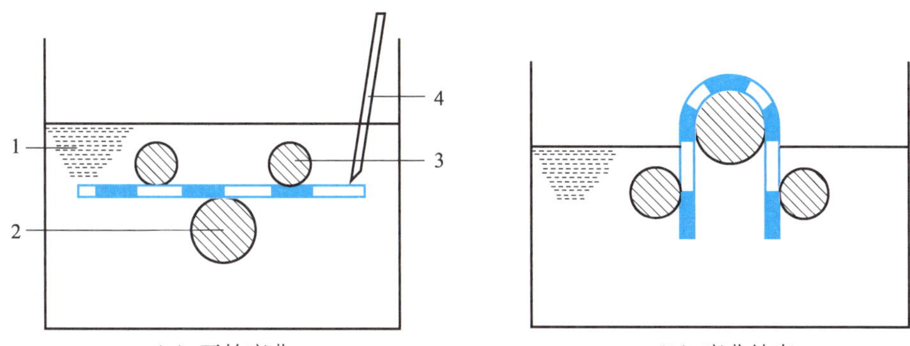

（a）开始弯曲　　　　（b）弯曲结束

1—冷冻液；2—弯曲轴；3—固定圆筒；4—半导体温度计（热敏探头）。

图 8-3　弯曲示意图

在完成弯曲过程 10 s 内，在适宜的光源下用肉眼检查试件有无裂纹，必要时，可借助辅助光学装置。若有一条或更多的裂纹从涂盖层深入到胎体层，或完全贯穿无增强卷材，即存在裂缝。一组 5 个试件应分别试验检查。若装置的尺寸满足，可以同时试验几组试件。

4. 结果处理

一个试验面 5 个试件在规定温度下至少有 4 个无裂缝则视为产品合格，上表面和下表面的试验结果要分别记录。

姓名____________　班级____________　学号____________

试验工单——防水卷材性能试验

<table>
<tr><td>试验名称</td><td colspan="5"></td></tr>
<tr><td rowspan="2">工单评价</td><td>获取信息准确
（15 分）</td><td>操作步骤规范
（50 分）</td><td>计算结果正确
（25 分）</td><td>工单填写规范
（10 分）</td><td>总计
（100 分）</td></tr>
<tr><td></td><td></td><td></td><td></td><td></td></tr>
<tr><td>试验准备</td><td colspan="5">（1）根据组成材料的不同，防水卷材可分为____________、____________和____________三大类。
（2）贮存玻纤胎油毡时，不同类型、不同规格的产品应分别存放，不应混杂；使其远离火源，避免日晒雨淋，并注意通风；贮存温度不应高于________；应立放贮存，其高度不应超过两层。在正常贮存条件下，贮存期为________，自生产之日起算。
（3）弹性体改性沥青防水卷材，又称 SBS 防水卷材，是以____________、____________、玻纤增强聚酯毡为胎基，以____________热塑性弹性体为石油沥青改性剂，两面覆以__________材料所制成的防水卷材。
（4）沥青胶的主要技术指标包括____________、____________和____________。
（5）三元乙丙橡胶（EPDM）防水卷材属于（　　）防水卷材。
A．合成高分子　　B．沥青　　C．高聚物改性沥青
（6）沥青胶的标号主要根据其（　　）划分。
A．黏结性　　B．耐热性　　C．柔韧性
（7）在进行沥青防水卷材的低温柔性试验时，试件要在规定温度的低温箱中保持时间为（　　）。
A．2 h　　B．30 min　　C．1.5 h　　D．1 h</td></tr>
<tr><td>试验目的</td><td colspan="5"></td></tr>
<tr><td>仪器设备</td><td colspan="5"></td></tr>
</table>

姓名________ 班级________ 学号________

（续表）

试验步骤	
计算结果	
注意事项	
课堂小结	

模块测试

（1）什么是防水卷材？如何分类？

（2）什么是防水涂料？如何分类？

（3）防水涂料在运输和贮存时应注意哪些事项？

（4）什么是密封材料？如何分类？

（5）密封材料在运输和贮存时应注意哪些事项？

参考文献

[1] 余丽武．建筑材料［M］．2 版．南京：东南大学出版社，2020．
[2] 刘敏，赵金霞．建筑材料［M］．北京：北京理工大学出版社，2021．
[3] 王春阳．建筑材料［M］．北京：高等教育出版社，2019．
[4] 何廷树，李国新．建筑材料［M］．北京：中国建材工业出版社，2018．
[5] 李清江，姜勇，于全发．建筑材料［M］．北京：北京理工大学出版社，2018．